前　言

初学电工电路时很多电工技术人员会感到吃力，特别是遇到元器件较多的电路时，就会感觉“头晕”，无从下手。实际上，较为复杂的电路都是由很多基础单元电路组成的，如果能将电路分解开来，从启动、停止、点动等各个角度去解读，那么学起来就轻松很多，一通百通。本书就是采用分解的方法将常用的电工电路进行“图解”，我想读者一定能从中学到相关专业知识。

“图解”是本书的最大特色，本书将多个电工常用电路集中到一起，配有电路原理图、布线图、接线图及按钮接线图，并对每一个电路的动作过程进行分析详解，把电路的每一个动作都用分解的图进行表述，使读者更加容易理解电路的工作原理和调试方法。

本书图文并茂、内容丰富、实用性很强，内容包括：电动机单相启动控制电路、电动机正反转控制电路、电动机制动控制电路、其他控制电路等，每一个电路都配有电路布线图、接线图以及按钮接线图。

参加本书编写的还有黄鑫、李志平、王义政、李燕、黄海静、李雅茜、李志安等同志，在此表示感谢。

限于作者水平，书中错误之处难免，敬请广大读者批评指正。

黄海平

2016 年 9 月于威海福德花园

目　录

第 1 章　电动机启动控制电路

第2章 电动机正反转控制电路

第3章 电动机制动控制电路

第 4 章 其他控制电路

第 1 章

电动机启动控制电路

1.1 单向启动、停止电路

1. 电路原理图

图 1.1

单向启动、停止电路原理图

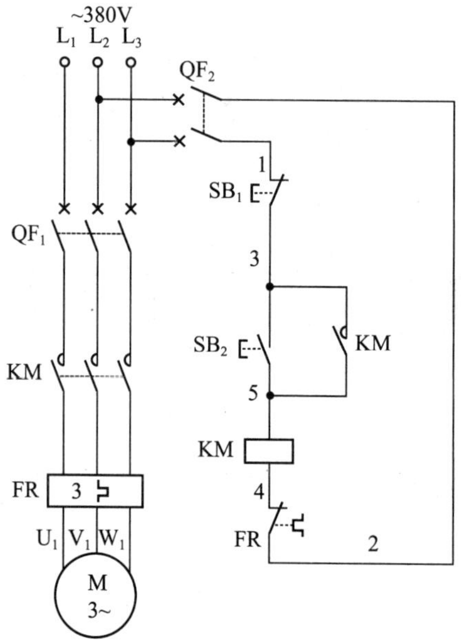

2. 工作过程分解

图 1.2

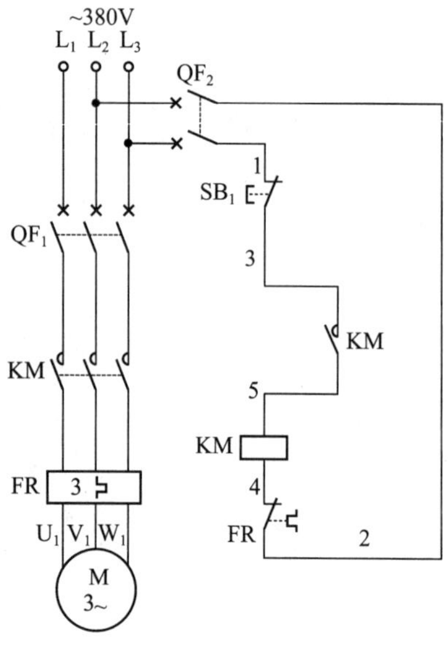

启动时，按下启动按钮 SB_2，其常开触点（3–5）闭合，控制电源从 L_3 相→断路器 QF_2（已合上）→停止按钮 SB_1 常闭触点（1–3）→启动按钮 SB_2 常开触点（3–5，此时已按下）→交流接触器 KM 线圈（5–4）→热继电器 FR 控制常闭触点（2–4）→断路器 QF_2（已合上）→ L_2 相形成回路，交流接触器 KM 线圈得电吸合，KM 三相主触点闭合，将主回路三相交流 380V 电源→三相主回路断路器 QF_1（已合上）→ KM 三相主触点（此时已闭合）→三相热元件 FR →通入电动机 M 绕组 U_1、V_1、W_1 中，电动机绕组得电进行启动。

图 1.3

当交流接触器 KM 线圈得电吸合后，KM 辅助常开触点（3–5）闭合自锁，也就是说，启动按钮 SB_2 松开后，SB_2 恢复原始常开状态，交流接触器 KM 线圈仍继续吸合工作是靠此自锁常开触点(3–5)实现的。这样，交流接触器 KM 线圈会一直通过此常开触点形成自锁回路能继续保持吸合着，KM 三相主触点闭合，电动机绕组会一直得电连续运转工作。

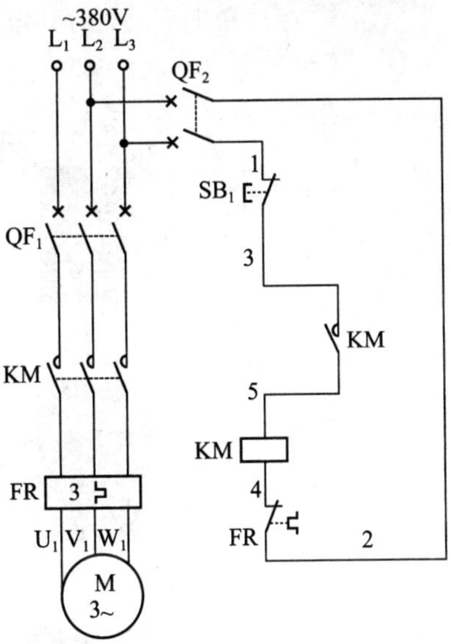

图 1.4

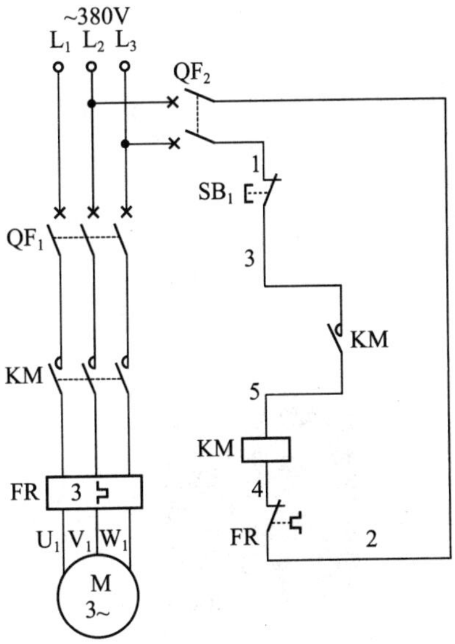

停止时，按下停止按钮 SB_1，其常闭触点（1–3）断开，切断交流接触器 KM 线圈回路电源，KM 线圈断电释放，KM 辅助常开触点（3–5）断开，解除自锁；KM 三相主触点断开，电动机失电停止运转。

3. 电路接线图

图 1.5

单向启动、停止电路实物接线图

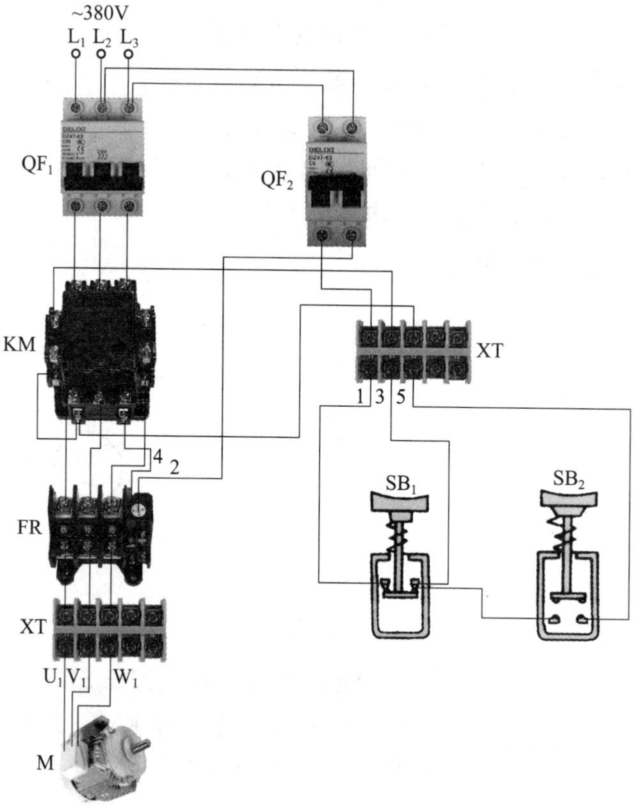

4. 按钮接线图

图 1.6

单向启动、停止电路按钮接线图

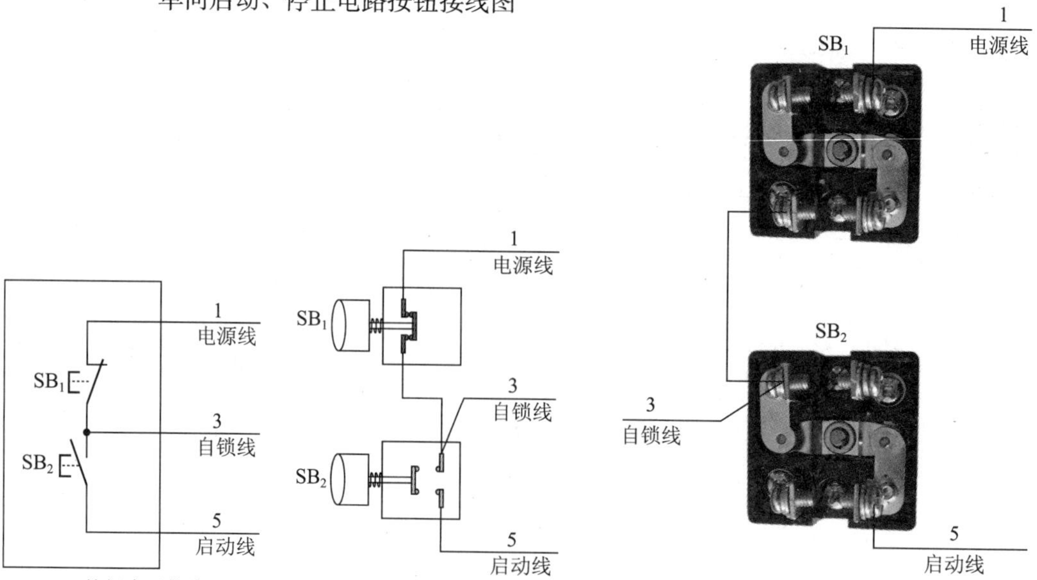

(a) 按钮实际接线　(b) 按钮实物接线　(c) 按钮现场接线

5. 电路布线图

从图 1.7 中可以看出，XT 为接线端子排，通过端子排 XT 来区分电气元件的安装位置，XT 的内侧为放置在配电箱内底板上的电气元件，XT 的外侧为外接或引至配电箱门面板上的电气元件。

从端子排 XT 上看，共有 9 个接线端子。其中，L_1、L_2、L_3 这 3 根线为由外引入至配电箱内的三相 380V 电源，并穿管引入；U_1、V_1、W_1 这 3 根线为电动机线，穿管接至电动机接线盒内的 U_1、V_1、W_1 上；1、3、5 这 3 根线为控制线，接至配电箱门面板上的按钮开关 SB_1、SB_2 上。

图 1.7

单向启动、停止电路布线图

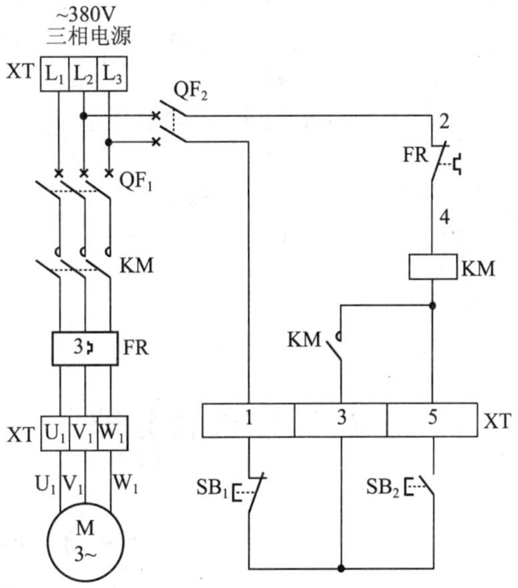

1.2 启动、停止、点动混合电路（一）

1. 电路原理图

图 1.8

启动、停止、点动混合电路（一）原理图

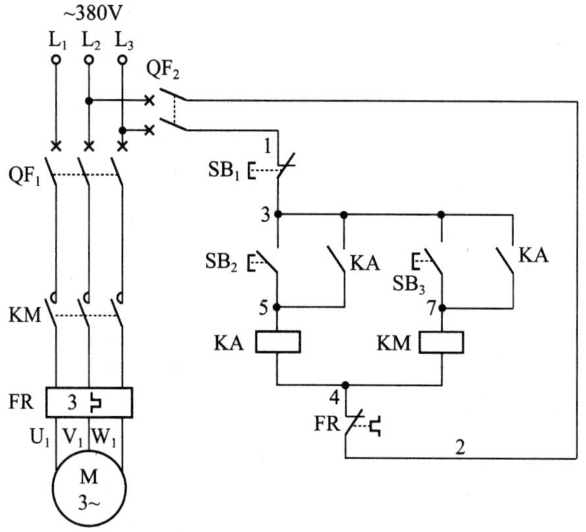

2. 工作过程分解

图 1.9

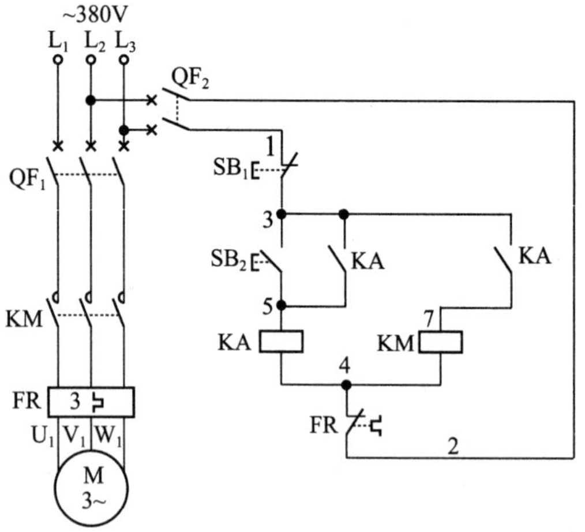

启动时，按下启动按钮 SB_2，其常开触点（3–5）闭合，接通中间继电器 KA 线圈回路电源，KA 线圈得电吸合，KA 的一组常开触点（3–5）闭合，将 KA 线圈回路自锁起来；KA 的另一组常开触点（3–7）闭合，接通交流接触器 KM 线圈回路电源，KM 线圈得电吸合，KM 三相主触点闭合，电动机得电启动连续运转工作。

图 1.10

停止时，按下停止按钮 SB_1，其常闭触点（1–3）断开，切断中间继电器 KA 和交流接触器 KM 线圈回路电源，KA、KM 线圈断电释放，KA 的一组常开触点（3–5）断开，解除自锁，KA 的另一组常开触点（3–7）断开，切断 KM 线圈回路电源；KM 三相主触点断开，电动机失电停止运转。

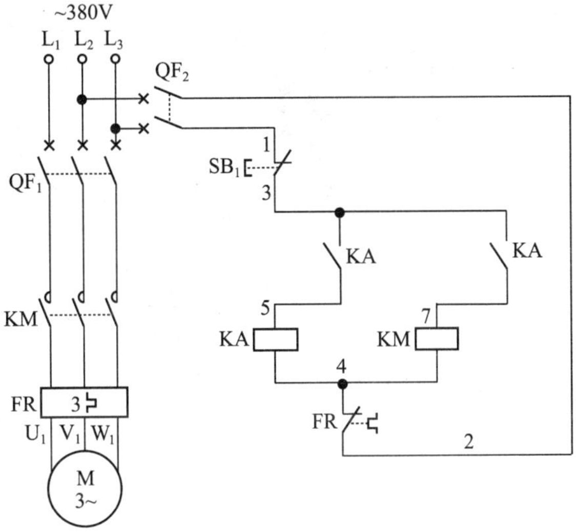

图 1.11

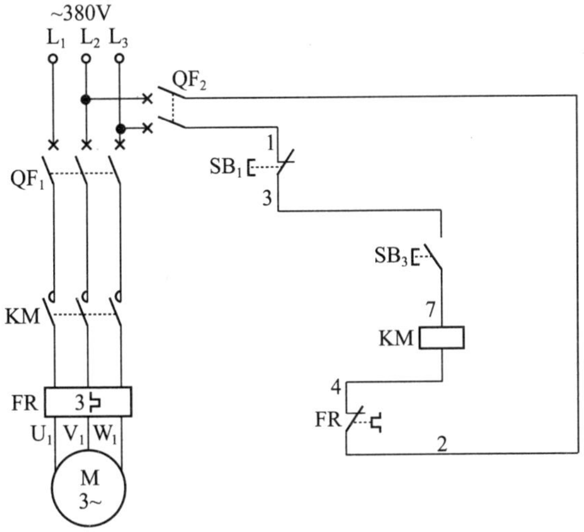

点动时，按着点动按钮 SB_3 不松手，其常开触点（3–7）闭合，接通交流接触器 KM 线圈回路电源，KM 线圈得电吸合，KM 三相主触点闭合，电动机得电启动运转；松手被按住的点动按钮 SB_3，其常开触点（3–7）断开，切断交流接触器 KM 线圈回路电源，KM 线圈断电释放，KM 三相主触点断开，电动机失电停止运转。

3. 按钮开关内部结构

电路中的按钮开关 SB_1、SB_2 又叫按钮或控制按钮，是一种短时接通或断开小电流电路的电器，它不直接控制主电路的通断，而在控制电路中发出“指令”去控制接触器、继电器等电器，再由它们去控制主电气回路，其内部结构如图 1.12 所示。按钮开关的触点允许通过的电流一般不超过 5A。

图 1.12

按钮开关内部结构

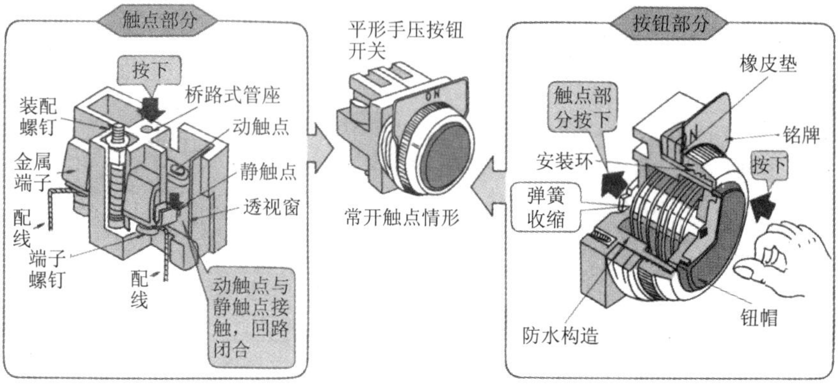

4. 电路接线图

图 1.13

启动、停止、点动混合电路（一）实物接线图

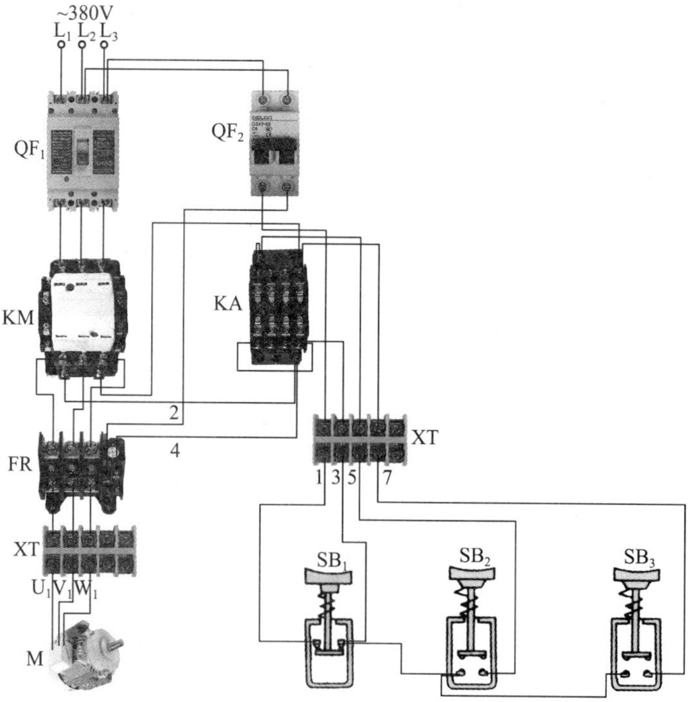

5. 按钮接线图

图 1.14 启动、停止、点动混合电路（一）按钮接线图

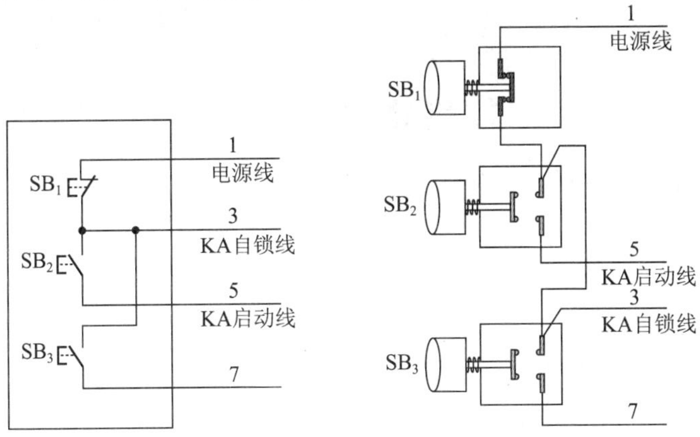

(a) 按钮实际接线　　(b) 按钮实物接线

6. 电路布线图

从图 1.15 中可以看出，XT 为接线端子排，通过端子排 XT 来区分电气元件的安装位置，XT 的内侧为放置在配电箱内底板上的电气元件，XT 的外侧为外接或引至配电箱门面板上的电气元件。

从端子排 XT 上看，共有 10 个接线端子。其中，L_1、L_2、L_3 这 3 根线为由外引入至配电箱内的三相 380V 电源，并穿管引入；U_1、V_1、W_1 这 3 根线为电动机线，穿管接至电动机接线盒内的 U_1、V_1、W_1 上；1、3、5、7 这 4 根线为控制线，接至配电箱门面板上的按钮开关 SB_1、SB_2、SB_3 上。

图 1.15 启动、停止、点动混合电路（一）布线图

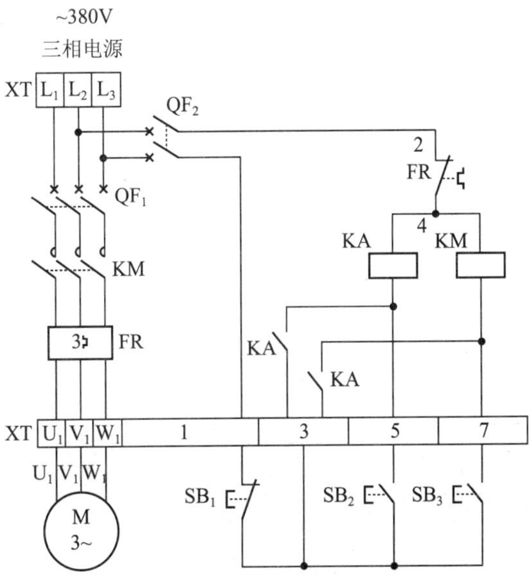

1.3 启动、停止、点动混合电路（二）

1. 电路原理图

图 1.16

启动、停止、点动混合电路（二）原理图

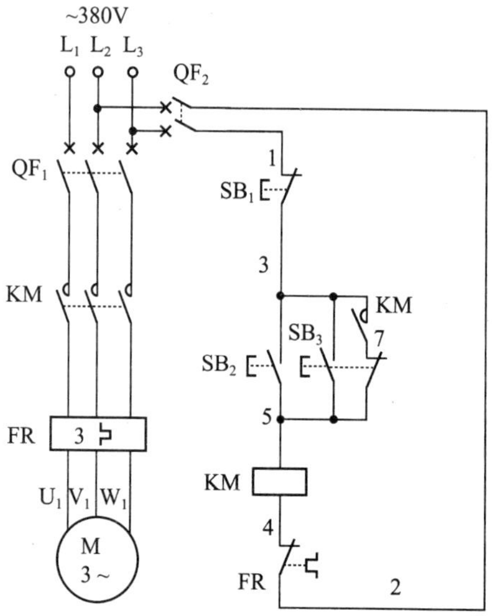

2. 工作过程分解

图 1.17

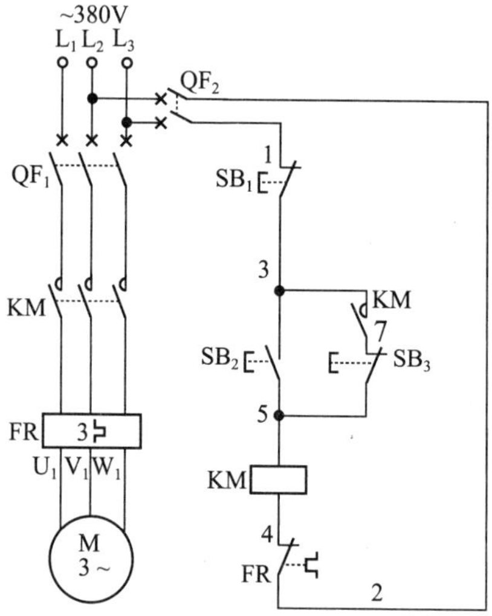

启动时，按下启动按钮 SB_2，其常开触点（3–5）闭合，接通交流接触器 KM 线圈回路电源，KM 线圈得电吸合，且 KM 辅助常开触点（3–7）闭合自锁，KM 三相主触点闭合，电动机得电启动连续运转。

图 1.18

停止时，按下停止按钮 SB_1，其常闭触点（1–3）断开，切断交流接触器 KM 线圈回路电源，KM 线圈断电释放，KM 辅助常开触点（3–7）断开，解除自锁；KM 三相主触点断开，电动机失电停止运转。

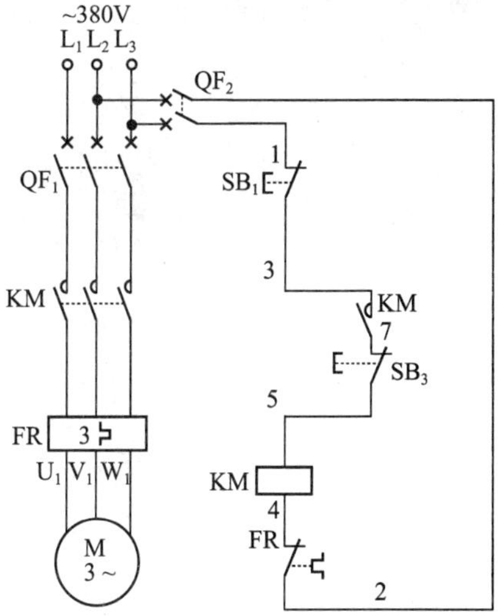

图 1.19

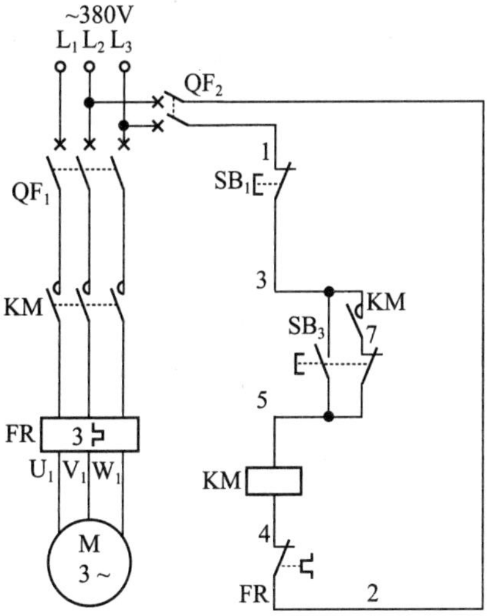

点动时，按住点动按钮 SB_3 不松手，其一组常闭触点（5–7）断开，切断交流接触器 KM 辅助常开触点（3–7）回路，使其不能进行自锁；其另一组常开触点（3–5）闭合，接通交流接触器 KM 线圈回路电源，KM 线圈得电吸合，KM 辅助常开触点（3–7）此时虽然闭合，但自锁回路被 SB_3 的一组常闭触点（5–7）切断，不能形成自锁回路，闭合无效；KM 三相主触点闭合，电动机得电启动运转。松开被按住的点动按钮 SB_3，其常开触点（3–5）断开，切断交流接触器 KM 线圈回路电源，KM 线圈断电释放，KM 辅助常开触点（3–7）断开，KM 三相主触点断开，电动机失电停止运转。

3. 电路接线图

图 1.20

启动、停止、点动混合电路（二）实物接线图

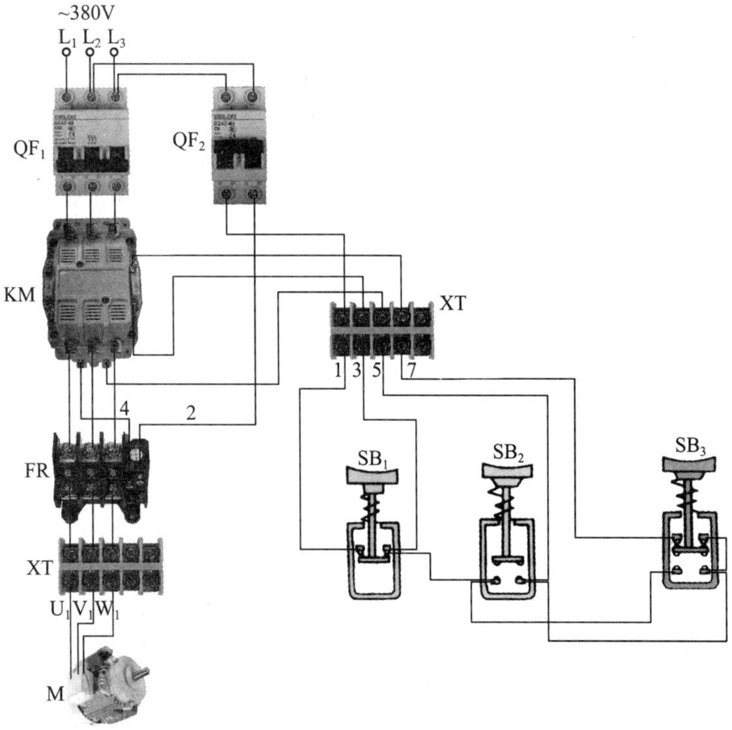

4. 按钮接线图

图 1.21

启动、停止、点动混合电路（二）按钮接线图

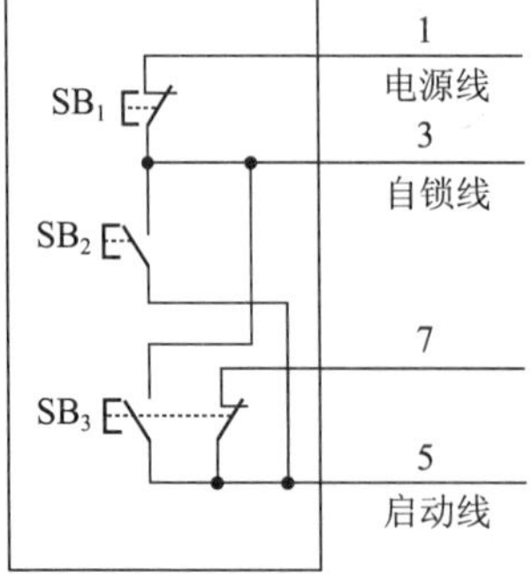

(a) 按钮实际接线

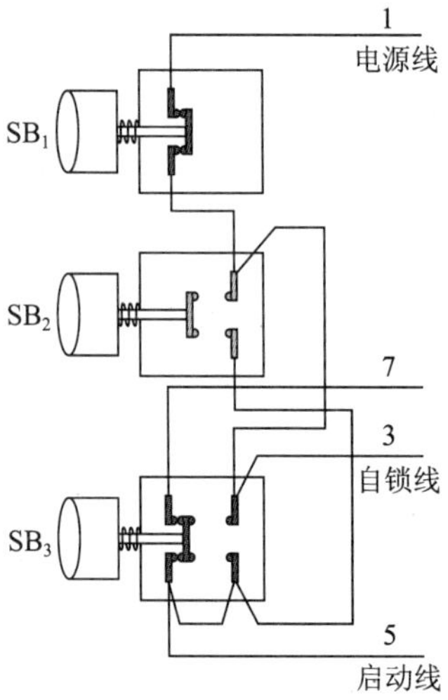

(b) 按钮实物接线

5. 电路布线图

从图 1.22 中可以看出，XT 为接线端子排，通过端子排 XT 来区分电气元件的安装位置，XT 的内侧为放置在配电箱内底板上的电气元件，XT 的外侧为外接或引至配电箱门面板上的电气元件。

从端子排 XT 上看，共有 10 个接线端子。其中，L_1、L_2、L_3 这 3 根线为由外引入至配电箱内的三相 380V 电源，并穿管引入；U_1、V_1、W_1 这 3 根线为电动机线，穿管接至电动机接线盒内的 U_1、V_1、W_1 上；1、3、5、7 这 4 根线为控制线，接至配电箱门面板上的按钮开关 SB_1、SB_2、SB_3 上。

图 1.22

启动、停止、点动混合电路（二）布线图

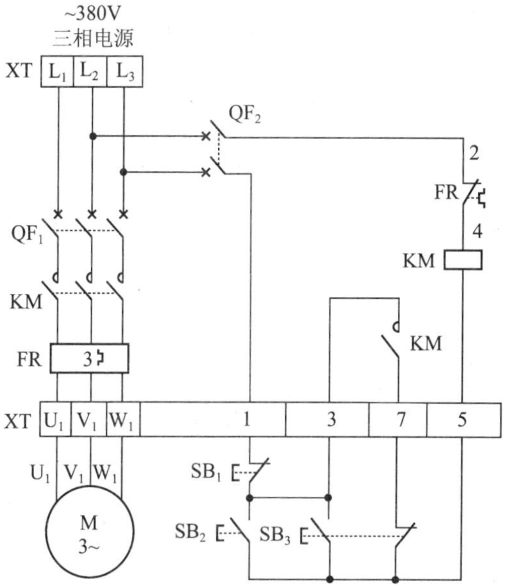

1.4　启动、停止、点动混合电路（三）

1. 电路原理图

图 1.23

启动、停止、点动混合电路（三）原理图

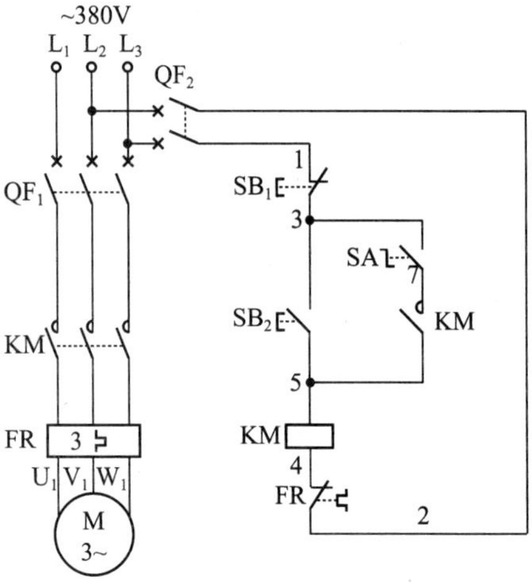

2. 工作过程分解

图 1.24

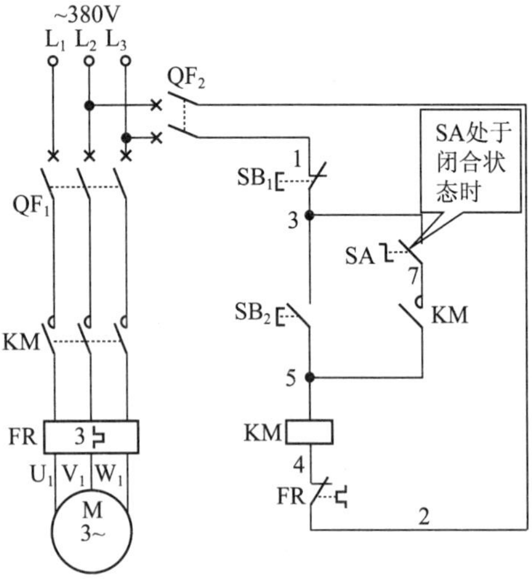

启动时，先将选择开关 SA 处于闭合状态，其常开触点（3–7）闭合，为自锁回路提供准备条件。按下启动按钮 SB_2，其常开触点（3–5）闭合，接通交流接触器 KM 线圈回路电源，KM 线圈得电吸合，KM 辅助常开触点（5–7）闭合自锁，KM 三相主触点闭合，电动机得电启动连续运转。

图 1.25

停止时，按下停止按钮 SB_1，其常闭触点（1–3）断开，切断交流接触器 KM 线圈回路电源，KM 线圈断电释放，KM 辅助常开触点（5–7）断开，解除自锁作用，KM 三相主触点断开，电动机失电停止运转。从图 1.24 中可以看出，通过切断选择开关 SA 的方式也同样可以实现对电动机进行停止控制。也就是说，在停止时，将选择开关 SA 处于断开状态，其常开触点（3–7）断开，切断交流接触器 KM 线圈回路电源，KM 线圈断电释放，KM 辅助常开触点（5–7）断开，解除其自锁作用；KM 三相主触点断开，电动机失电停止运转。

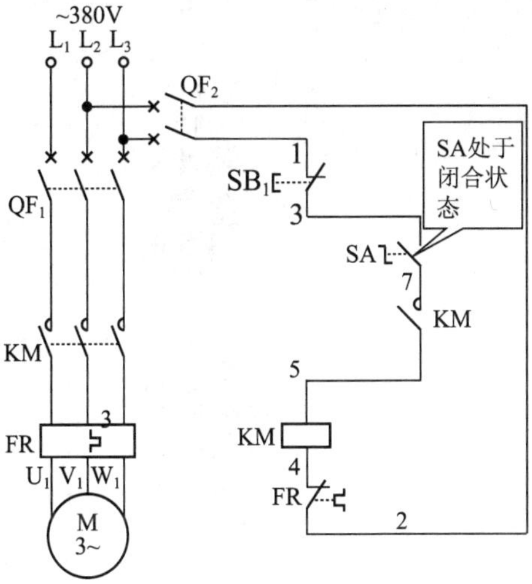

图 1.26

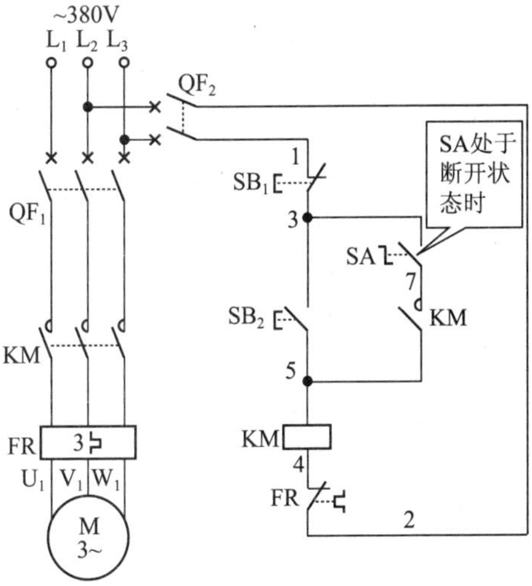

点动时，首先将选择开关 SA 处于断开状态，其常开触点（3–7）断开，切断交流接触器 KM 线圈的自锁回路，也就是说，切断了交流接触器 KM 辅助自锁常开触点（5–7）回路，使其不能形成自锁。这样，再按住启动按钮 SB_2 不放手，其常开触点（3–5）闭合，接通交流接触器 KM 线圈回路电源，KM 线圈得电吸合，KM 辅助常开触点（5–7）闭合无效，KM 三相主触点闭合，电动机得电启动运转；松开被按住的启动按钮 SB_2，其常开触点（3–5）断开，切断交流接触器 KM 线圈回路电源，KM 线圈断电释放，KM 辅助常开触点（5–7）断开，KM 三相主触点断开，电动机失电停止运转。

3. 电路接线图

图 1.27

启动、停止、点动混合电路（三）实物接线图

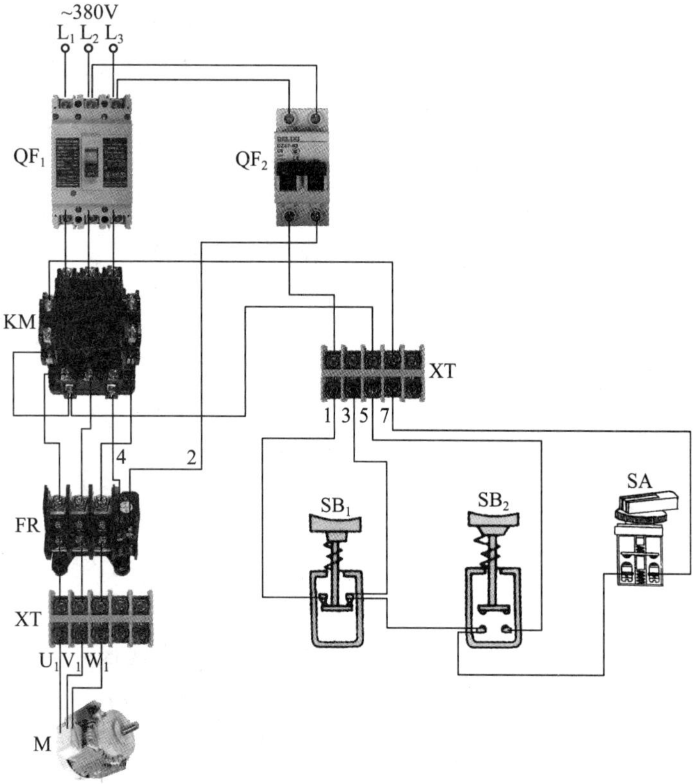

4. 按钮接线图

图 1.28

启动、停止、点动混合电路（三）按钮接线图

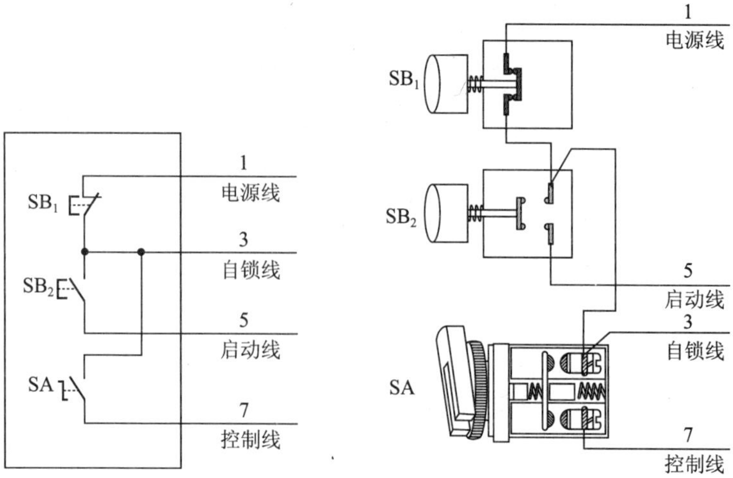

(a) 按钮实际接线　(b) 按钮实物接线

5. 电路布线图

从图 1.29 中可以看出，XT 为接线端子排，通过端子排 XT 来区分电气元件的安装位置，XT 的内侧为放置在配电箱内底板上的电气元件，XT 的外侧为外接或引至配电箱门面板上的电气元件。

从端子排 XT 上看，共有 9 个接线端子。其中，L_1、L_2、L_3 这 3 根线为由外引入至配电箱内的三相 380V 电源，并穿管引入；U_1、V_1、W_1 这 3 根线为电动机线，穿管接至电动机接线盒内的 U_1、V_1、W_1 上；1、5、7 这 3 根线为控制线，接至配电箱门面板上的按钮开关 SB_1、SB_2 和选择开关 SA 上。

图 1.29

启动、停止、点动混合电路（三）布线图

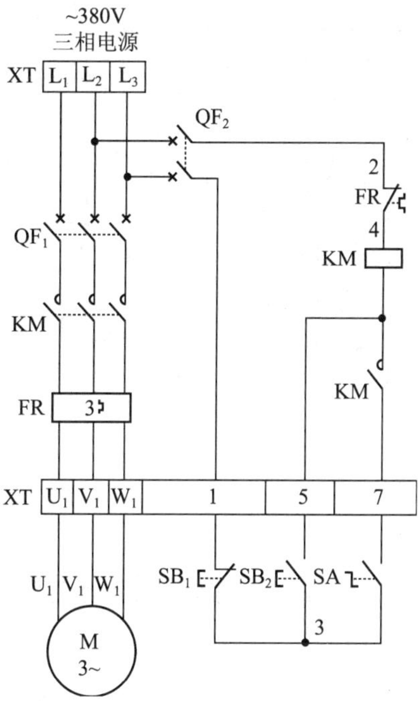

1.5 启动、停止、点动混合电路（四）

1. 电路原理图

图 1.30

启动、停止、点动混合电路（四）原理图

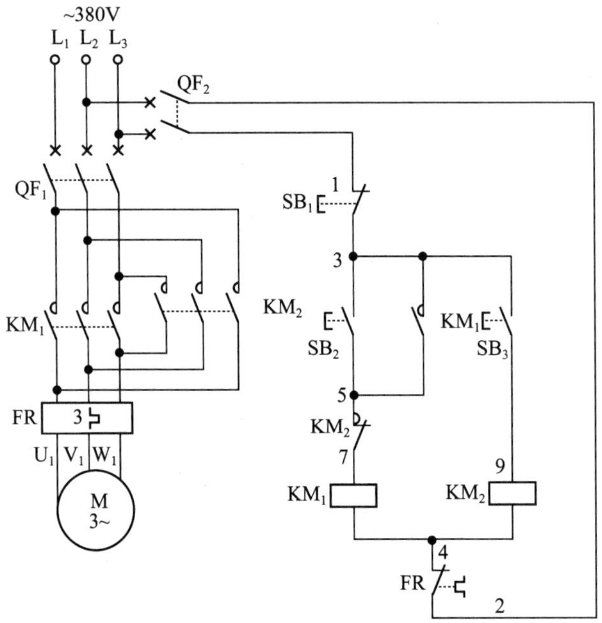

2. 工作过程分解

图 1.31

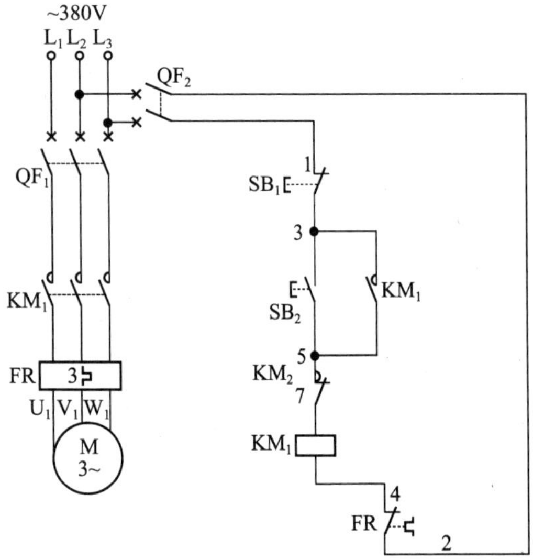

启动时，按下启动按钮 SB_2，其常开触点（3–5）闭合，接通交流接触器 KM_1 线圈回路电源，KM_1 线圈得电吸合，KM_1 辅助常开触点（3–5）闭合自锁，KM_1 三相主触点闭合，电动机得电启动连续运转。

图 1.32

停止时，按下停止按钮 SB_1，其常闭触点（1-3）断开，切断交流接触器 KM_1 线圈回路电源，KM_1 线圈断电释放，KM_1 辅助常开触点（3-5）断开，解除自锁作用；KM_1 三相主触点断开，电动机失电停止运转。

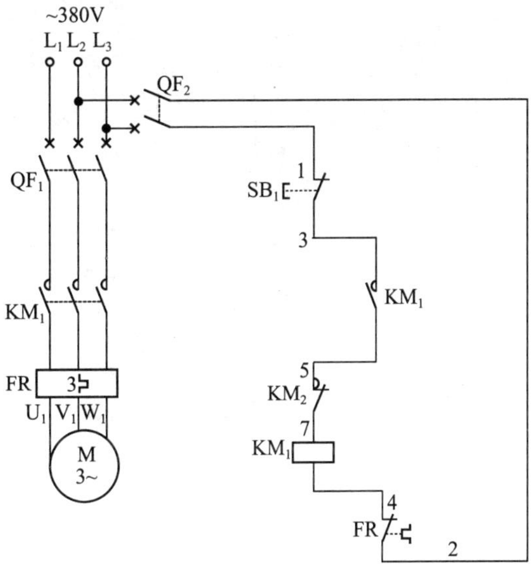

图 1.33

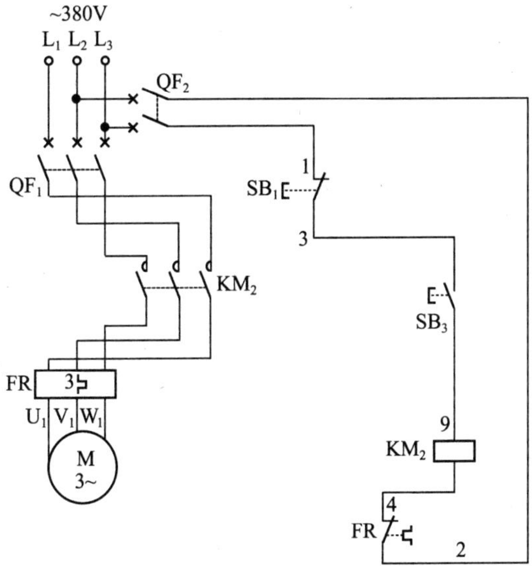

点动时，按住点动按钮 SB_3 不松手，其常开触点（3-9）闭合，接通交流接触器 KM_2 线圈回路电源，KM_2 线圈得电吸合，KM_2 辅助常闭触点（5-7）断开，可解除正在连续运转工作的交流接触器 KM_1 线圈回路的自锁，以保证电动机在正常启动连续运转操作后，直接进行点动操作。KM_2 三相主触点闭合，电动机得电启动运转。松开被按住的点动按钮 SB_3，其常开触点（3-9）断开，切断交流接触器 KM_2 线圈回路电源，KM_2 线圈断电释放，KM_2 辅助常闭触点（5-7）恢复常闭，KM_2 三相主触点断开，电动机失电停止运转。

3. 电路接线图

图 1.34 启动、停止、点动混合电路（四）现场接线图

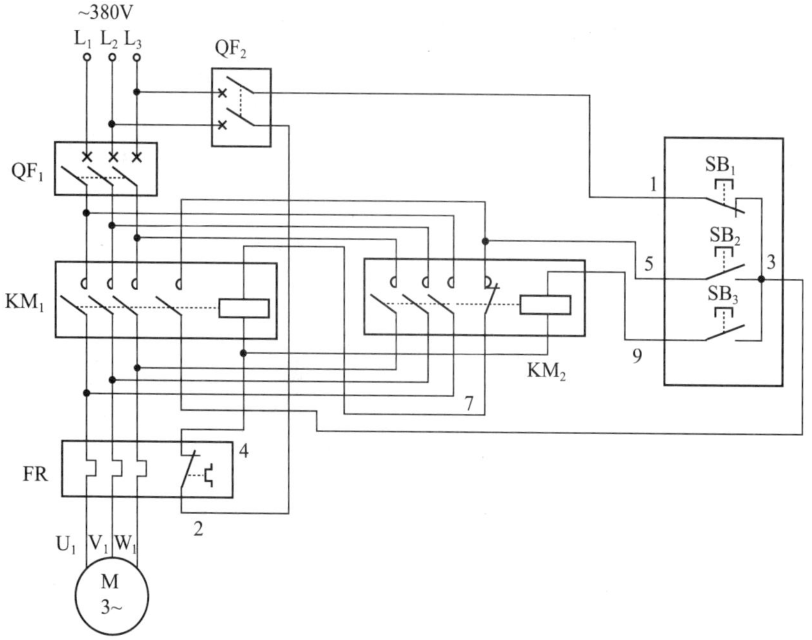

4. 按钮接线图

图 1.35 启动、停止、点动混合电路（四）按钮现场接线图

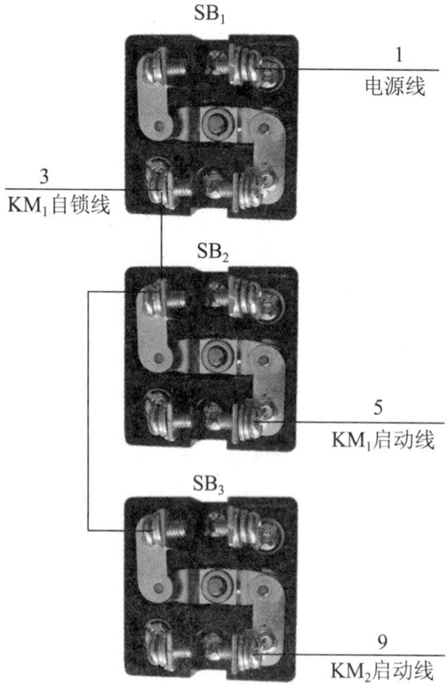

5. 电路布线图

从图 1.36 中可以看出，XT 为接线端子排，通过端子排 XT 来区分电气元件的安装位置，XT 的内侧为放置在配电箱内底板上的电气元件，XT 的外侧为外接或引至配电箱门面板上的电气元件。

从端子排 XT 上看，共有 10 个接线端子。其中，L_1、L_2、L_3 这 3 根线为由外引入至配电箱内的三相 380V 电源，并穿管引入；U_1、V_1、W_1 这 3 根线为电动机线，穿管接至电动机接线盒内的 U_1、V_1、W_1 上；1、3、5、9 这 4 根线为控制线，接至配电箱门面板上的按钮开关 SB_1、SB_2、SB_3 上。

图 1.36 启动、停止、点动混合电路（四）布线图

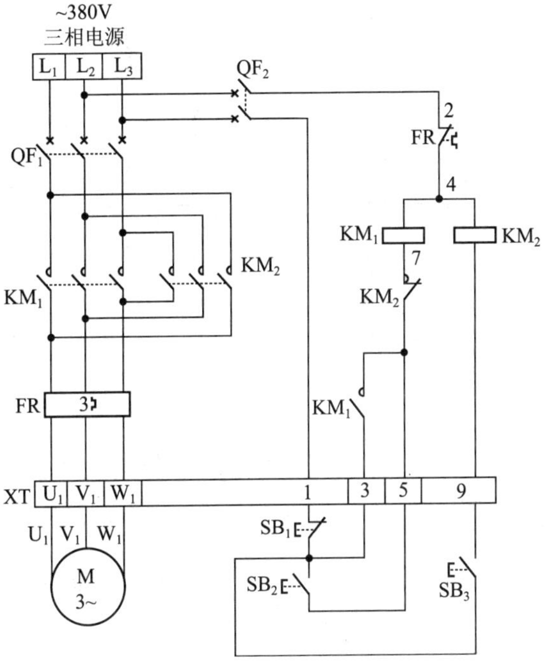

1.6　启动、停止、点动混合电路（五）

1. 电路原理图

图 1.37

启动、停止、点动混合电路（五）原理图

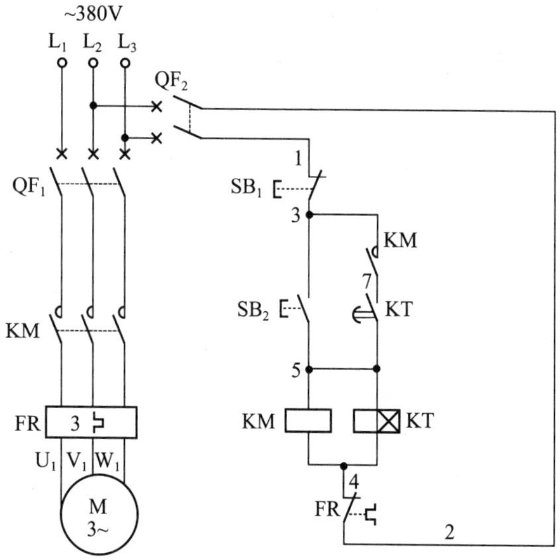

2. 工作过程分解

图 1.38

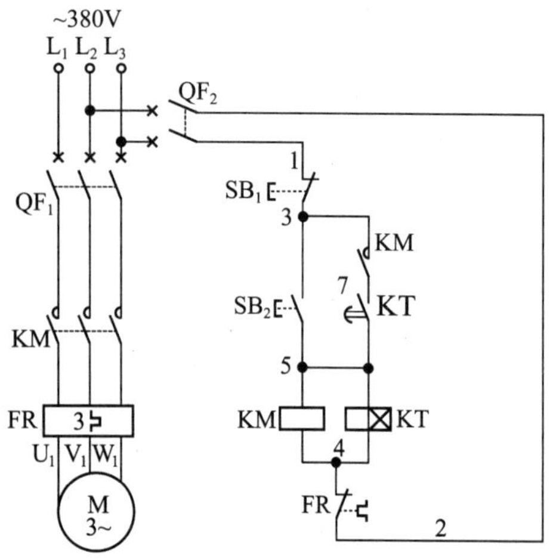

启动时，长时间按住启动按钮 SB_2 不放手，其常开触点（3–5）闭合，KM 和 KT 线圈均同时得电吸合，KM 辅助常开触点（3–7）闭合，为自锁做准备，KM 三相主触点闭合，电动机得电启动运转。与此同时，KT 开始延时。经 KT 一段时间延时后，KT 得电延时闭合的常开触点（5–7）闭合，与早已闭合等待的 KM 辅助常开触点（3–7）串联，将 KM 线圈自锁回路接通，自锁回路形成。也就是说，需连续运转操作时，按下启动按钮 SB_2 的时间必须大于 KT 的设定时间，否则为点动操作。

图 1.39

停止时，按下停止按钮 SB_1，其常闭触点（1–3）断开，切断交流接触器 KM 和得电延时时间继电器 KT 线圈回路电源，KM 和 KT 线圈均断电释放，KM 辅助常开触点（3–7）断开，解除自锁，KM 三相主触点断开，电动机失电停止运转。与此同时，KT 得电延时闭合的常开触点（5–7）断开，同样切断 KM 线圈的自锁回路。

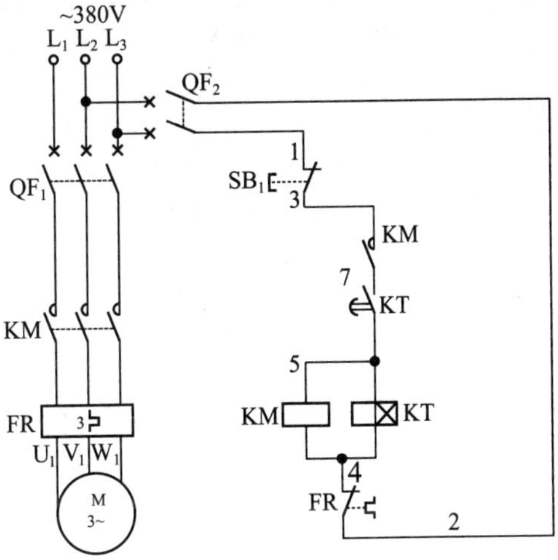

图 1.40

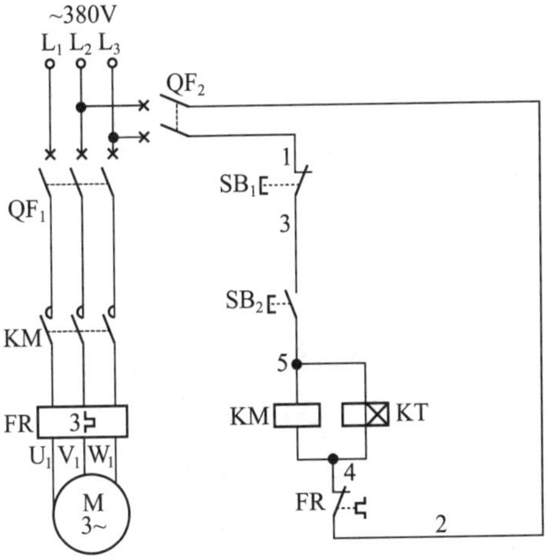

点动时，按住点动按钮 SB_2 的时间不要超出 KT 的设定时间。也就是说，按住 SB_2 的时间不超过 KT 的延时时间，KT 可视为在点动操作时工作无效。此时，按住启动按钮 SB_2 不放手，其常开触点（3–5）闭合，KM 和 KT 线圈均同时得电吸合，KT 开始延时。KM 辅助常开触点（3–7）虽然闭合，因 KT 延时时间未到，KT 得电延时闭合的常开触点（5–7）未闭合，形不成自锁回路，所以为点动操作。此时，KM 三相主触点闭合，电动机得电启动运转。松开被按住的启动按钮 SB_2，其常开触点（3–5）断开，KM 和 KT 线圈均断电释放，KM 辅助常开触点（3–7）断开（此触点虽然动作，无效），KM 三相主触点断开，电动机失电停止运转。

3. 电路接线图

图 1.41 启动、停止、点动混合电路（五）现场接线图

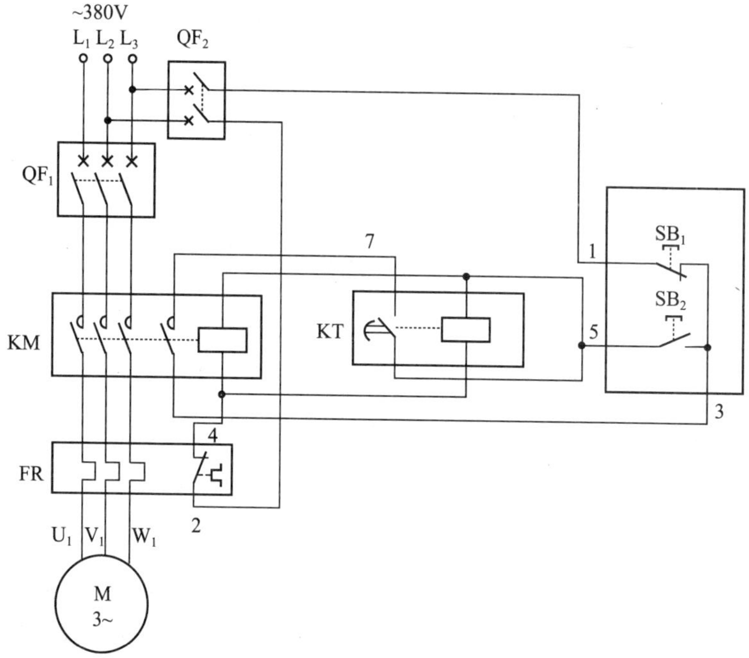

4. 按钮接线图

图 1.42 启动、停止、点动混合电路（五）按钮接线图

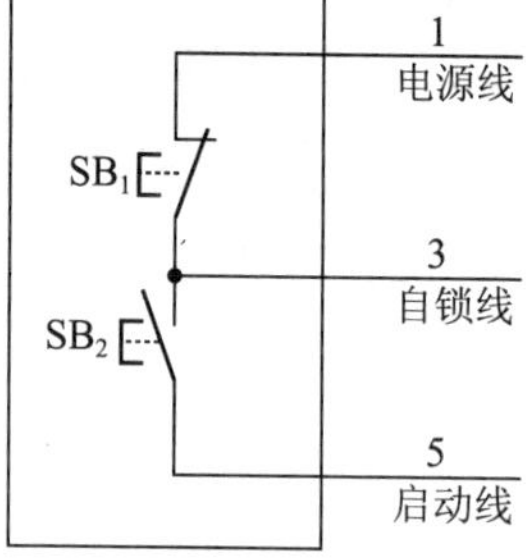

(a) 按钮实际接线

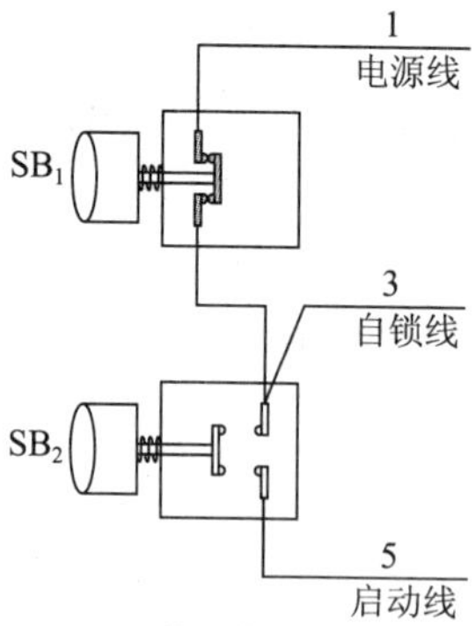

(b) 按钮实物接线

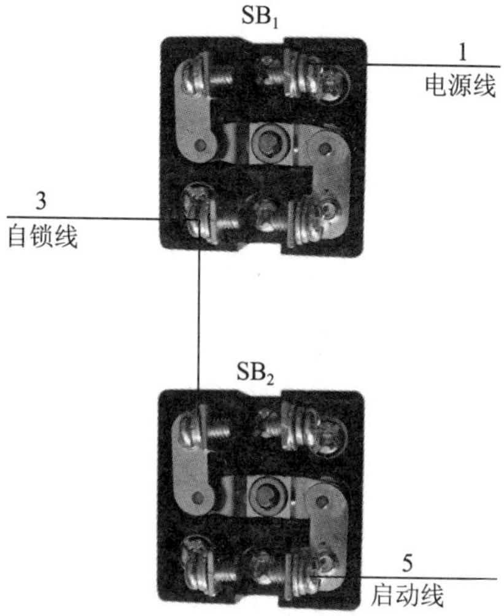

(c) 按钮现场接线

5. 电路布线图

从图 1.43 中可以看出，XT 为接线端子排，通过端子排 XT 来区分电气元件的安装位置，XT 的内侧为放置在配电箱内底板上的电气元件，XT 的外侧为外接或引至配电箱门面板上的电气元件。

从端子排 XT 上看，共有 9 个接线端子。其中，L_1、L_2、L_3 这 3 根线为由外引入至配电箱内的三相 380V 电源，并穿管引入；U_1、V_1、W_1 这 3 根线为电动机线，穿管接至电动机接线盒内的 U_1、V_1、W_1 上；1、3、5 这 3 根线为控制线，接至配电箱门面板上的按钮开关 SB_1、SB_2 上。

图 1.43

启动、停止、点动混合电路（五）布线图

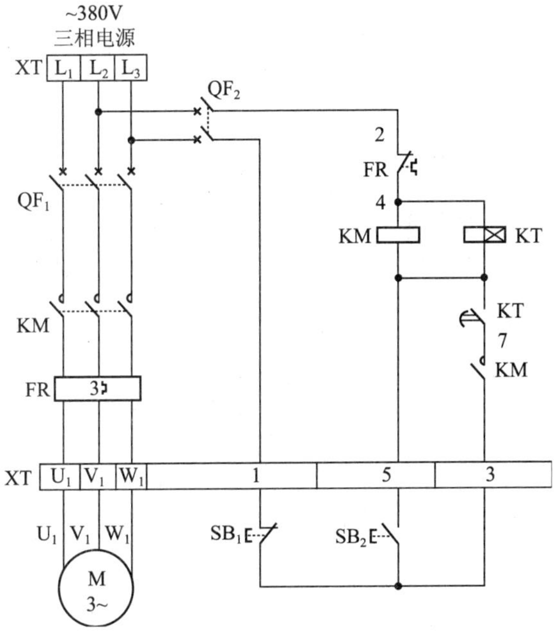

1.7 启动、停止、点动混合电路（六）

1. 电路原理图

图 1.44

启动、停止、点动混合电路（六）原理图

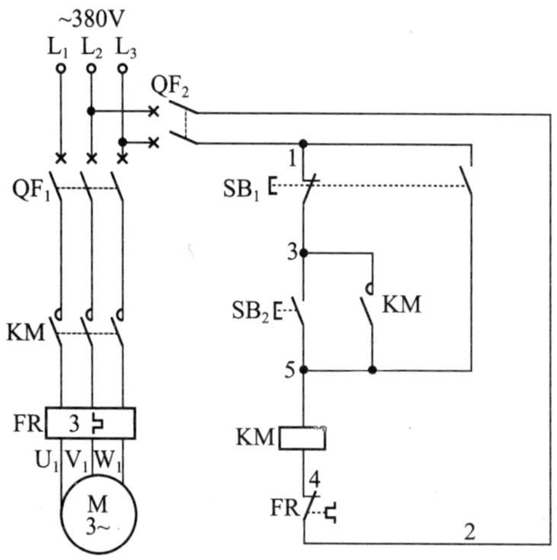

2. 工作过程分解

图 1.45

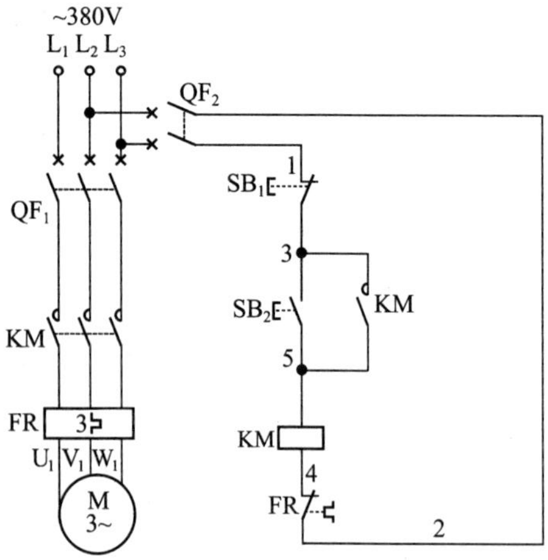

启动时，按下启动按钮 SB_2，其常开触点（3–5）闭合，接通交流接触器 KM 线圈回路电源，KM 线圈得电吸合且 KM 辅助常开触点（3–5）闭合自锁，KM 三相主触点闭合，电动机得电启动连续运转。

图 1.46

点动时，将停止按钮 SB_1 按到底不松手，其一组常闭触点（1–3）断开，切断 KM 自锁回路；另一组常开触点（1–5）闭合，接通交流接触器 KM 线圈回路电源，KM 辅助常开触点（3–5）此时闭合无效；KM 三相主触点闭合，电动机得电启动运转。松开停止按钮 SB_1，其常开触点（1–5）断开，切断交流接触器 KM 线圈回路电源，KM 三相主触点断开，电动机失电停止运转。在松开停止按钮 SB_1 后，SB_1 的一组常闭触点（1–3）闭合，为启动电动机操作做准备。将停止按钮 SB_1 按到底的时间长短即为点动运转时间。

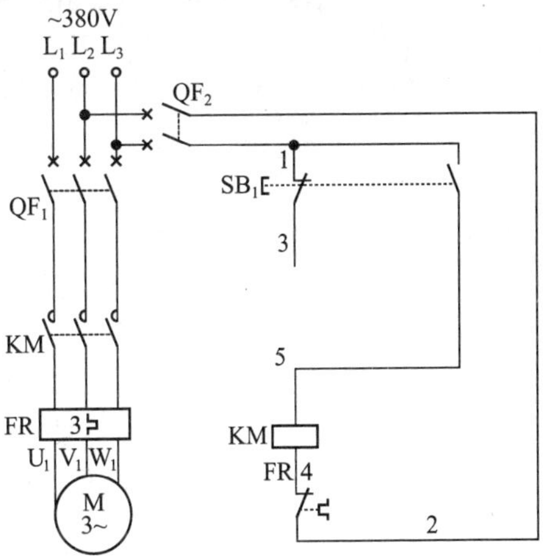

图 1.47

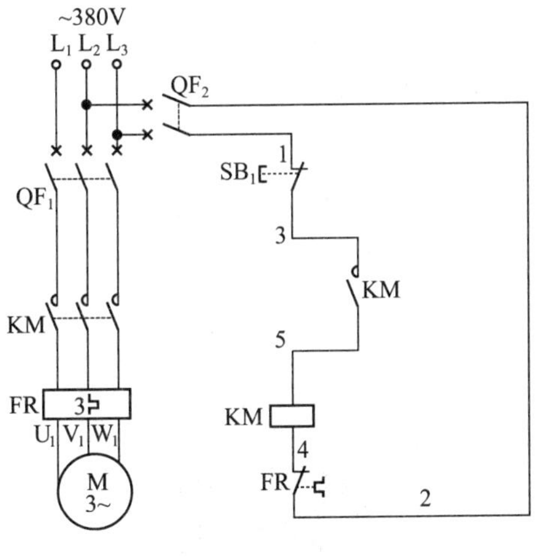

停止时，轻轻按下停止按钮 SB_1，其常闭触点（1–3）断开，切断交流接触器 KM 线圈回路电源，KM 线圈断电释放，KM 辅助常开触点（3–5）断开，解除自锁作用；KM 三相主触点断开，电动机失电停止运转。因轻轻按下停止按钮 SB_1 时，常开触点行程比常闭触点大，所以，轻轻按下时，不会将常开触点接通。

3. 电路中交流接触器 KM 的工作原理

当交流接触器的电磁线圈通电后，线圈中流过电流产生磁场，使静铁心产生足够的吸力，克服反作用弹簧与动触点压力弹簧片的反作用力，将动铁心吸合，同时带动传动杆使动触点和静触点的状态发生改变，其中三对常开主触点闭合，主触点两侧的两对常开辅助触点闭合，两对常闭辅助触点断开。当电磁线圈断电后，由于铁心电磁吸力消失，动铁心在反作用弹簧力的作用下释放，各触点也随之恢复原始状态。交流接触器的线圈电压在 80% ~ 105% 额定电压下工作时，能保证正常吸合和释放。电压过高时，磁路趋于饱和，线圈电流将增大，严重时会烧毁线圈。而电压过低时，电磁吸力不足，动铁心吸合不上或时吸时放，线圈电流增大会造成线圈过热而烧毁。

4. 电路接线图

图 1.48

启动、停止、点动混合电路（六）现场接线图

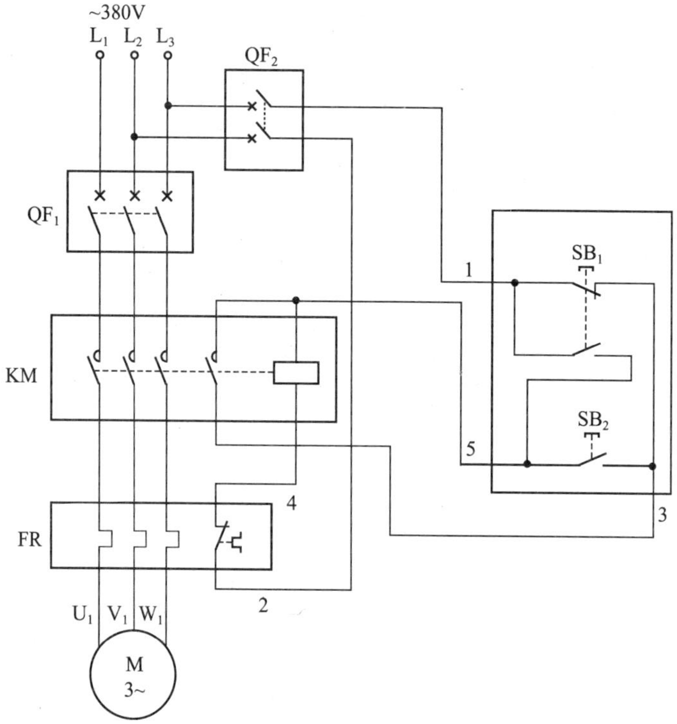

5. 按钮接线图

图 1.49

启动、停止、点动混合电路（六）按钮接线图

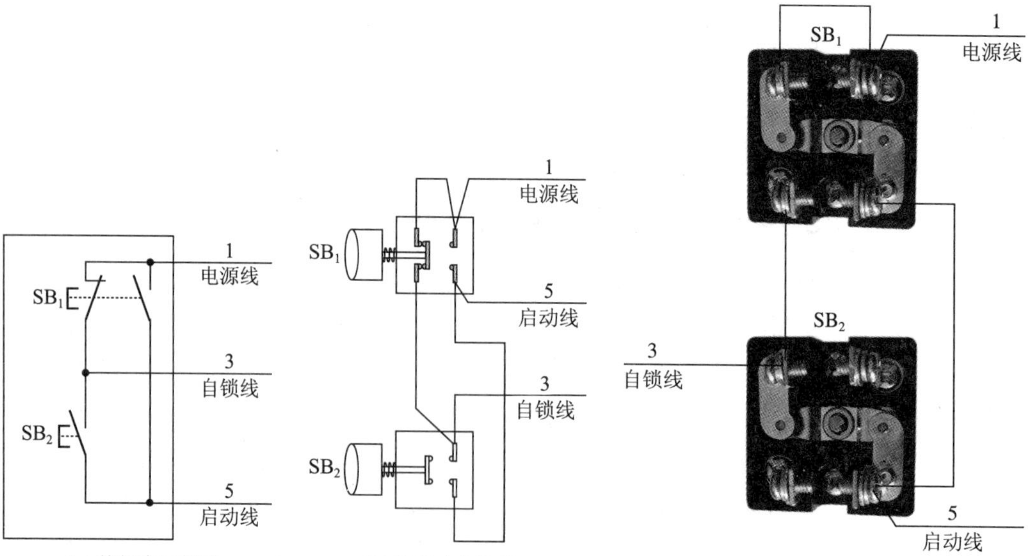

(a) 按钮实际接线　(b) 按钮实物接线　(c) 按钮现场接线

6. 电路布线图

从图 1.50 中可以看出，XT 为接线端子排，通过端子排 XT 来区分电气元件的安装位置，XT 的内侧为放置在配电箱内底板上的电气元件，XT 的外侧为外接或引至配电箱门面板上的电气元件。

从端子排 XT 上看，共有 9 个接线端子。其中，L_1、L_2、L_3 这 3 根线为由外引入至配电箱内的三相 380V 电源，并穿管引入；U_1、V_1、W_1 这 3 根线为电动机线，穿管接至电动机接线盒内的 U_1、V_1、W_1 上；1、3、5 这 3 根线为控制线，接至配电箱门面板上的按钮开关 SB_1、SB_2 上。

图 1.50 启动、停止、点动混合电路（六）布线图

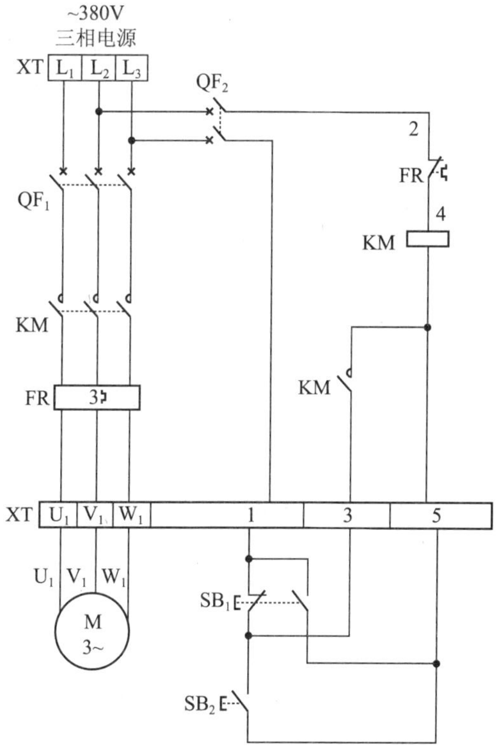

1.8 手动串联电阻启动控制电路（一）

1. 电路原理图

图 1.51

手动串联电阻启动控制电路（一）原理图

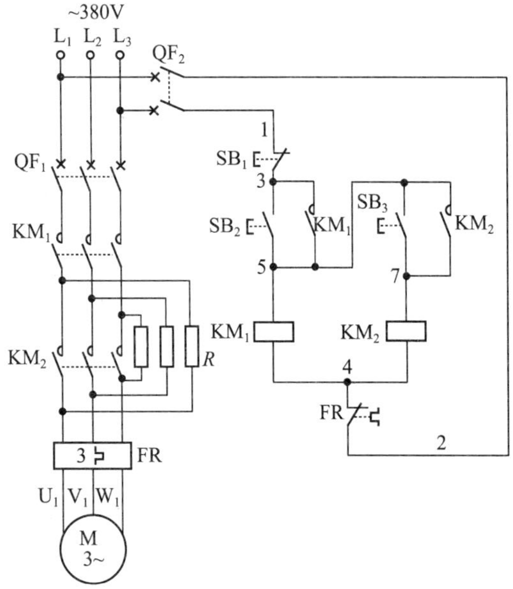

2. 工作过程分解

图 1.52

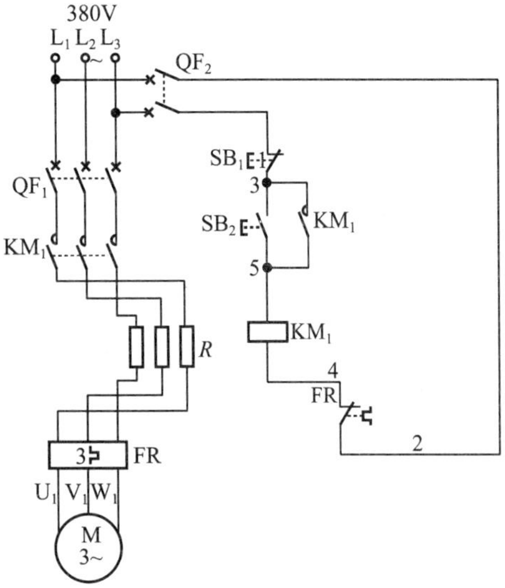

启动时，按下启动按钮 SB_2，其常开触点（3-5）闭合，接通交流接触器 KM_1 线圈回路电源，KM_1 线圈得电吸合，KM_1 辅助常开触点（3-5）闭合自锁，KM_1 三相主触点闭合，电动机串联启动电阻器 *R* 进行启动。

图 1.53

运转时，当电动机的转速逐渐提高，升至电动机设定转速时，再按下运转按钮 SB_3，其常开触点（5-7）闭合，接通交流接触器 KM_2 线圈回路电源，KM_2 线圈得电吸合，KM_2 辅助常开触点（5-7）闭合自锁，KM_2 三相主触点闭合，将启动电阻器 R 给短接起来，电动机得以全压转为正常运转。

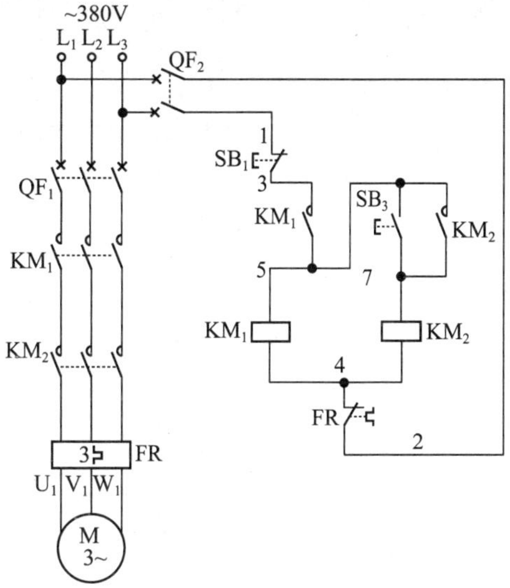

图 1.54

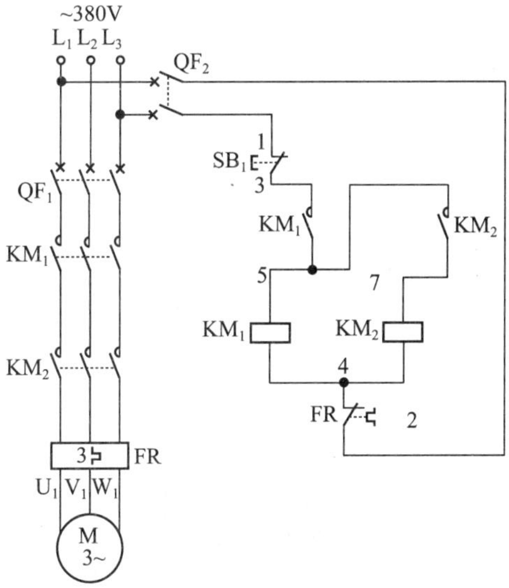

停止时，按下停止按钮 SB_1，其常闭触点（1-3）断开，切断交流接触器 KM_1 和 KM_2 线圈回路电源，KM_1 和 KM_2 线圈断电释放，KM_1 辅助常开触点（3-5）断开，解除对 KM_1 线圈回路的自锁作用；KM_2 辅助常开触点（5-7）断开，解除对 KM_2 线圈回路的自锁作用；KM_1 和 KM_2 各自的三相主触点断开，电动机失电停止运转。

3. 电路接线图

图 1.55

手动串联电阻启动控制电路（一）实物接线图

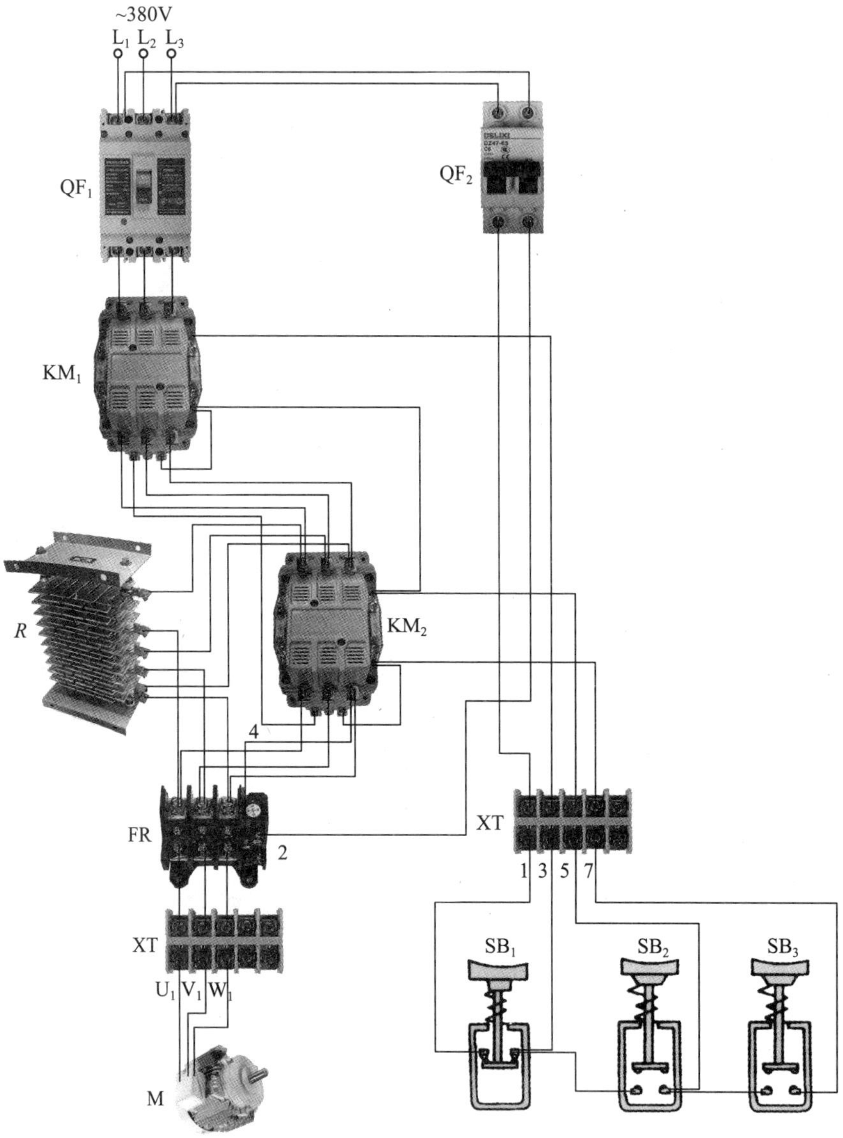

4. 按钮接线图

图 1.56

手动串联电阻启动控制电路（一）按钮接线图

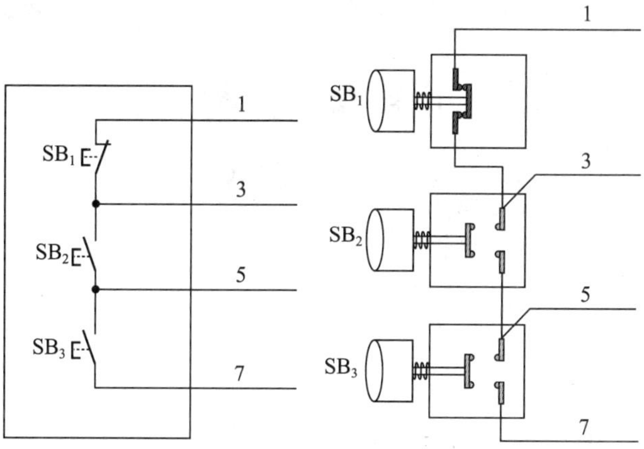

(a) 按钮实际接线　　(b) 按钮实物接线

5. 电路布线图

从图 1.57 中可以看出，XT 为接线端子排，通过端子排 XT 来区分电气元件的安装位置，XT 的内侧为放置在配电箱内底板上的电气元件，XT 的外侧为外接或引至配电箱门面板上的电气元件。

从端子排 XT 上看，共有 10 个接线端子。其中，L_1、L_2、L_3 这 3 根线为由外引入至配电箱内的三相 380V 电源，并穿管引入；U_1、V_1、W_1 这 3 根线为电动机线，穿管接至电动机接线盒内的 U_1、V_1、W_1 上；1、3、5、7 这 4 根线为控制线，接至配电箱门面板上的按钮开关 SB_1、SB_2、SB_3 上。

图 1.57

手动串联电阻启动控制电路（一）布线图

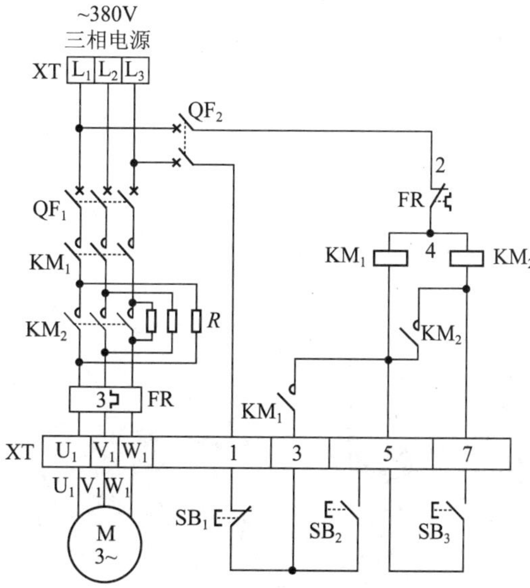

1.9　手动串联电阻启动控制电路（二）

1. 电路原理图

图 1.58

手动串联电阻启动控制电路（二）原理图

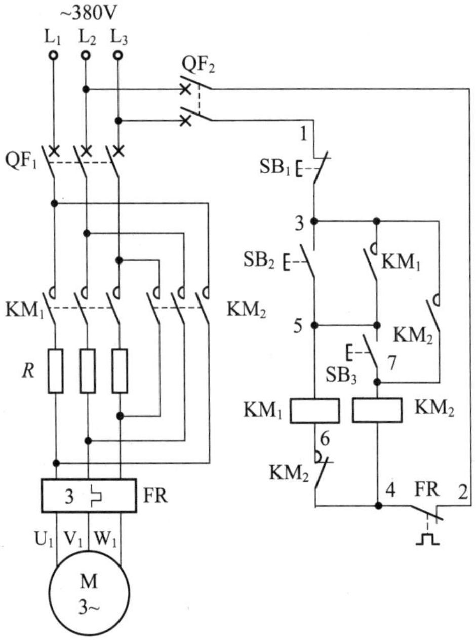

2. 工作过程分解

图 1.59

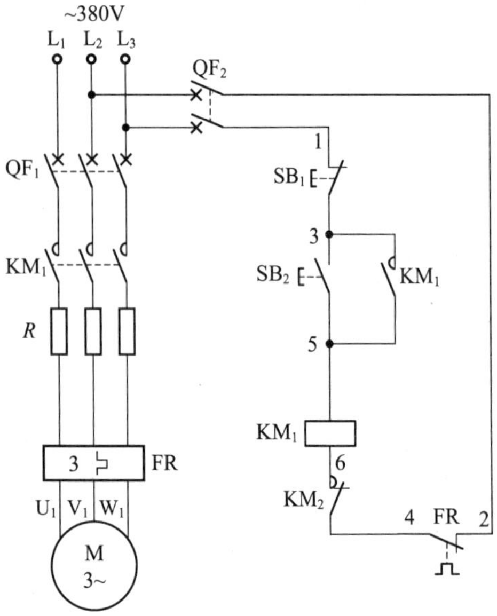

启动时，按下启动按钮 SB_2(3-5)，交流接触器 KM_1 线圈得电吸合且 KM_1 辅助常开触点(3-5) 闭合自锁，KM_1 三相主触点闭合，电动机串联启动电阻器 *R* 进行降压启动。

图 1.60

电动机串联启动电阻器 R 进行降压启动后，再按下运转按钮开关 SB_3(5-7)，交流接触器 KM_2 线圈得电吸合且 KM_2 辅助常开触点 (3-7) 闭合自锁，KM_2 三相主触点闭合，电动机得电全压运转，至此，电动机串联电阻器 R 启动过程结束。

当交流接触器 KM_2 线圈得电吸合且 KM_2 辅助常开触点 (3-7) 闭合自锁后，KM_2 串联在交流接触器 KM_1 线圈回路中的辅助常闭触点 (4-6) 断开，切断了交流接触器 KM_1 线圈回路电源，KM_1 线圈断电释放，KM_1 三相主触点断开，可以节省 KM_1 线圈所消耗的电能，在降压启动转为全压运转后只有交流接触器 KM_2 线圈仍吸合工作。

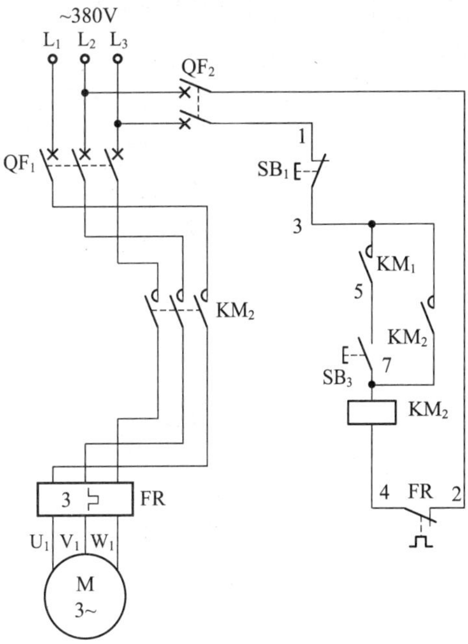

3. 电路中启动电阻的计算方法

电路中启动电阻 R 一般采用 ZX1、ZX2 系列铸铁电阻。铸铁电阻功率大，能够通过较大电流，三相所串的电阻值相等。启动电阻 R_{st} 可通过以下近似公式计算：

$$R_{st}=190\frac{I_{st}-I'_{st}}{I_{st}I'_{st}}$$

式中，I_{st} 为未串电阻前的启动电流，一般 I_{st}=（4-7）I_N（A）；I'_{st} 为串联电阻后的启动电流，一般 I'_{st}=（2~3）I_N（A）；I_N 为电动机的额定电流（A）。

启动电阻的功率为

$$P=（1/4\sim1/3）I'^2_{st}R_{st} \text{ 或 } P=I^2_N R_{st}$$

若是启动电阻仅在电动机的两相定子绕组中串联时，选用的启动电阻应为上述计算值的 1.5 倍。

4. 电路接线图

图 1.61 手动串联电阻启动控制电路（二）实物接线图

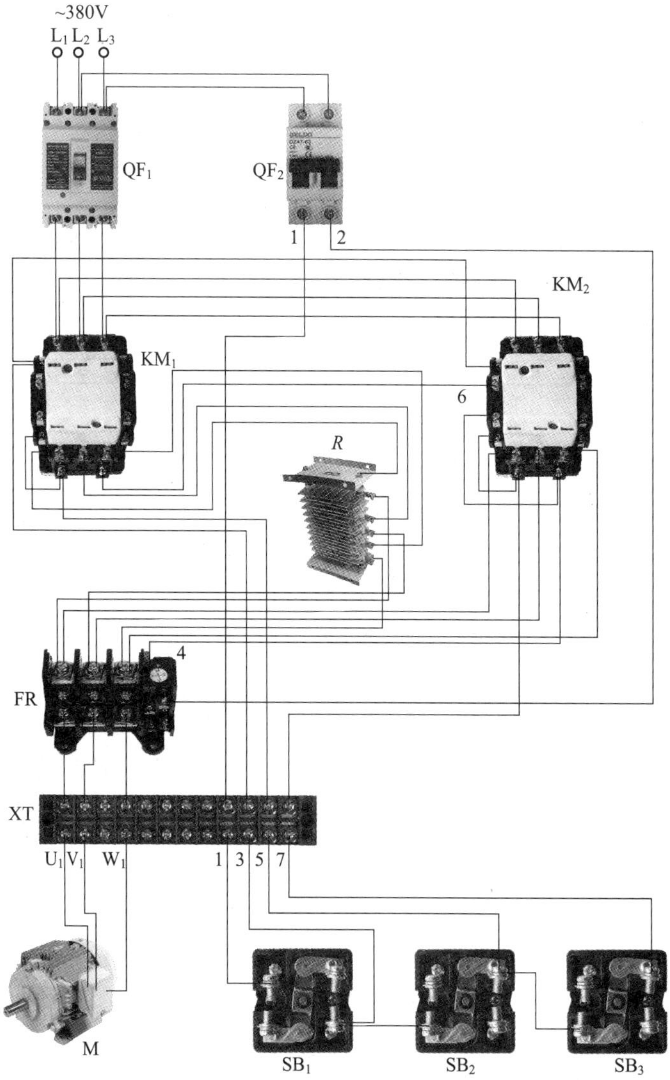

5. 按钮接线图

图 1.62

手动串联电阻启动控制电路（二）按钮接线图

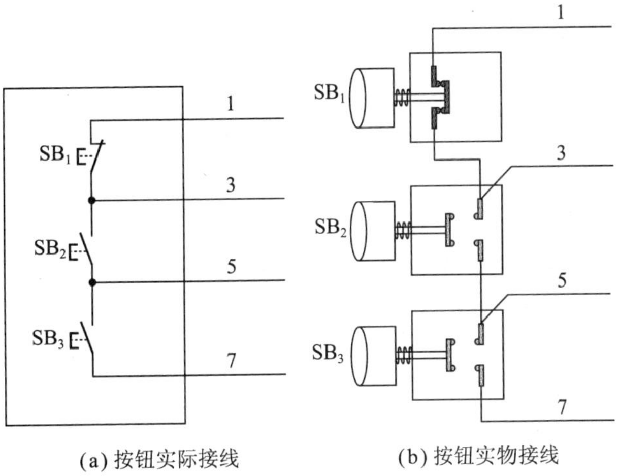

(a) 按钮实际接线　　(b) 按钮实物接线

6. 电路布线图

图 1.63

手动串联电阻启动控制电路（二）布线图

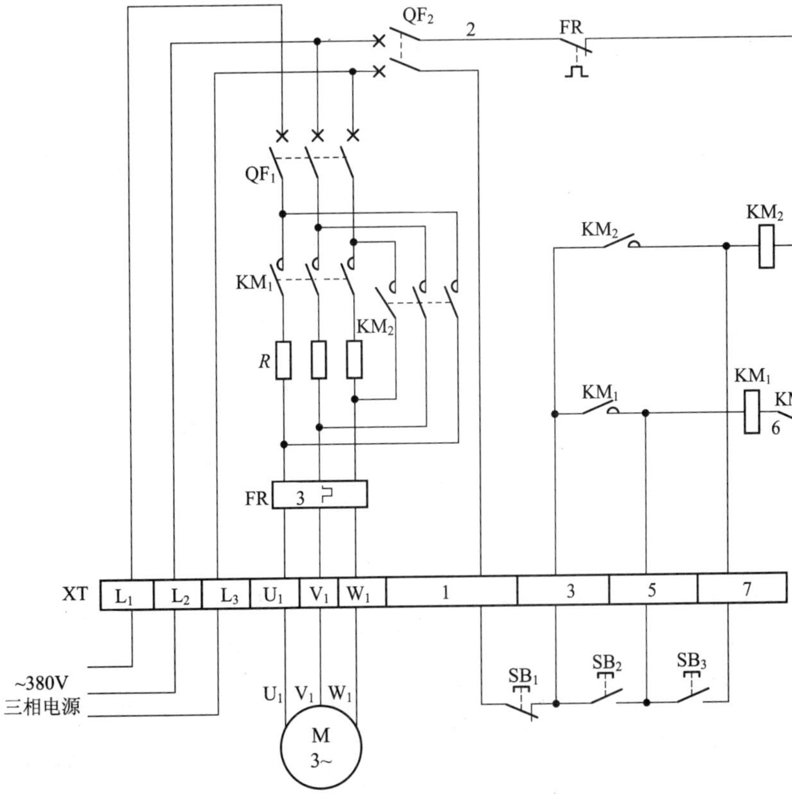

1.10 定子绕组串联电阻启动自动控制电路（一）

1. 电路原理图

图 1.64

定子绕组串联电阻启动自动控制电路（一）原理图

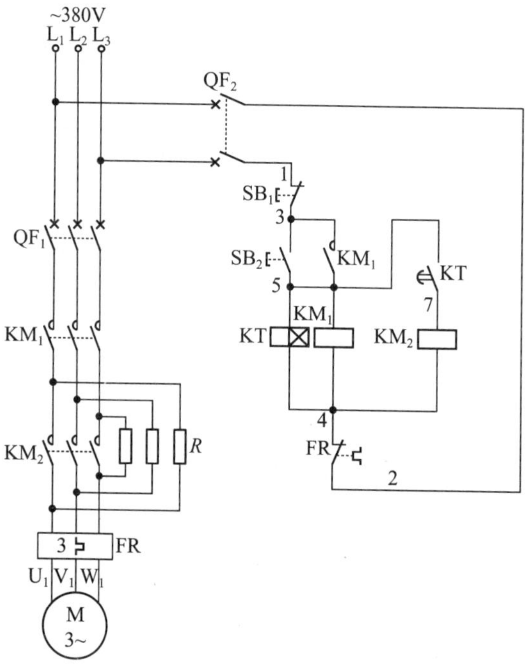

2. 工作过程分解

图 1.65

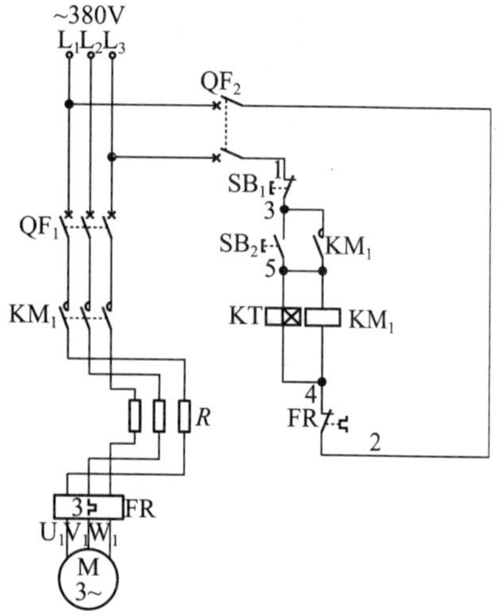

启动时，按下启动按钮 SB_2，其常开触点（3-5）闭合，接通交流接触器 KM_1 和得电延时时间继电器 KT 线圈回路电源，KM_1 和 KT 线圈同时得电吸合且 KM_1 辅助常开触点（3-5）闭合自锁；KM_1 三相主触点闭合，电动机绕组串电阻器 R 进行降压启动。与此同时，KT 开始延时。

图 1.66

运转时，随着电动机转速的逐渐升高，电动机应自动转换为全压运转。这时，KT 延时时间已到，KT 得电延时闭合的常开触点（5–7）闭合，接通交流接触器 KM_2 线圈回路电源，KM_2 线圈得电吸合，KM_2 三相主触点闭合，将启动电阻器 *R* 给短接起来，电动机得以全压正常运转。

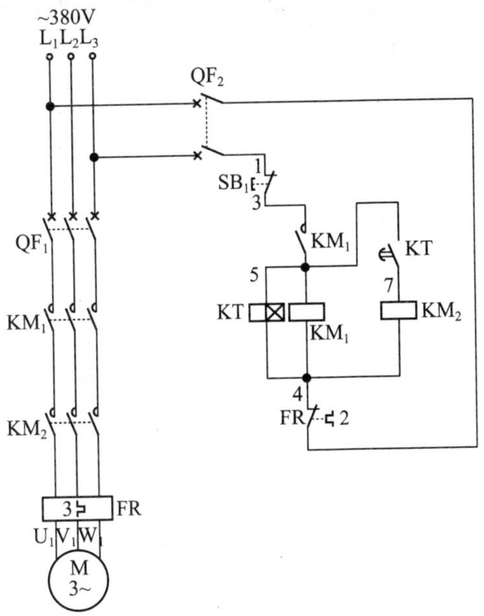

图 1.67

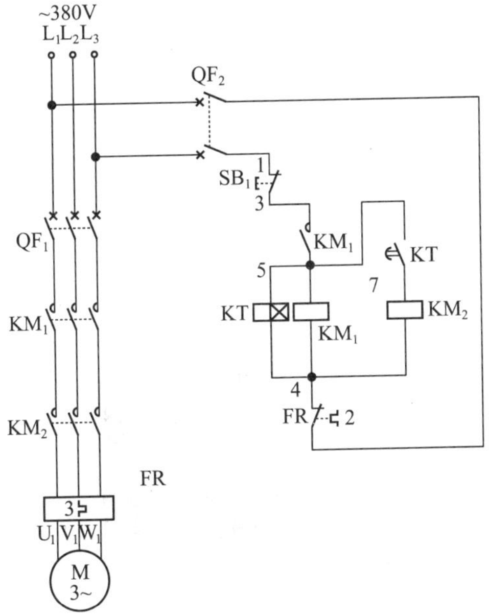

停止时，按下停止按钮 SB_1，其常闭触点（1–3）断开，切断交流接触器 KM_1、KM_2 和得电延时时间继电器 KT 线圈回路电源，使交流接触器 KM_1、KM_2 和得电延时时间继电器 KT 线圈同时断电释放，KM_1 辅助常开触点（3–5）断开，解除自锁；KT 得电延时闭合的常开触点（5–7）恢复原始常开状态；KM_1、KM_2 各自的三相主触点断开，电动机失电停止运转。

3. 电路接线图

图 1.68

定子绕组串联电阻启动自动控制电路（一）现场接线图

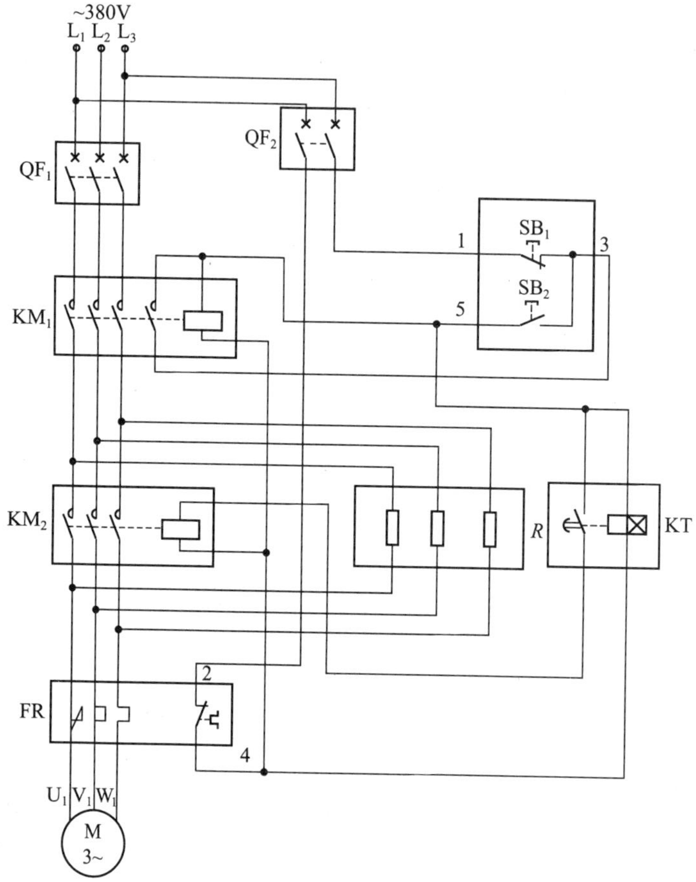

4. 按钮接线图

图 1.69

定子绕组串联电阻启动自动控制电路（一）按钮接线图

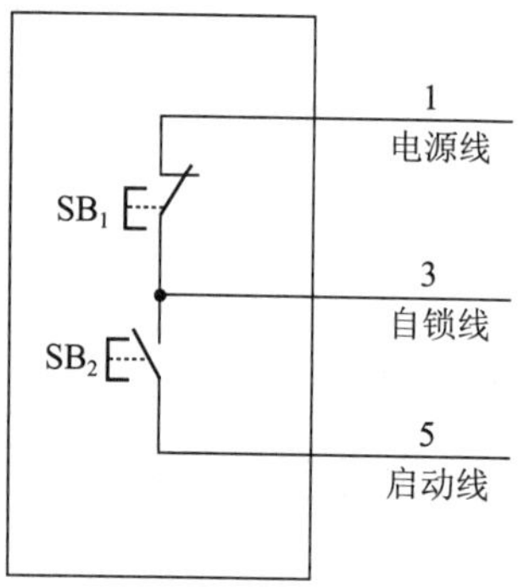

(a) 按钮实际接线

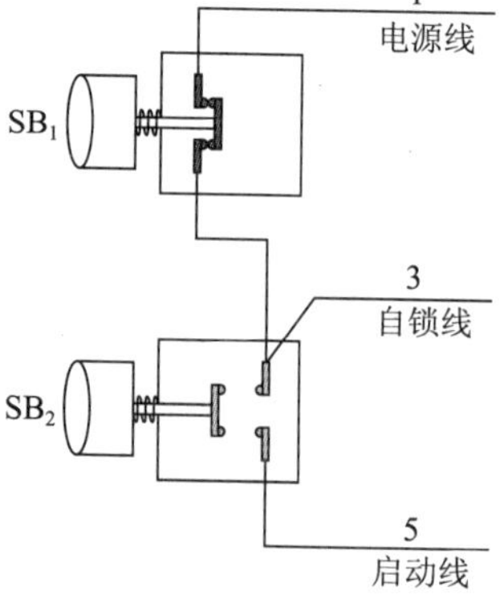

(b) 按钮实物接线

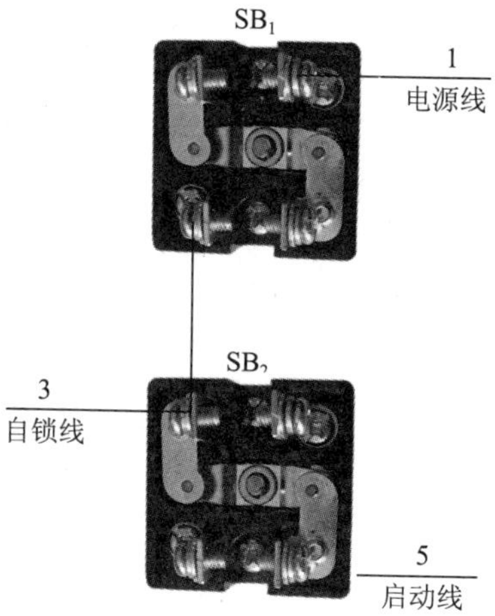

(c) 按钮现场接线

5. 电路布线图

从图 1.70 中可以看出，XT 为接线端子排，通过端子排 XT 来区分电气元件的安装位置，XT 的内侧为放置在配电箱内底板上的电气元件，XT 的外侧为外接或引至配电箱门面板上的电气元件。

从端子排 XT 上看，共有 9 个接线端子。其中，L_1、L_2、L_3 这 3 根线为由外引入至配电箱内的三相 380V 电源，并穿管引入；U_1、V_1、W_1 这 3 根线为电动机线，穿管接至电动机接线盒内的 U_1、V_1、W_1 上；1、3、5 这 3 根线为控制线，接至配电箱门面板上的按钮开关 SB_1、SB_2 上。

图 1.70 定子绕组串联电阻启动自动控制电路（一）布线图

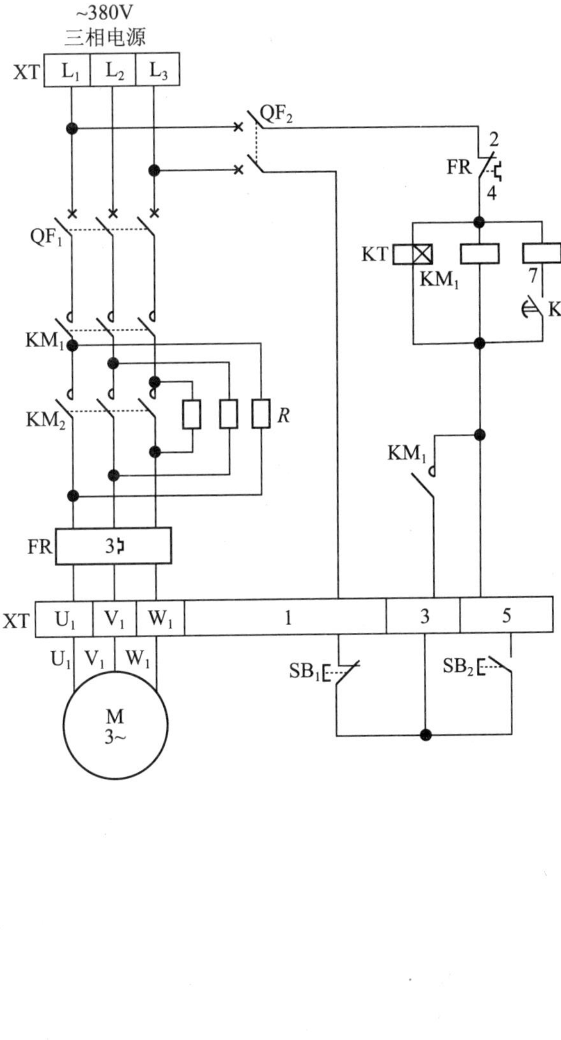

1.11 定子绕组串联电阻启动自动控制电路（二）

1. 电路原理图

图 1.71

定子绕组串联电阻启动自动控制电路（二）原理图

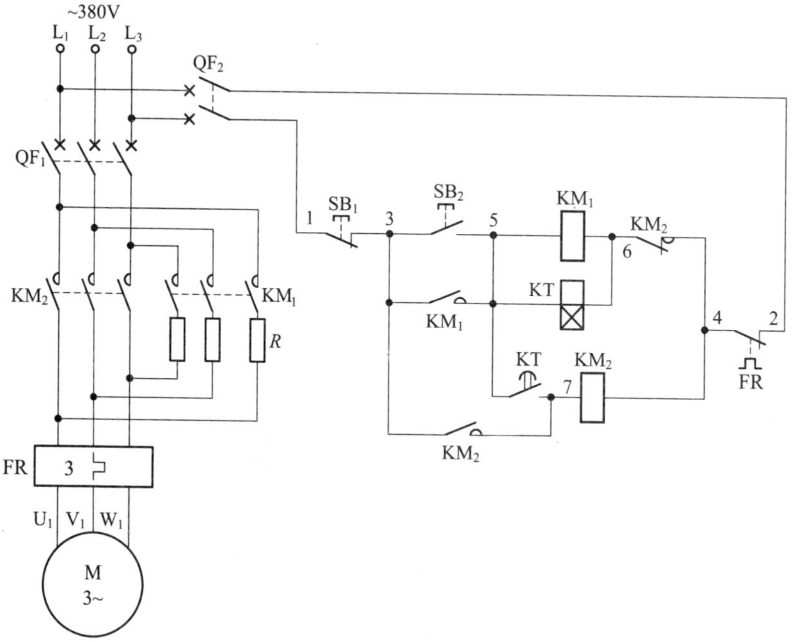

2. 工作过程分解

图 1.72

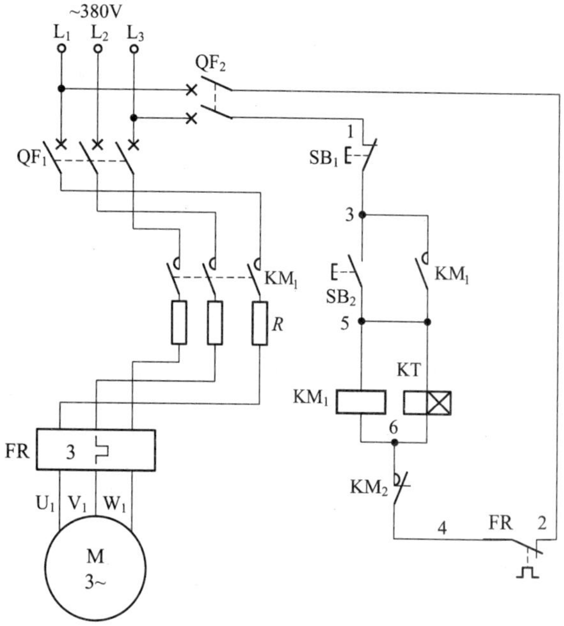

启动时，按下启动按钮 SB_2(3−5)，交流接触器 KM_1 和得电延时时间继电器 KT 线圈得电吸合且 KM_1 辅助常开触点 (3−5) 闭合自锁，同时 KT 开始延时。此时 KM_1 三相主触点闭合，电动机绕组串入启动电阻器 R 降压启动。

经 KT 一段时间延时后，KT 得电延时闭合的常开触点 (5-7) 闭合，接通了交流接触器 KM_2 线圈回路电源，KM_2 线圈得电吸合且 KM_2 辅助常开触点 (3-7) 闭合自锁，KM_2 三相主触点闭合，短接启动电阻器 R 全压运转；与此同时，KM_2 串联在 KM_1 和 KT 线圈回路中的辅助常闭触点 (4-6) 断开，切断了 KM_1、KT 线圈回路电源，使 KM_1、KT 线圈断电释放，KM_1 三相主触点断开，KM_1、KT 退出运行，以节省 KM_1、KT 线圈所消耗的电能。在电动机降压启动运转后，最终只有一只交流接触器 KM_2 在工作。

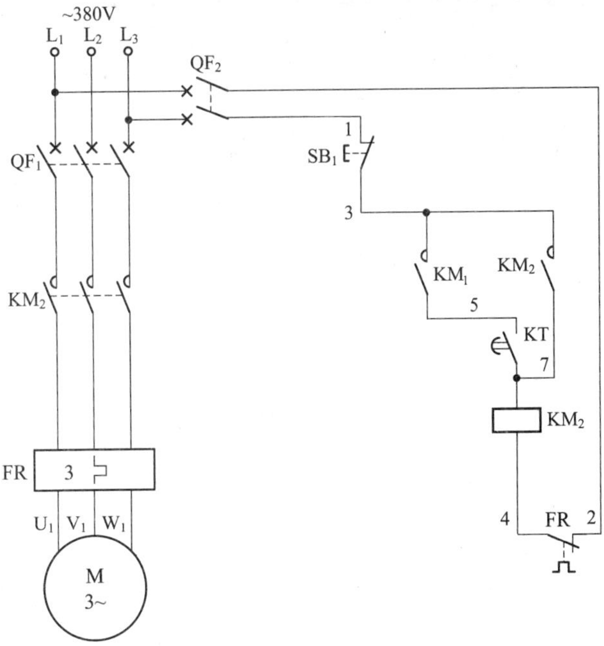

3. 时间继电器 KT 在电路中的应用方法

（1）必须按接线端子图正确接线，核对继电器额定电压与将接的电源电压是否相符，直流型注意电源极性。

（2）对于晶体管时间继电器，延时刻度不表示实际延时值，仅供调整参考。若需精确的延时值，需在使用时先核对延时数值。

（3）JS7 系列时间继电器由于无刻度，故不能准确地调整延时时间，同时气室的进排气孔也有可能被尘埃堵住而影响延时的准确性，应经常清除灰尘及油污。

（4）JS7-1A、JS7-2A 时间继电器只要将电磁部分转动 180° 安装，即可将通电延时改为断电延时方式。

（5）JS7-3A、JS7-4A 时间继电器只要将电磁部分转动 180° 安装，也可以将断电延时改为通电延时方式。

（6）JS11-□1 系列通电延时继电器，必须在分断离合器电磁铁线圈电源时才能调节延时值；而 JS11-□2 系列断电延时继电器，必须在接通离合器电磁铁线圈电源时才能调节延时值。

（7）JS20 系列时间继电器与底座间有扣襻锁紧，在拔出继电器本体前先要扳开扣襻，然后缓缓拔出继电器。

4. 电路接线图

图 1.74

定子绕组串联电阻启动自动控制电路（二）实物接线图

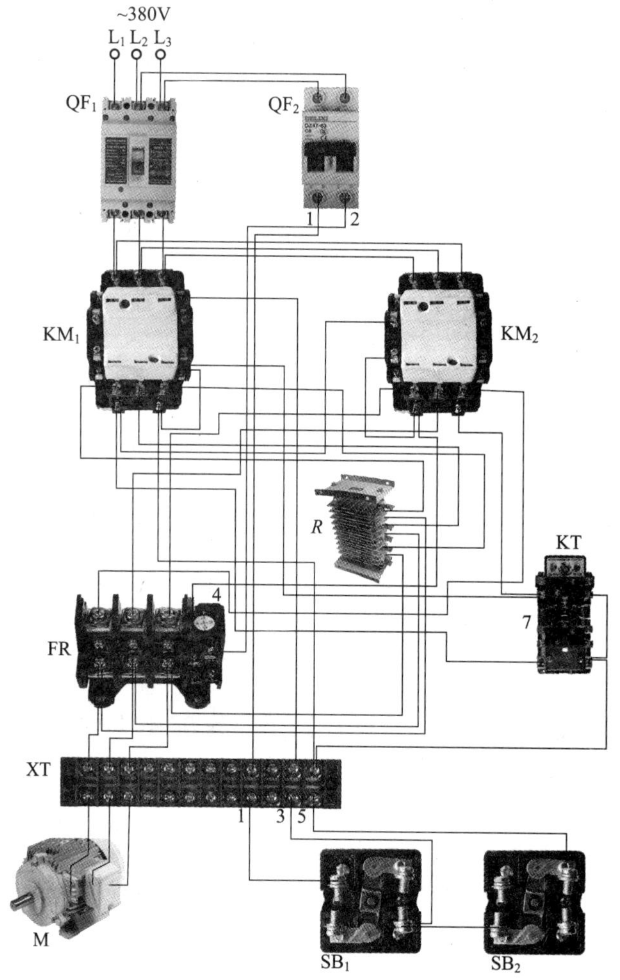

5. 按钮接线图

图 1.75

定子绕组串联电阻启动自动控制电路（二）按钮接线图

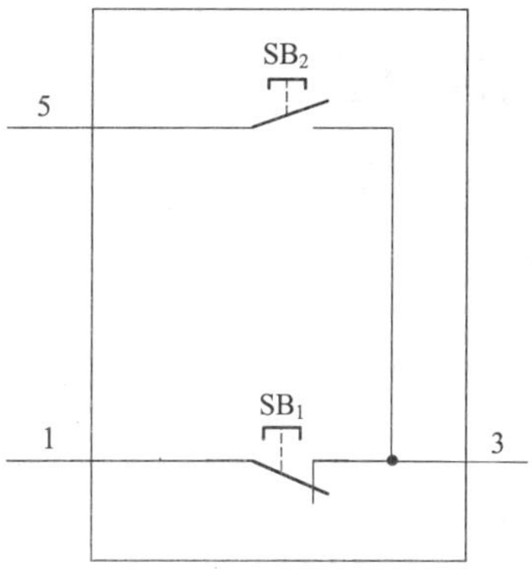

（a）按钮实际接线

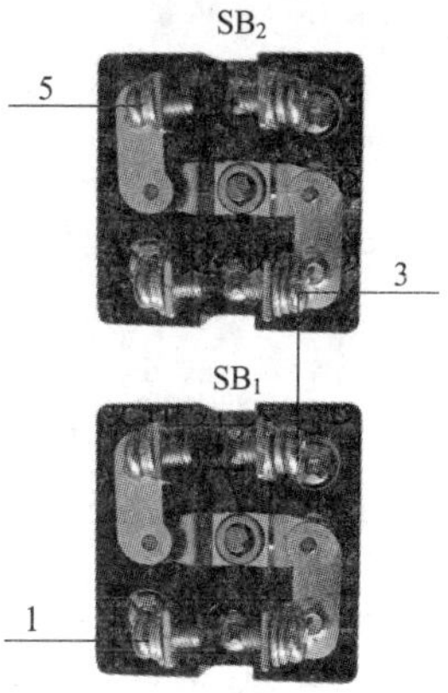

（b）按钮现场接线

6. 电路布线图

从图 1.76 中可以看出，XT 为接线端子排，通过端子排 XT 来区分电气元件的安装位置，XT 的内侧为放置在配电箱内底板上或底部位置的电气元件，XT 的外侧为外接或引至配电箱门面板上的电气元件。

从端子排 XT 上看，共有 9 个接线端子。其中，L_1、L_2、L_3 这 3 根线为由外引入至配电箱的三相 380V 电源，并穿管引入；U_1、V_1、W_1 这 3 根线为电动机线，穿管接至电动机接线盒内的 U_1、V_1、W_1 上；1、3、5 这 3 根线为控制线，接至配电箱门面板上的按钮开关 SB_1、SB_2 上。

图 1.76

定子绕组串联电阻启动自动控制电路（二）布线图

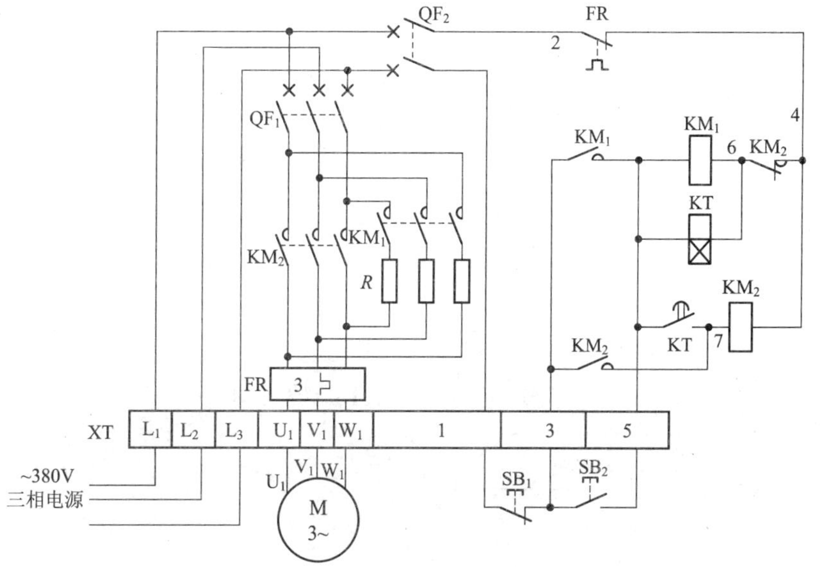

1.12 延边三角形降压启动自动控制电路

1. 电路原理图

图 1.77

延边三角形降压启动自动控制电路原理图

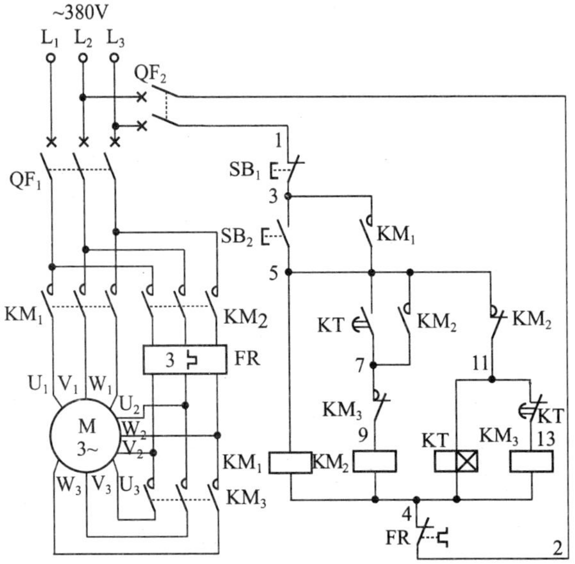

2. 工作过程分解

图 1.78

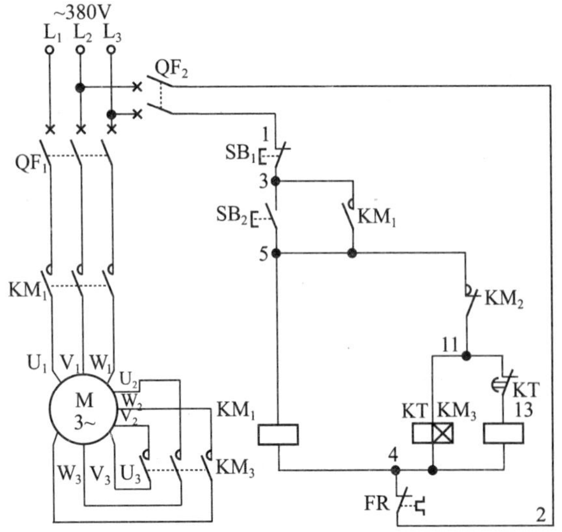

延边三角形启动时，按下启动按钮 SB_2，其常开触点（3–5）闭合，接通交流接触器 KM_1、KM_3 和得电延时时间继电器 KT 线圈回路电源，KM_1、KM_3 和 KT 线圈同时得电吸合，KM_1 辅助常开触点（3–5）闭合自锁；KM_3 辅助常闭触点（7–9）断开，起互锁作用；KM_1、KM_3 各自的三相主触点闭合，电动机绕组接成延边三角形接法进行启动。与此同时，KT 开始延时。

图 1.79

△形运转时，随着电动机转速的逐渐升高，接近电动机额定转速时，KT 的一组得电延时断开的常闭触点（11–13）断开，KM_3线圈断电释放，KM_3辅助常闭触点(7–9)闭合，解除互锁；KM_3三相主触点断开，电动机绕组延边三角形接法解除，电动机失电但仍靠惯性继续转动；与此同时，KT 得电延时闭合的常开触点（5–7）闭合，KM_2线圈得电吸合，KM_2辅助常开触点（5–7）闭合自锁；KM_2辅助常闭触点（5–11）断开，起到互锁作用，此时，KT 线圈断电释放；KM_2三相主触点闭合，电动机绕组接成三角形全压运转。

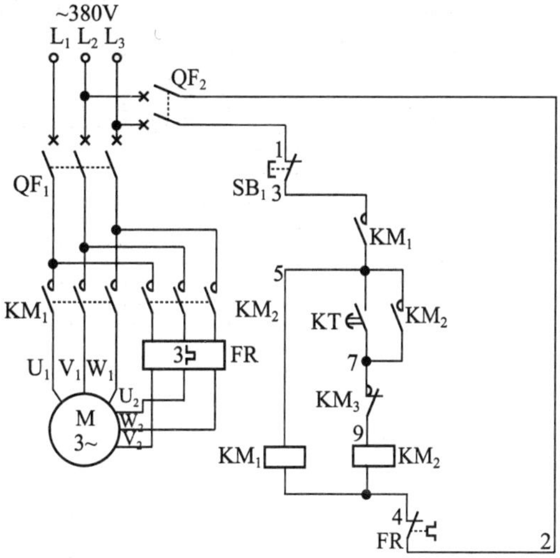

图 1.80

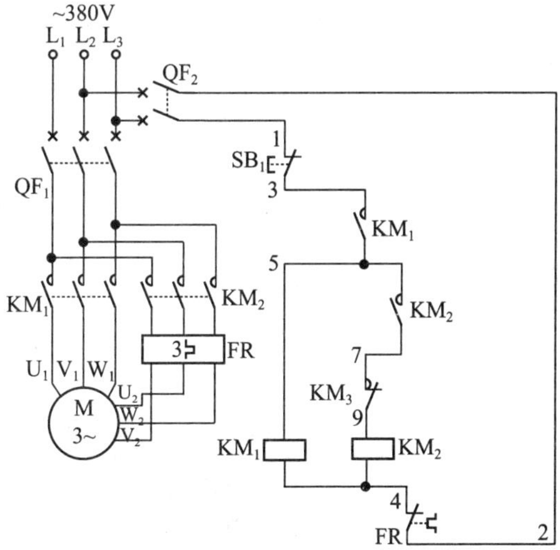

停止时，按下停止按钮SB_1，其常闭触点（1–3）断开，切断交流接触器KM_1、KM_2线圈回路电源，KM_1、KM_2线圈断电释放，KM_1辅助常开触点（3–5）断开，解除自锁；KM_2辅助常开触点(5–7)断开，解除自锁；KM_2辅助常闭触点（5–11）闭合，解除互锁；KM_1、KM_2各自的三相主触点断开，电动机失电停止运转。

3. 电路接线图

图 1.81

延边三角形降压启动自动控制电路现场接线图

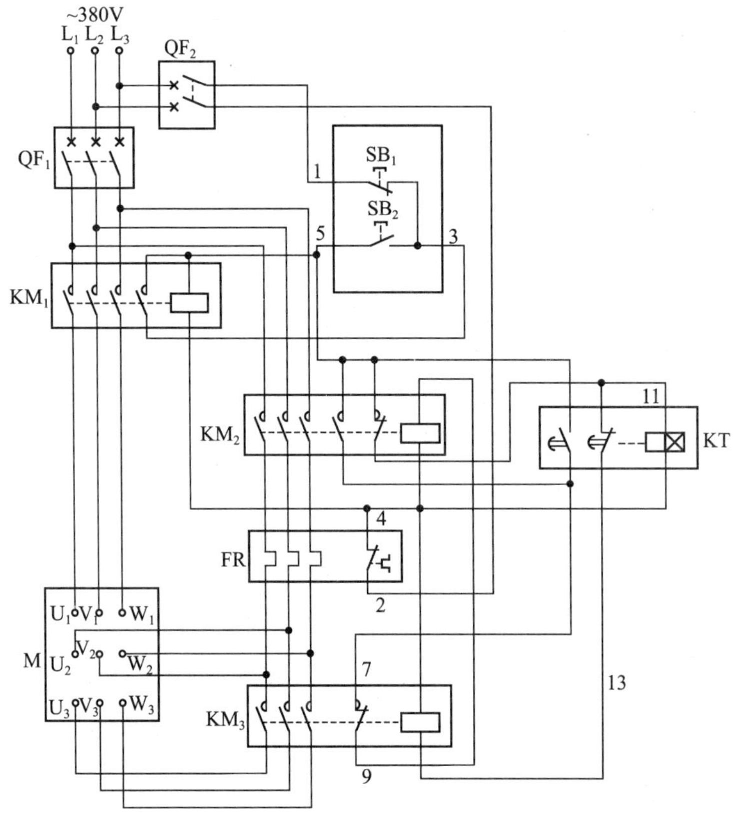

4. 按钮接线图

图 1.82

延边三角形降压启动自动控制电路按钮接线图

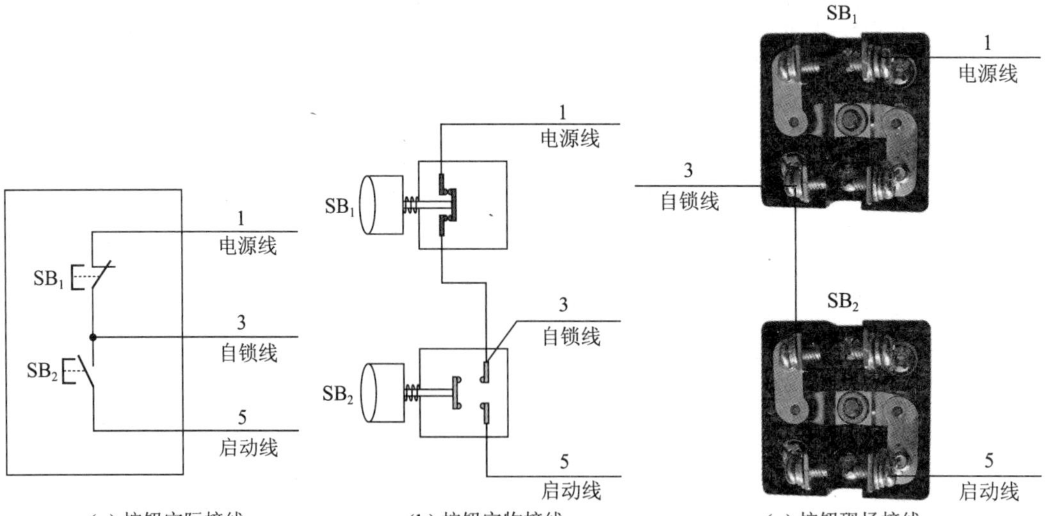

(a) 按钮实际接线　(b) 按钮实物接线　(c) 按钮现场接线

5. 电路布线图

从图 1.83 中可以看出，XT 为接线端子排，通过端子排 XT 来区分电气元件的安装位置，XT 的内侧为放置在配电箱内底板上的电气元件，XT 的外侧为外接或引至配电箱门面板上的电气元件。

从端子排 XT 上看，共有 15 个接线端子。其中，L_1、L_2、L_3 这 3 根线为由外引入至配电箱内的三相 380V 电源，并穿管引入；U_1、V_1、W_1、U_2、V_2、W_2、U_3、V_3、W_3 这 9 根线为电动机线，穿管接至电动机接线盒内的 U_1、V_1、W_1、U_2、V_2、W_2、U_3、V_3、W_3 上；1、3、5 这 3 根线为控制线，接至配电箱门面板上的按钮开关 SB_1、SB_2 上。

图 1.83

延边三角形降压启动自动控制电路布线图

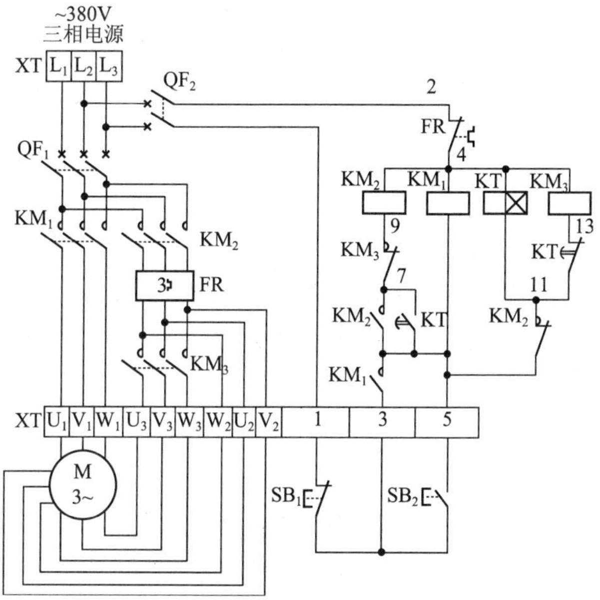

1.13 手动Y－△降压启动控制电路

1. 电路原理图

图 1.84

手动Y-△降压启动控制电路原理图

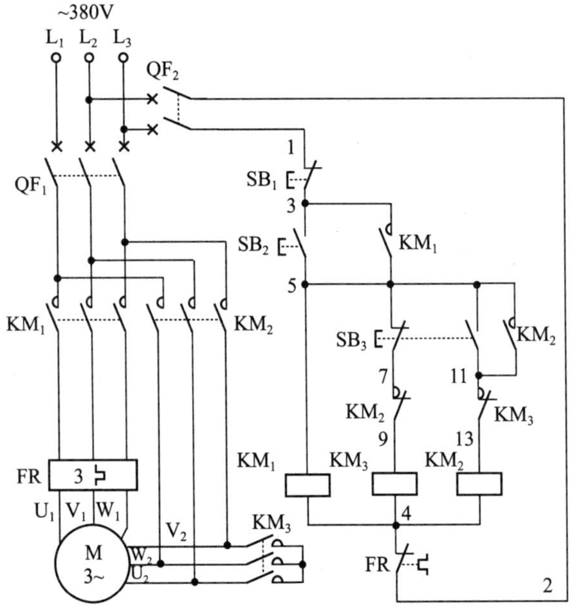

2. 工作过程分解

图 1.85

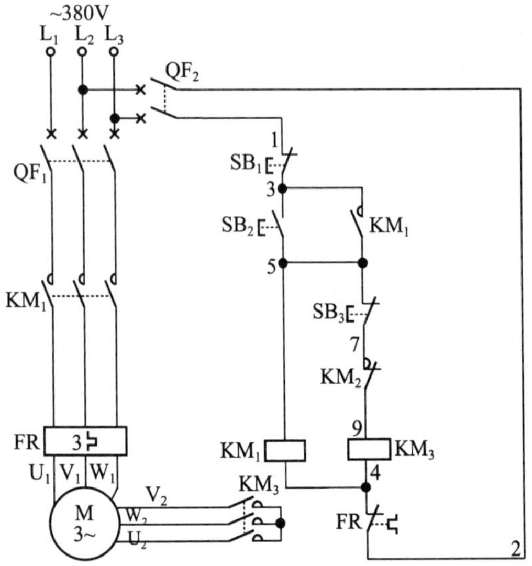

Y形启动时，按下Y形启动按钮 SB_2，其常开触点（3-5）闭合，接通交流接触器 KM_1、KM_3 线圈回路电源，KM_1、KM_3 线圈得电吸合，KM_3 辅助常闭触点（11-13）断开，起互锁作用；KM_1 辅助常开触点（3-5）闭合自锁；KM_1、KM_3 各自的三相主触点闭合，将电动机绕组接成Y形接法，电动机得电进行Y形启动。

图 1.86

△形运转时，当电动机的转速升高至额定转速时，再按下△形运转按钮 SB_3，首先 SB_3 的一组常闭触点（5–7）断开，KM_3 线圈断电释放，KM_3 辅助常闭触点（11–13）闭合，解除互锁；KM_3 三相主触点断开，电动机绕组Y形接法解除，电动机失电但仍靠惯性继续转运。在按下 SB_3 的同时，SB_3 的另一组常开触点（5–11）闭合，KM_2 线圈得电吸合，KM_2 辅助常闭触点（7–9）断开，起互锁作用；KM_2 辅助常开触点（5–11）闭合自锁；KM_2 三相主触点闭合，电动机绕组接成△形接法，电动机得电△形全压运转。

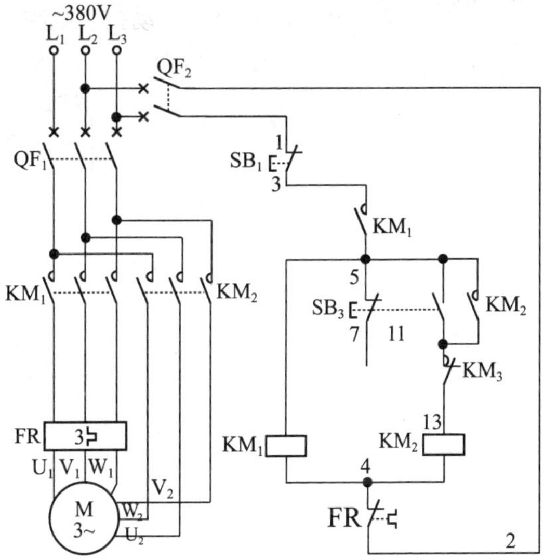

图 1.87

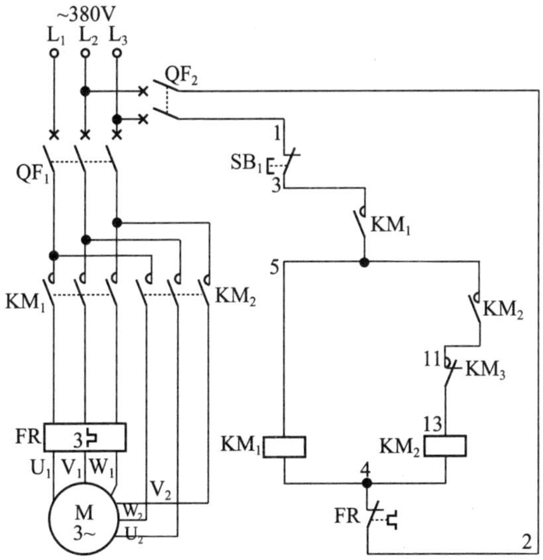

停止时，按下停止按钮 SB_1，其常闭触点（1–3）断开，切断交流接触器 KM_1、KM_2 线圈回路电源，KM_1、KM_2 线圈断电释放，KM_1 辅助常开触点（3–5）断开，解除自锁；KM_2 辅助常开触点（5–11）断开，解除自锁；KM_2 辅助常闭触点（7–9）闭合，解除互锁；KM_1、KM_2 各自的三相主触点断开，电动机绕组△形接法解除，电动机失电停止运转。

3. 电路接线图

图 1.88

手动Y-△降压启动控制电路现场接线图

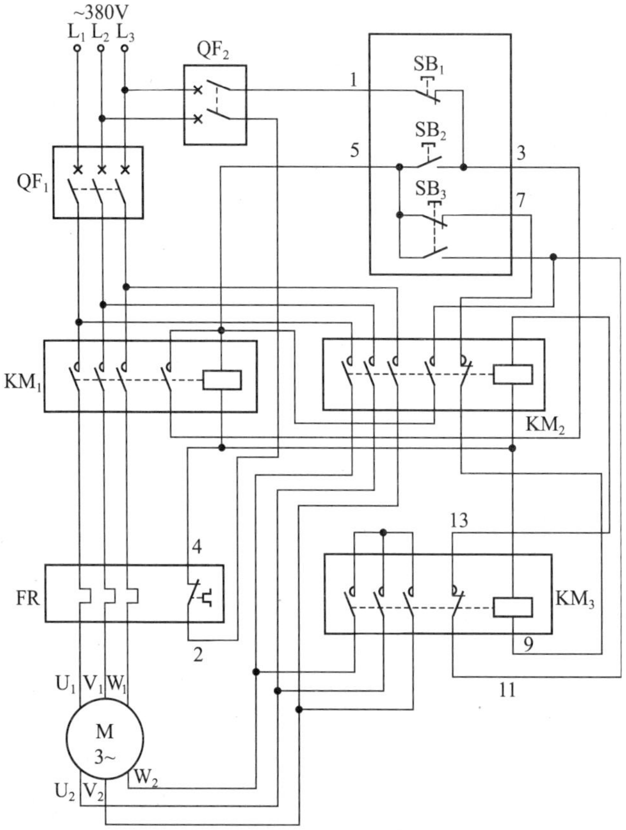

4. 按钮接线图

图 1.89

手动Y-△降压启动控制电路按钮接线图

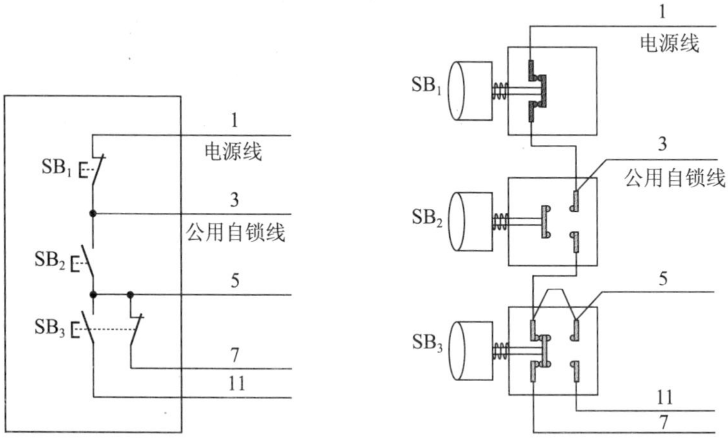

(a) 按钮实际接线　　(b) 按钮实物接线

5. 电路布线图

从图 1.90 中可以看出，XT 为接线端子排，通过端子排 XT 来区分电气元件的安装位置，XT 的内侧为放置在配电箱内底板上的电气元件，XT 的外侧为外接或引至配电箱门面板上的电气元件。

从端子排 XT 上看，共有 14 个接线端子。其中，L_1、L_2、L_3 这 3 根线为由外引入至配电箱内的三相 380V 电源，并穿管引入；U_1、V_1、W_1、U_2、V_2、W_2 这 6 根线为电动机线，穿管接至电动机接线盒内的 U_1、V_1、W_1、U_2、V_2、W_2 上；1、3、5、7、11 这 5 根线为控制线，接至配电箱门面板上的按钮开关 SB_1、SB_2、SB_3 上。

图 1.90

手动Y－△降压启动控制电路布线图

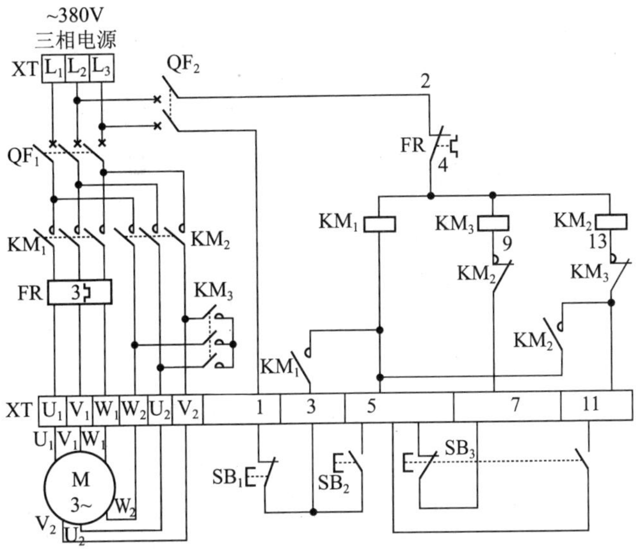

1.14　短暂停电自动再启动电路

1. 电路原理图

图 1.91

短暂停电自动再启动电路原理图

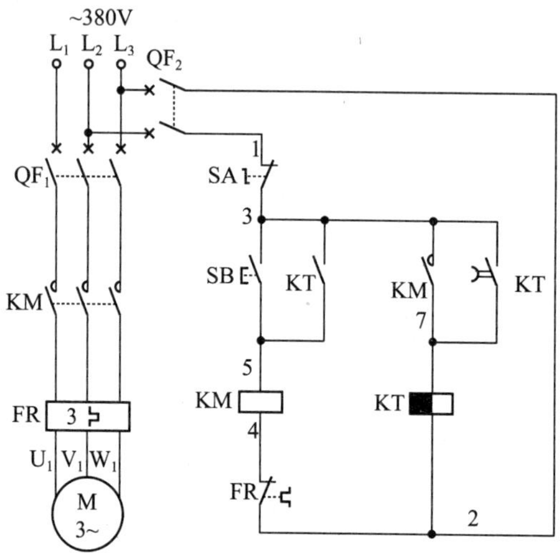

2. 工作过程分解

图 1.92

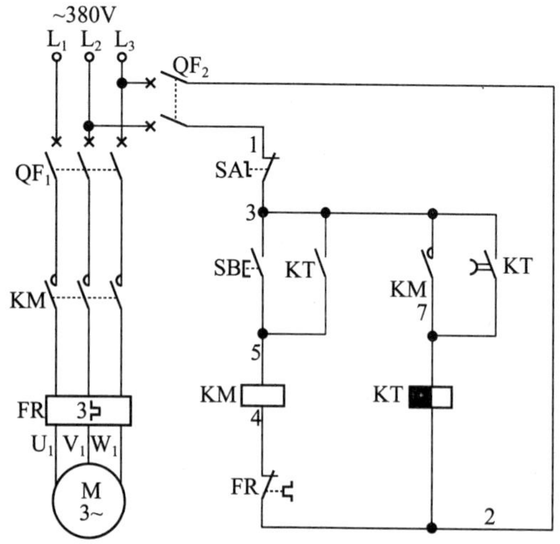

启动时，按下启动按钮 SB，其常开触点（3–5）闭合，KM 线圈得电吸合，KM 辅助常开触点（3–7）闭合，KT 线圈得电吸合，KT 失电延时断开的常开触点（3–7）立即闭合自锁，KT 不延时瞬动常开触点（3–5）闭合，KM 线圈继续得电吸合；KM 三相主触点闭合，电动机得电正常启动运转工作。在正常运转后，KT 为短暂停电自动再启动的自动控制器件，只有在电网出现短暂停电时，KT 线圈断电释放，KT 开始延时，利用其 KT 失电延时断开的常开触点（3–7）来完成自动再启动。

图 1.93

电动机启动运转后，电网出现短暂停电时，失电延时时间继电器 KT 线圈断电释放，KT 线圈断电释放，KT 开始延时。在 KT 延时时间内（一般为 3 分钟左右），电网又恢复正常供电时，控制电源会通过 KT 失电延时断开的常开触点（3–7），此时仍处于闭合状态，使 KT 线圈重新得电吸合，KT 不延时常开触点（3–5）闭合，KM 线圈得电吸合，KM 辅助常开触点（3–7）闭合，KM 三相主触点闭合，电动机又重新得电启动运转。从而实现短暂停电自动再启动控制。

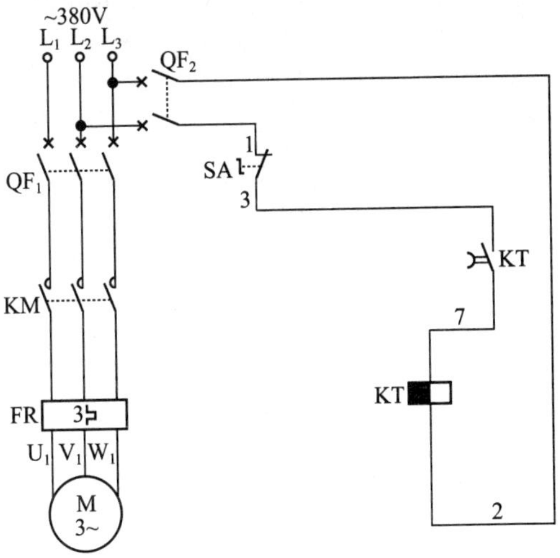

图 1.94

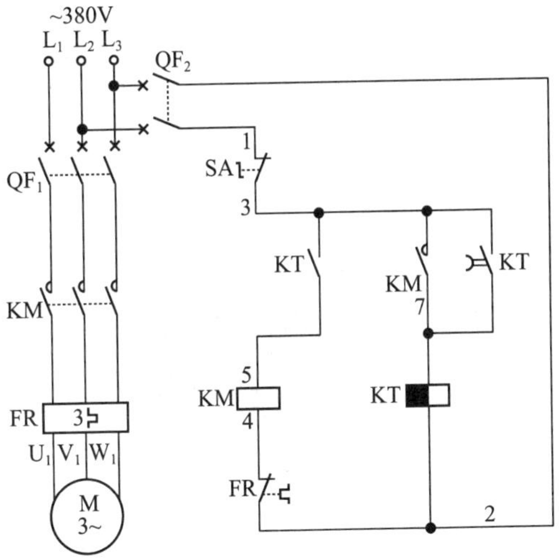

停止时，必须使停止转换开关 SA 断开的时间大于其 KT 的设定延时时间！在断开转换开关 SA 后，其常闭触点（1–3）断开，KM 和 KT 线圈均断电释放，KT 开始延时。KT 不延时瞬动常开触点（3–5）断开；KT 失电延时断开的常开触点（3–7）开始延时。KM 三相主触点断开，电动机失电停止运转。因断开 SA 的时间必须大于 KT 的延时时间，KT 失电延时断开的常开触点（3–7）延时恢复常开状态后，电路恢复正常控制操作，不会出现一合上停止转换开关 SA，不按下启动按钮 SB，电路就会出现自动启动问题。

3. 电路接线图

图 1.95 短暂停电自动再启动电路现场接线图

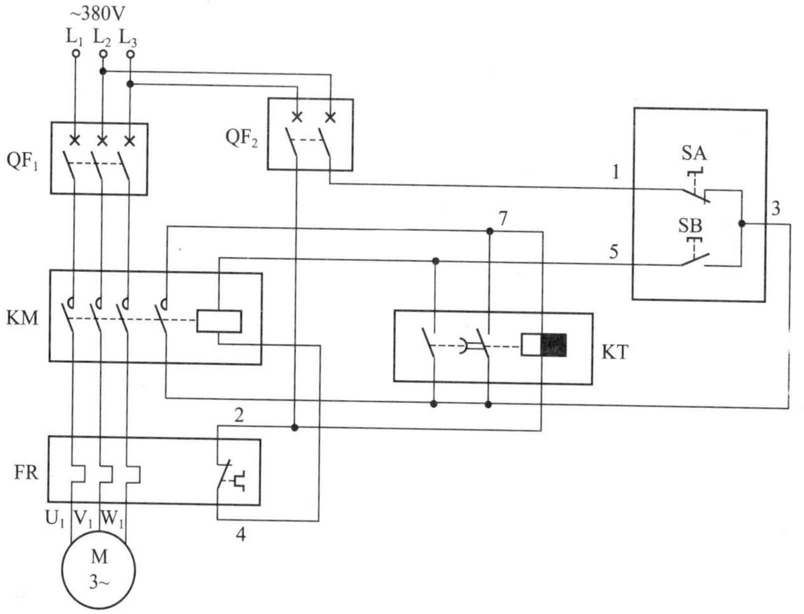

4. 按钮接线图

图 1.96 短暂停电自动再启动电路按钮接线图

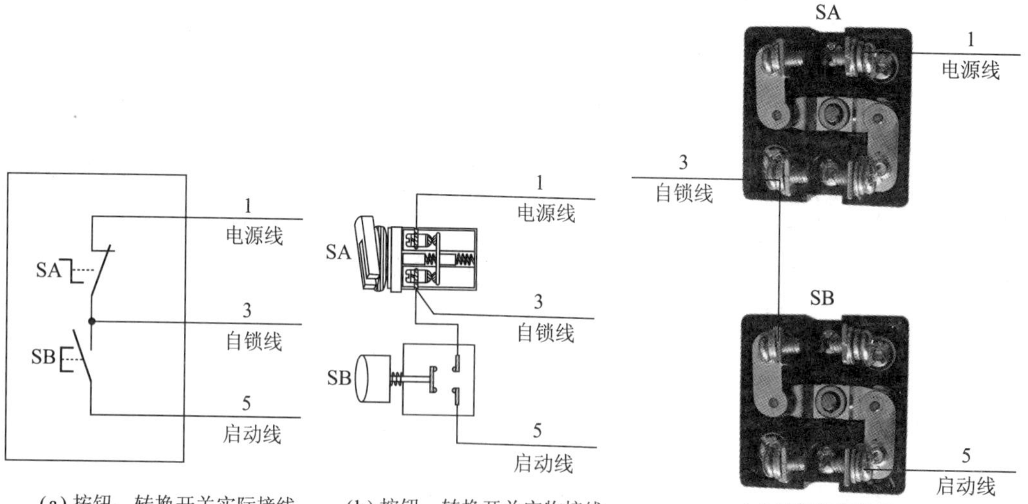

(a) 按钮、转换开关实际接线 (b) 按钮、转换开关实物接线 (c) 按钮现场接线

5. 电路布线图

从图 1.97 中可以看出，XT 为接线端子排，通过端子排 XT 来区分电气元件的安装位置，XT 的内侧为放置在配电箱内底板上的电气元件，XT 的外侧为外接或引至配电箱门面板上的电气元件。

从端子排 XT 上看，共有 9 个接线端子。其中，L_1、L_2、L_3 这 3 根线为由外引入至配电箱内的三相 380V 电源，并穿管引入；U_1、V_1、W_1 这 3 根线为电动机线，穿管接至电动机接线盒内的 U_1、V_1、W_1 上；1、3、5 这 3 根线为控制线，接至配电箱门面板上的转换开关 SA 及按钮开关 SB 上。

图 1.97 短暂停电自动再启动电路布线图

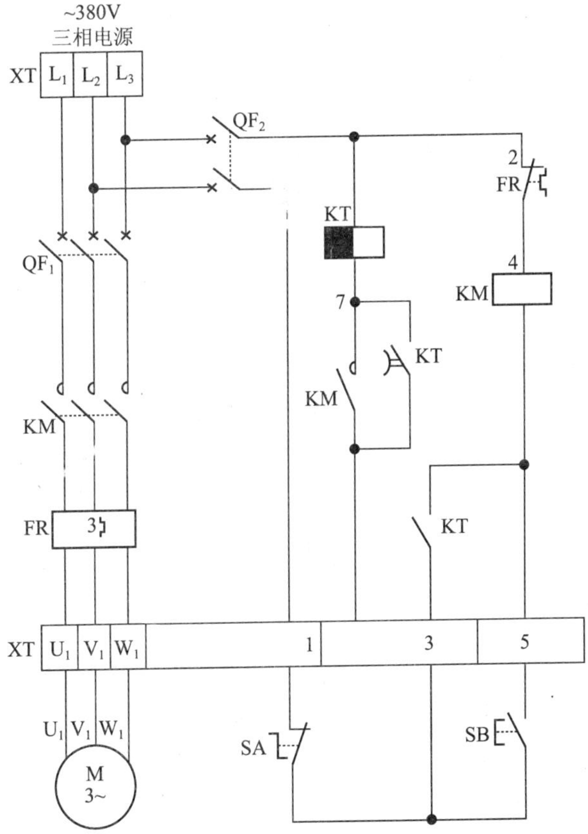

1.15　五地控制的启动停止电路

1. 电路原理图

图 1.98

五地控制的启动停止电路原理图

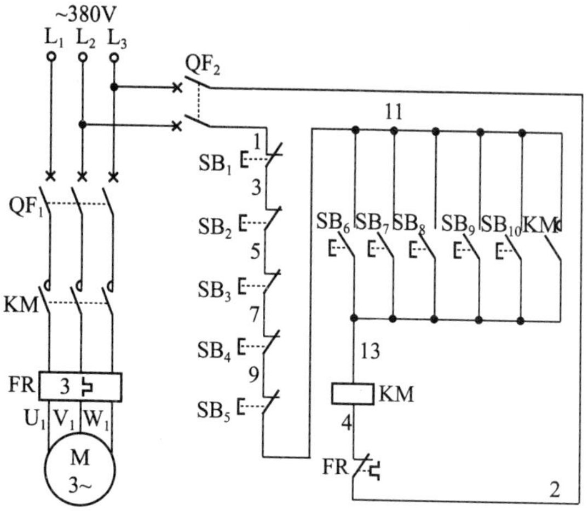

2. 工作过程分解

图 1.99

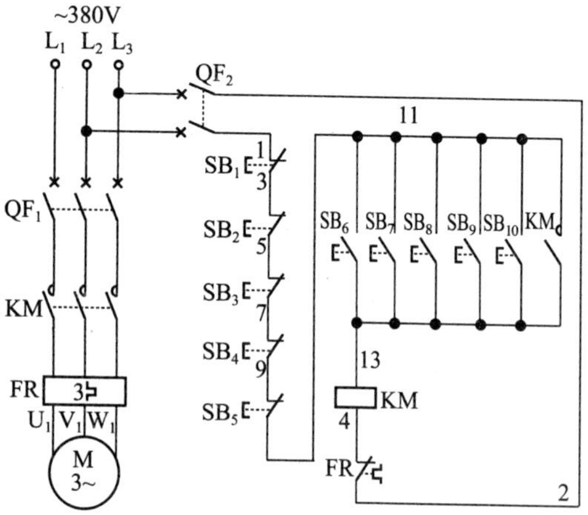

启动时，任意按下任何一只启动按钮 SB_6 或 SB_7 或 SB_8 或 SB_9 或 SB_{10}，其常开触点（11–13）闭合，接通交流接触器 KM 线圈回路电源，KM 线圈得电吸合，KM 辅助常开触点（11–13）闭合自锁；KM 三相主触点闭合，电动机得电启动运转。

图 1.100

停止时，任意按下任何一只停止按钮 SB_1 或 SB_2 或 SB_3 或 SB_4 或 SB_5，其常闭触点（1–3、3–5、5–7、7–9、9–11）断开，切断交流接触器 KM 线圈回路电源，KM 线圈断电释放，KM 辅助常开触点（11–13）断开，解除自锁；KM 三相主触点断开，电动机失电停止运转。

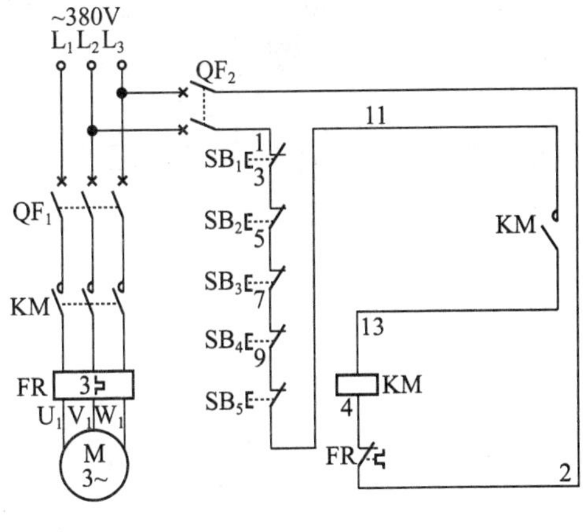

图 1.101

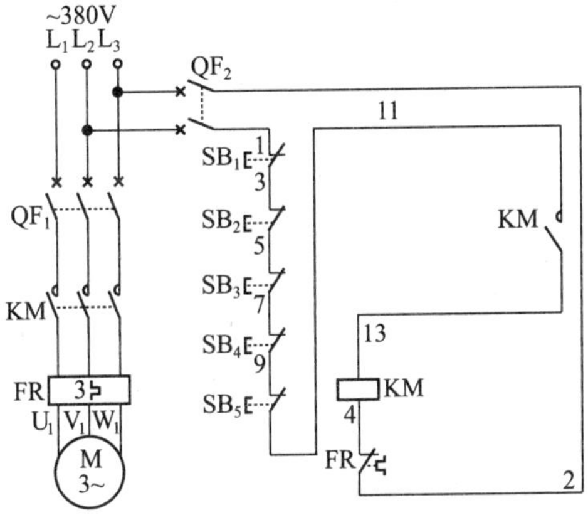

过载时，在电动机出现过载后，电动机电流必然增大，导致热继电器 FR 热元件发热弯曲，推动其控制常闭触点（2–4）断开，切断交流接触器 KM 线圈回路电源，KM 线圈断电释放，KM 辅助常开触点（11–13）断开，解除自锁；KM 三相主触点断开，电动机失电停止运转，起到过载保护作用。

3. 电路中异步电动机用差动式热继电器作断相保护的原理

三相异步电动机的定子绕组通入三相正弦交流电产生的旋转磁场是电动机运行的基本条件。由于多种原因，电动机在运行过程中有时会发生断相运行，如不及时处理，将会使电动机的定子绕组迅速发热烧毁绕组。

通常 4kW 以上的Y系列三相异步电动机均为三角形接法，所以只用于星形接法的断相保护器是不适用的。差动式热继电器断相保护装置是针对 4kW 以上电动机设计的，它除了对电动机起过载保护作用外，还起到断相保护作用。在电动机三相均衡负载时，三个双金属片同时受热弯曲，如果有一相电源断线，则在该相的双金属片会逐渐冷却而使内差动导板移动，而另两相导板继续受热弯曲，这样就产生差动作用，通过杠杆放大使热继电器脱扣机构动作，切断接触器的控制回路，从而对电动机起到保护作用。

4. 电路接线图

图 1.102

五地控制的启动停止电路现场接线图

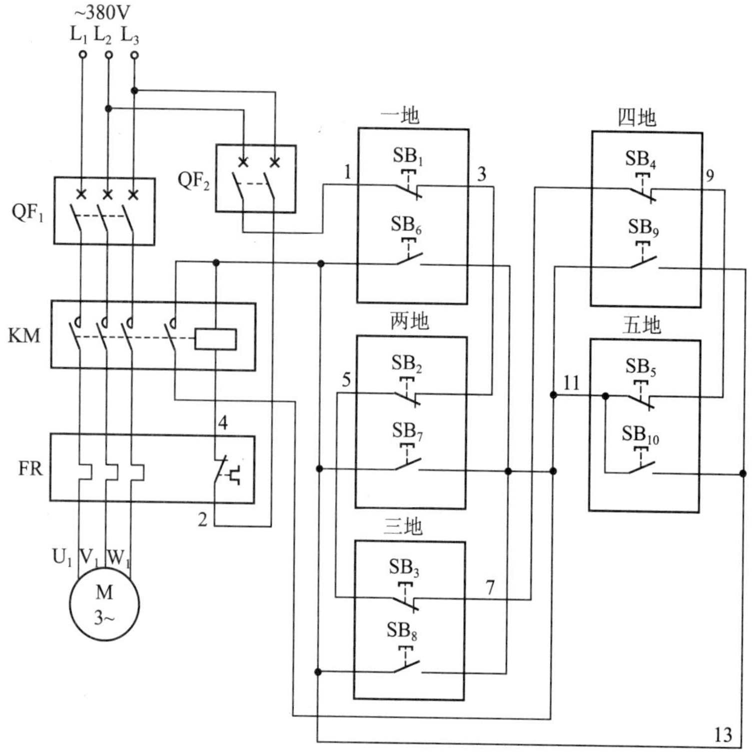

5. 按钮接线图

图 1.103

五地控制的启动停止电路按钮接线图

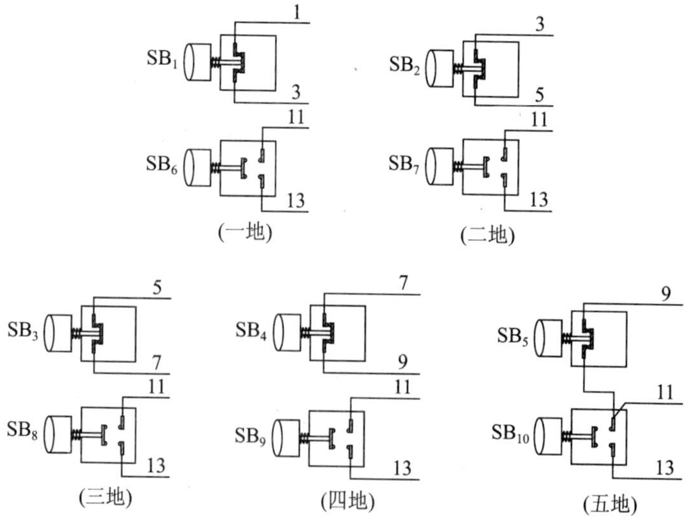

6. 电路布线图

从图 1.104 中可以看出，XT 为接线端子排，通过端子排 XT 来区分电气元件的安装位置，XT 的内侧为放置在配电箱内底板上的电气元件，XT 的外侧为外接或引至配电箱门面板上的电气元件。

从端子排 XT 上看，共有 13 个接线端子。其中，L_1、L_2、L_3 这 3 根线为由外引入至配电箱内的三相 380V 电源，并穿管引入；U_1、V_1、W_1 这 3 根线为电动机线，穿管接至电动机接线盒内的 U_1、V_1、W_1 上；1、3、5、7、9、11、13 这 7 根线为控制线，接至配电箱门面板上的按钮开关 SB_1、SB_6 及其他四地按钮开关 SB_2、SB_7，SB_3、SB_8，SB_4、SB_9，SB_5、SB_{10} 上。

图 1.104

五地控制的启动停止电路布线图

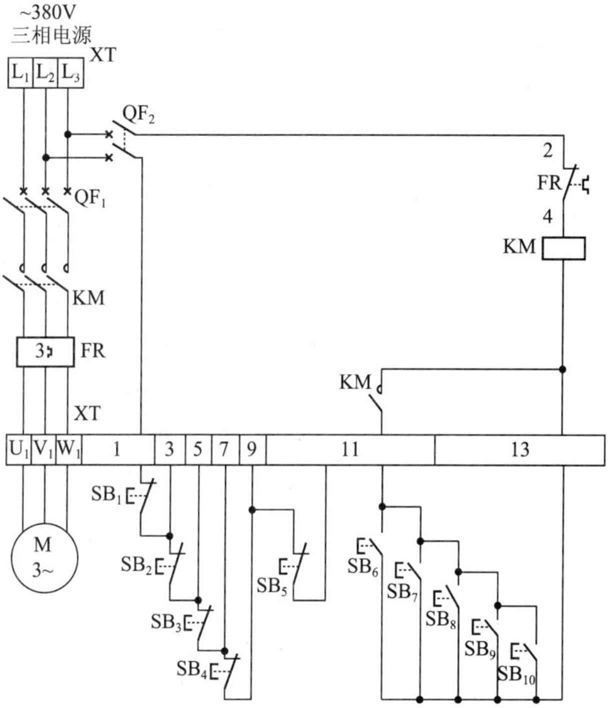

1.16 交流接触器在低电压情况下的启动电路

1. 电路原理图

图 1.105 交流接触器在低电压情况下的启动电路原理图

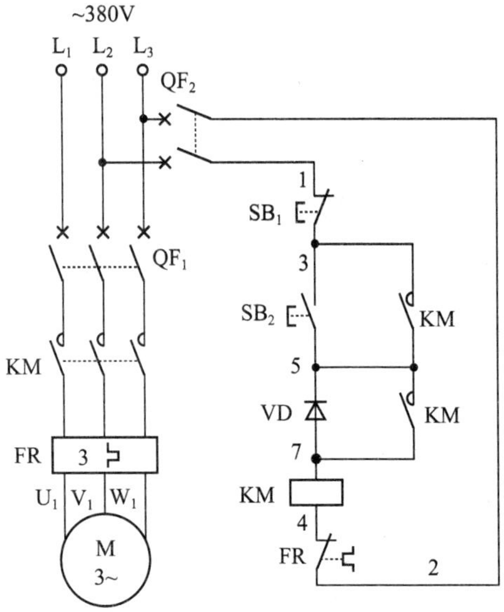

2. 工作过程分解

图 1.106

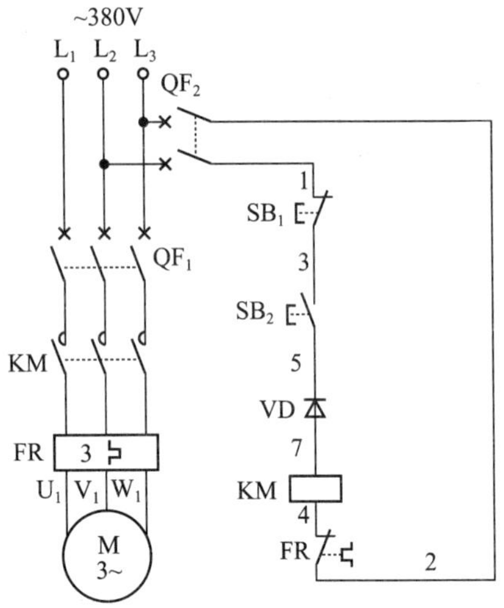

低电压启动时，按下启动按钮 SB_2，其常开触点（3–5）闭合，接通交流接触器 KM 线圈回路电源，交流接触器 KM 线圈串整流二极管 VD 后得到直流电吸合。

图 1.107

运转时，当交流接触器KM线圈得到直流电吸合后，KM的一组辅助常开触点（3-5）闭合，进行自锁；KM的另一组辅助常开触点（5-7）闭合，将整流二极管VD给短接起来，这样KM线圈又恢复交流电继续得电吸合工作；KM三相主触点闭合，电动机得电启动运转。

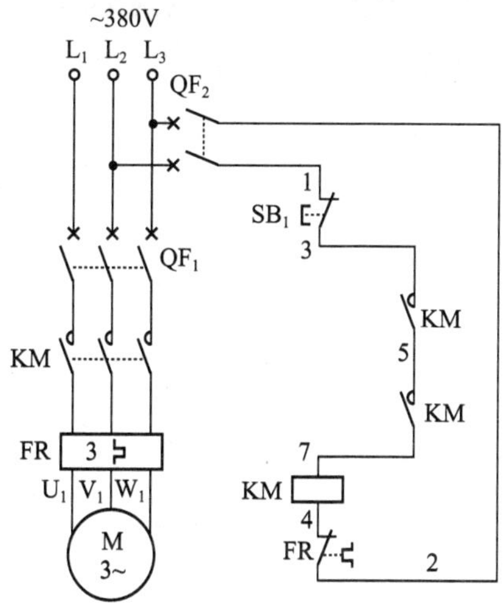

图 1.108

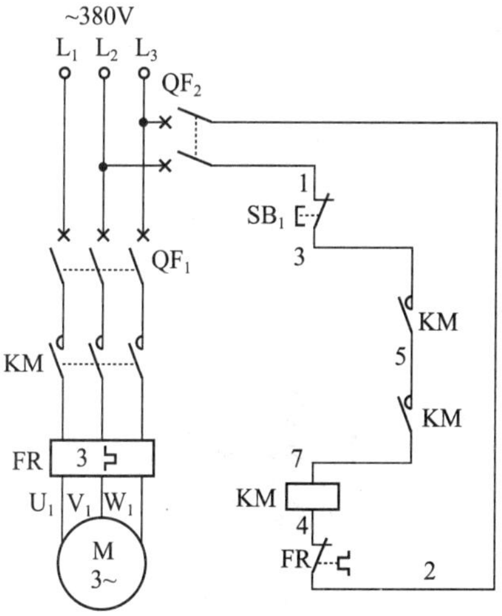

停止时，按下停止按钮SB_1，其常闭触点（1-3）断开，切断交流接触器KM线圈回路电源，KM线圈断电释放，KM的两组辅助常开触点（3-5、5-7）断开，其中的一组（3-5）断开，解除自锁；KM三相主触点断开，电动机失电停止运转。

3. 电路接线图

图 1.109

交流接触器在低电压情况下的启动电路现场接线图

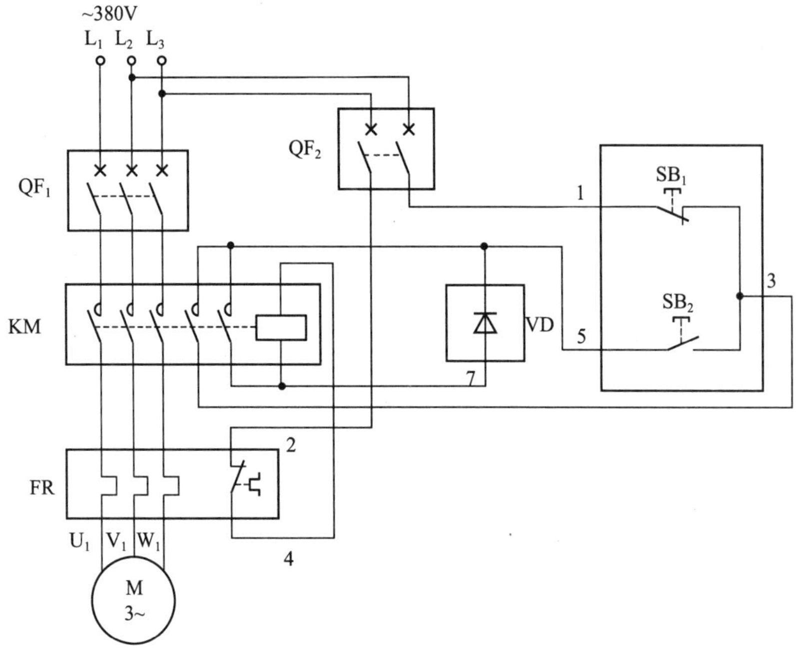

4. 按钮接线图

图 1.110

交流接触器在低电压情况下的启动电路按钮接线图

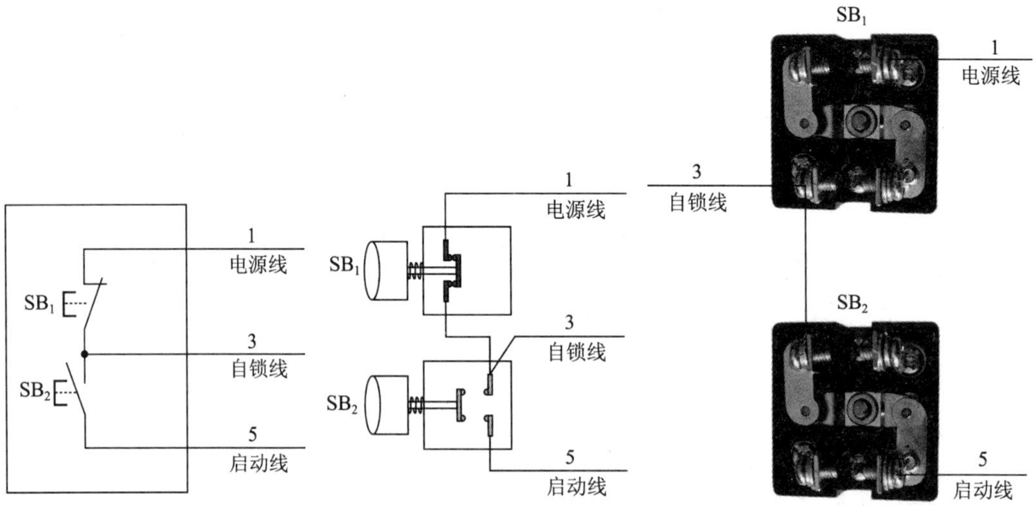

(a) 按钮实际接线　(b) 按钮实物接线　(c) 按钮现场接线

5. 电路布线图

从图 1.111 中可以看出，XT 为接线端子排，通过端子排 XT 来区分电气元件的安装位置，XT 的内侧为放置在配电箱内底板上的电气元件，XT 的外侧为外接或引至配电箱门面板上的电气元件。

从端子排 XT 上看，共有 9 个接线端子。其中，L_1、L_2、L_3 这 3 根线为由外引入至配电箱内的三相 380V 电源，并穿管引入；U_1、V_1、W_1 这 3 根线为电动机线，穿管接至电动机接线盒内的 U_1、V_1、W_1 上；1、3、5 这 3 根线为控制线，接至配电箱门面板上的按钮开关 SB_1、SB_2 上。

图 1.111

交流接触器在低电压情况下的启动电路布线图

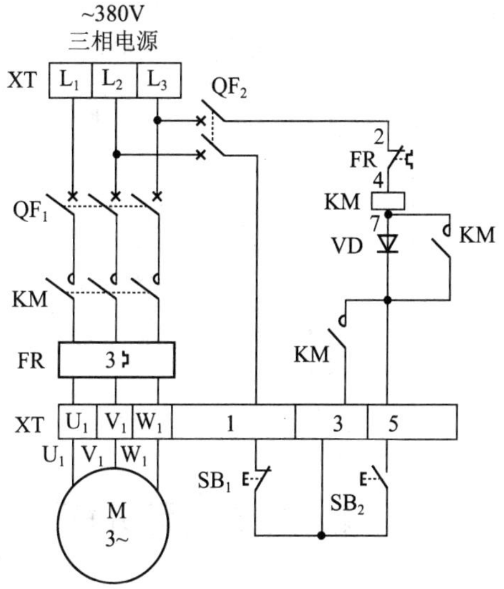

1.17 由三只接触器完成的Y-△降压启动自动控制电路

1. 电路原理图

图 1.112 由三只接触器完成的Y-△降压启动自动控制电路原理图

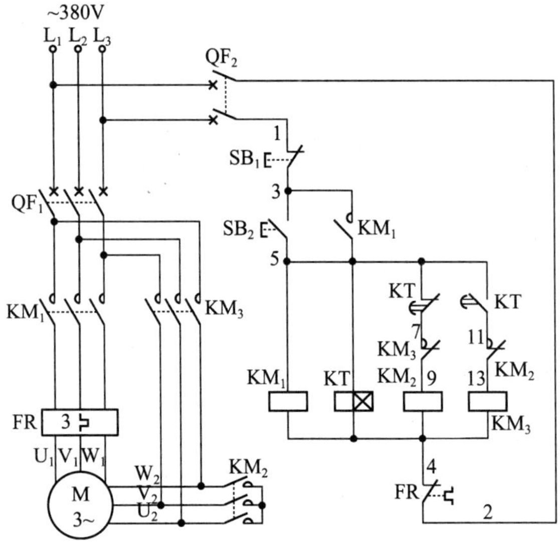

2. 工作过程分解

图 1.113

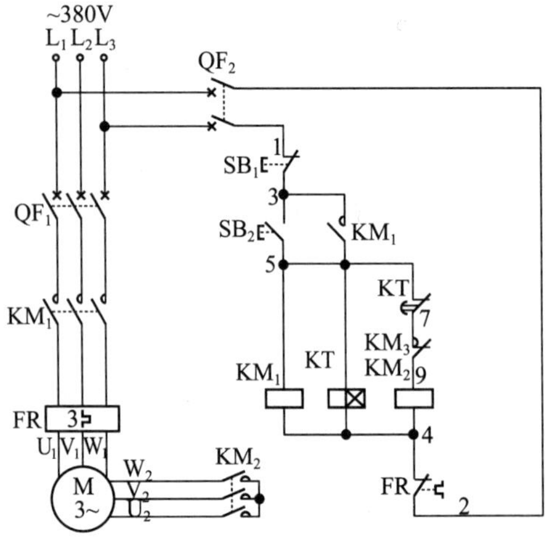

Y形启动：启动时，按下启动按钮SB_2，其常开触点（3-5）闭合，KM_1、KM_2和KT线圈均得电吸合，且KM_1辅助常开触点（3-5）闭合自锁；KM_2辅助常闭触点（11-13）断开，起互锁作用；KM_1三相主触点闭合，给电动机绕组提供三相交流380V电源，KM_2三相主触点闭合，组成Y点，这样电动机绕组接成Y形进行启动。与此同时，KT开始延时。

图 1.114

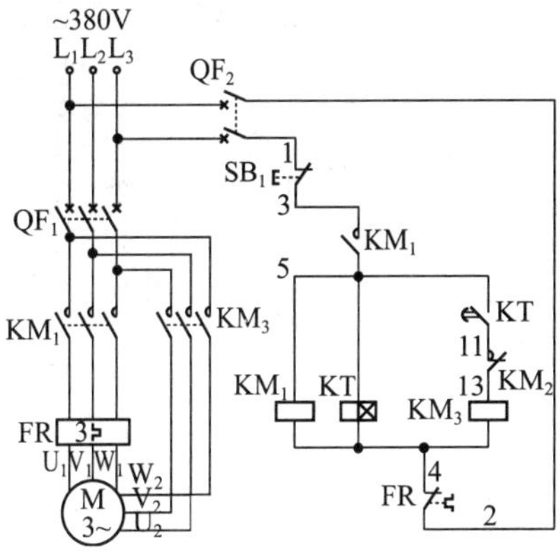

△形运转：随着电动机转速的逐渐升高，当升至接近额定转速时，也就是KT的延时时间已到，KT的一组得电延时断开的常闭触点（5–7）断开，KM_2线圈断电释放，KM_2辅助常闭触点（11–13）闭合，解除互锁，为KM_3线圈回路工作做准备；KT的另一组得电延时闭合的常开触点（5–11）闭合，KM_3线圈得电吸合，KM_3辅助常闭触点（7–9）断开，起互锁作用；KM_3三相主触点闭合，组成△形接法，电动机△形正常运转。至此，电动机Y－△自动启动过程结束。

只要正常运转过程中定子绕组为三角形的三相异步电动机均可采用Y－△减压启动方式来达到限制启动电流的目的。在启动时，将定子绕组接成Y形，待启动结束转速达到一定值后，再将定子绕组换接成△形，电动机转入全压正常运转。

Y－△降压启动方式限制启动电流的原理是，当定子绕组接成Y形时，定子每相绕组上得到的电压是额定电压的$\frac{1}{\sqrt{3}}$，使$I_{Y线}=\frac{1}{3}I_{\triangle}$，△形启动时的线电流比三角形直接启动时的线电流降低3倍，从而达到降压启动的目的。

图 1.115

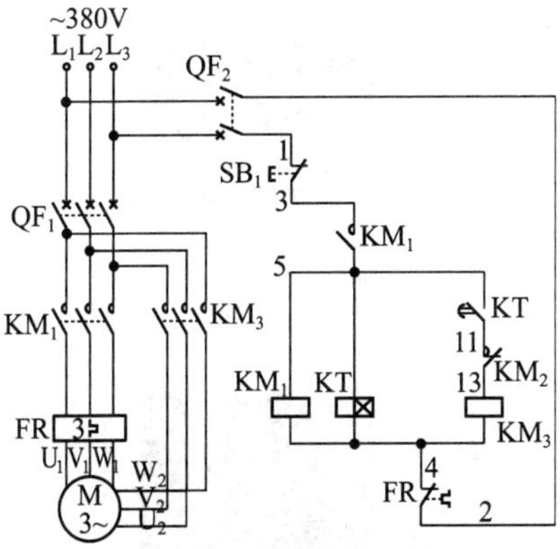

停止时，按下停止按钮SB_1，其常闭触点（1–3）断开，切断交流接触器KM_1、KM_3和得电延时时间继电器KT线圈回路电源，KM_1、KM_3和KT线圈均断电释放，KM_1辅助常开触点（3–5）断开，解除自锁；KT得电延时闭合的常开触点（5–11）恢复常开，KT得电延时断开的常闭触点（5–7）恢复常闭；KM_3辅助常闭触点（7–9）闭合，解除互锁；KM_1和KM_3各自的三相主触点断开，电动机失电停止运转，同时电动机△形连接方式解除。

3. 电路接线图

图 1.116 由三只接触器完成的Y－△降压启动自动控制电路现场接线图

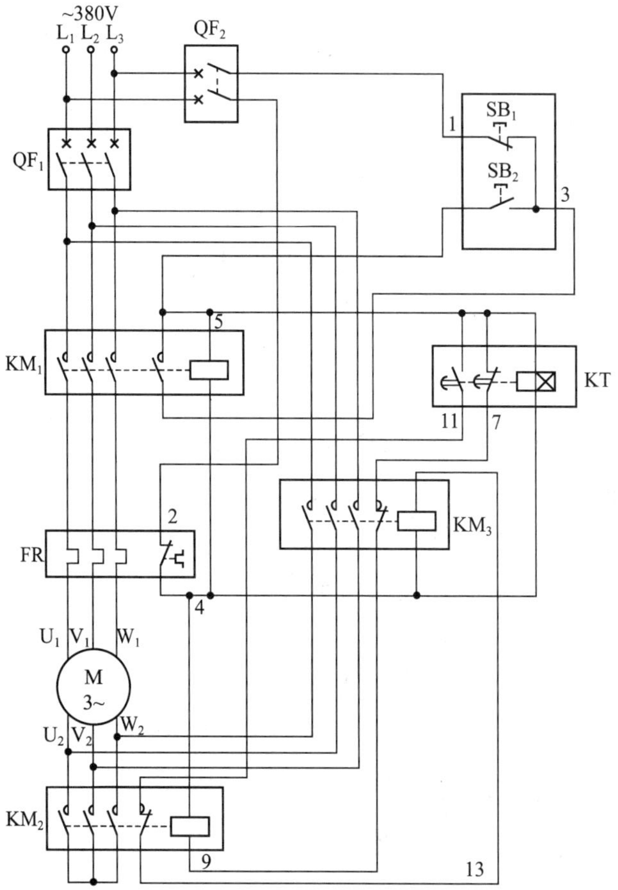

4. 按钮接线图

图 1.117 由三只接触器完成的Y－△降压启动自动控制电路按钮接线图

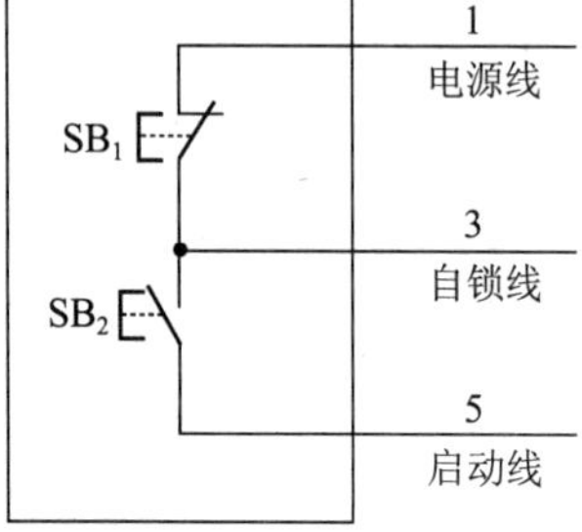

(a) 按钮实际接线

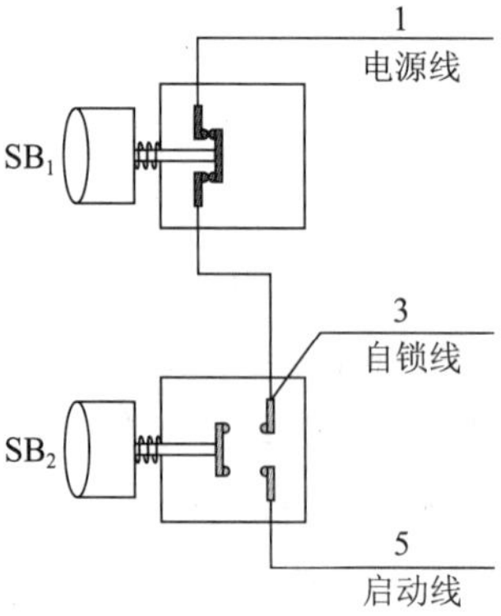

(b) 按钮实物接线

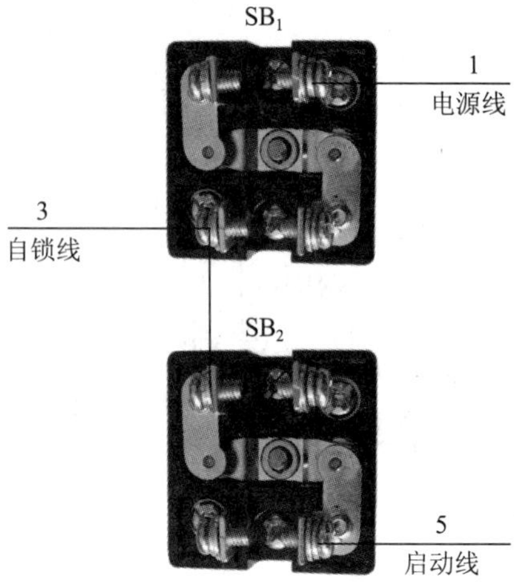

(c) 按钮现场接线

5. 电路布线图

从图 1.118 中可以看出，XT 为接线端子排，通过端子排 XT 来区分电气元件的安装位置，XT 的内侧为放置在配电箱内底板上的电气元件，XT 的外侧为外接或引至配电箱门面板上的电气元件。

从端子排 XT 上看，共有 12 个接线端子。其中，L_1、L_2、L_3 这 3 根线为由外引入至配电箱内的三相 380V 电源，并穿管引入；U_1、V_1、W_1、U_2、V_2、W_2 这 6 根线为电动机线，穿管接至电动机接线盒内的 U_1、V_1、W_1、U_2、V_2、W_2 上；1、3、5 这 3 根线为控制线，接至配电箱门面板上的按钮开关 SB_1、SB_2 上。

图 1.118 由三只接触器完成的Y－△降压启动自动控制电路布线图

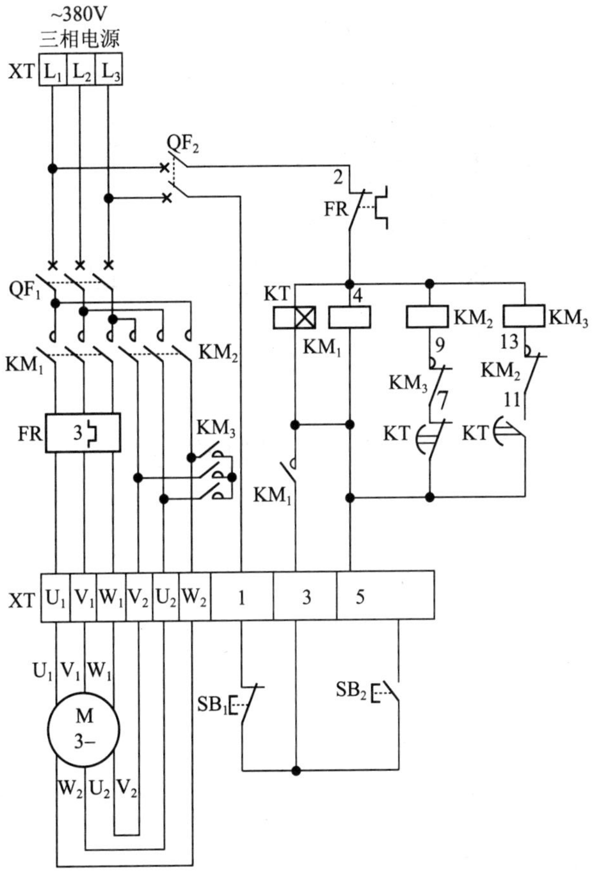

1.18 重载设备启动控制电路（一）

1. 电路原理图

图 1.119

重载设备启动控制电路（一）原理图

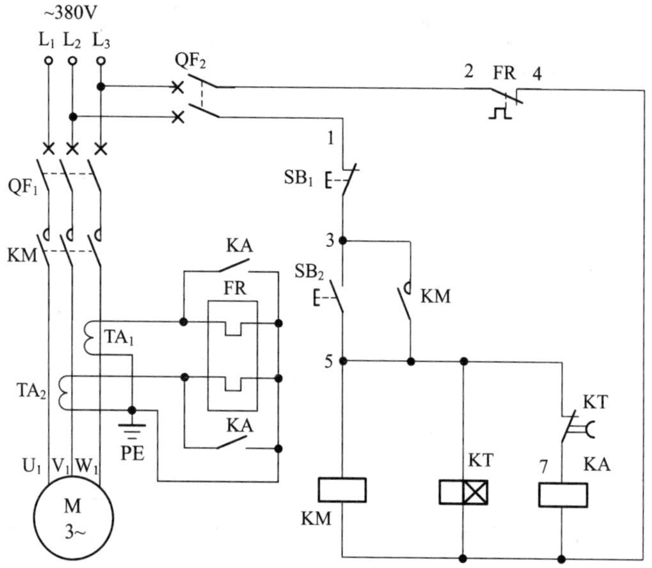

2. 工作过程分解

图 1.120

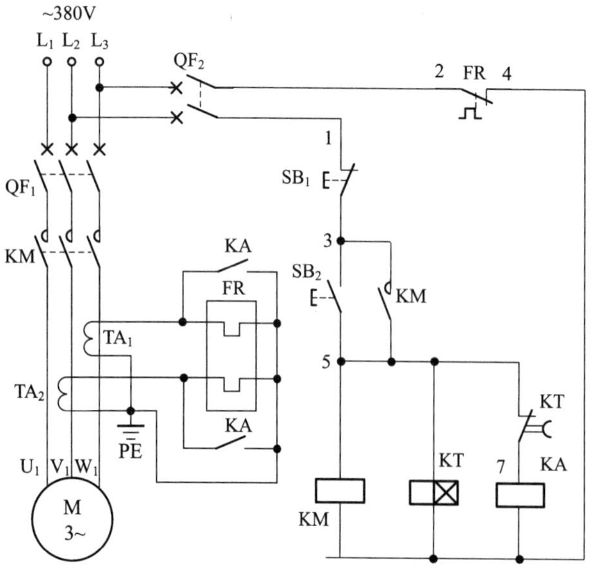

启动时，按下启动按钮 SB_2(3-5)，交流接触器 KM、得电延时时间继电器 KT 和中间继电器 KA 线圈同时得电吸合且 KM 辅助常开触点(3-5)闭合自锁，KT 开始延时。KA 并联在过载保护热继电器 FR 两只热元件上的常开触点闭合，将两只热元件短接起来，以防止电动机重载启动时，出现电流过大造成 FR 误动作。与此同时，KM 三相主触点闭合，电动机得电重载进行启动，此时无论电动机启动时间多长、电流多大，热继电器热元件 FR 都会因被短接而不动作。

图 1.121

随着电动机转速的不断升高，当转速升至额定转速时（也就是 KT 的延时时间），电动机的电流降至额定电流以下，KT 得电延时断开的常闭触点 (5-7) 断开，切断中间继电器 KA 线圈回路电源，KA 线圈断电释放，KA 并联在热继电器 FR 热元件上的常开触点断开，将热继电器投入电路工作，起到过载保护作用。至此，完成了重载设备启动控制。

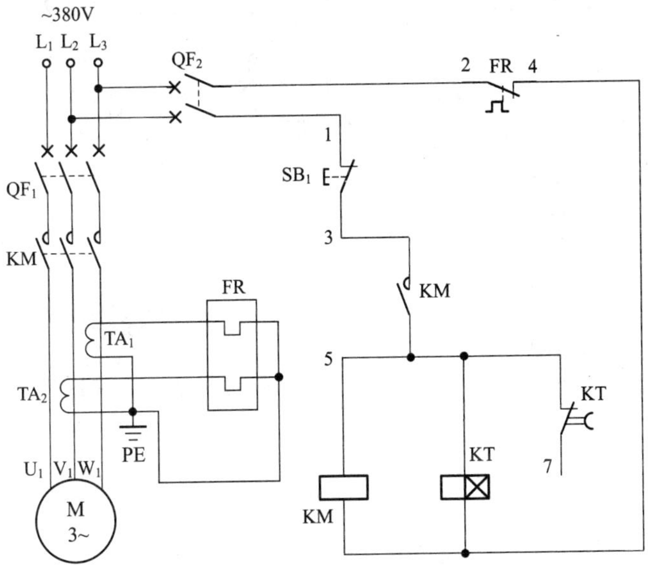

3. 电流互感器

电流互感器技术参数如表 1.1 所示。

表 1.1 常见电流互感器技术数据

型号	额定电压（kV）	额定电流比（A）	额定二次负荷（VA）		
			0.5 级	1 级	3 级
LM-0.5	0.5	75~200/5			5
LMZ1-0.5		5~200/5	5		
LQG-0.5	0.5	5~100/5	10	15	
LMZJ1-0.5	0.5	5~500/5	10	15	

在使用电流互感器时，若变比太大，可采用图 1.122 方式多绕几匝，然后读数时可根据多绕匝数除以倍数即可。

特别提醒：在使用电流互感器时，其二次侧绝对不允许开路，否则会出现很高电压，危及设备和人身安全。

图 1.122

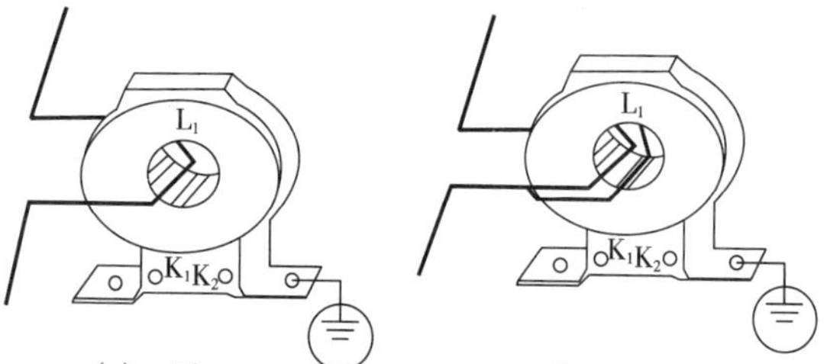

(a) 一匝　　(b) 二匝

4. 电路接线图

图 1.123

重载设备启动控制电路（一）实物接线图

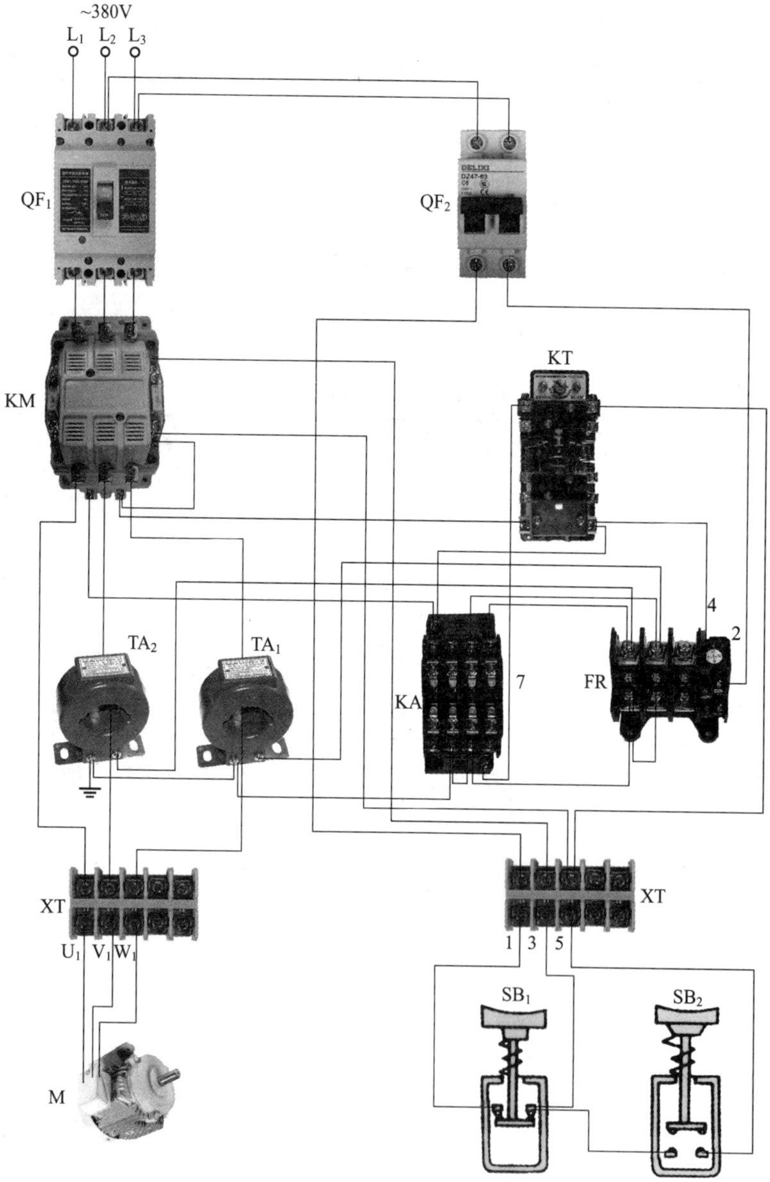

5. 按钮接线图

图 1.124 重载设备启动控制电路（一）按钮接线图

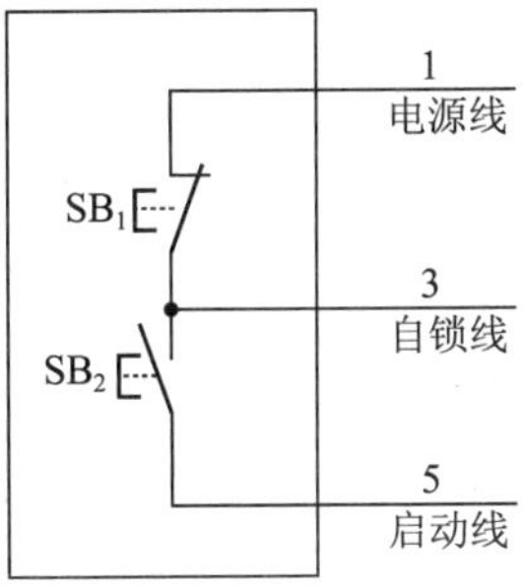

(a) 按钮实际接线

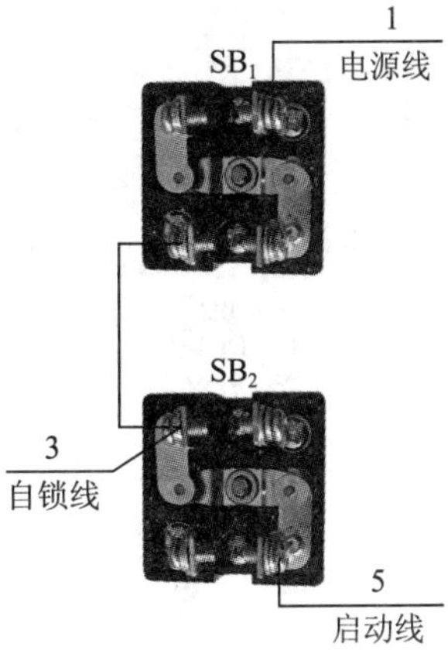

(b) 按钮现场接线

6. 电路布线图

从图 1.125 中可以看出，XT 为接线端子排，通过端子排 XT 来区分电气元件的安装位置，XT 的上方为放置在配电箱内底板上的电气元件，XT 的下方为外接或引至配电箱门面板上的电气元件。

从端子排 XT 上看，共有 10 个接线端子。其中，L_1、L_2、L_3、PE 这 4 根线为由外引入至配电箱内的三相 380V 电源，并穿管引入；U_1、V_1、W_1 这 3 根线为电动机线，穿管接至电动机接线盒内的 U_1、V_1、W_1 上；1、3、5 这 3 根线为控制线，接至配电箱门面板上的按钮开关 SB_1、SB_2 上。

图 1.125 重载设备启动控制电路（一）布线图

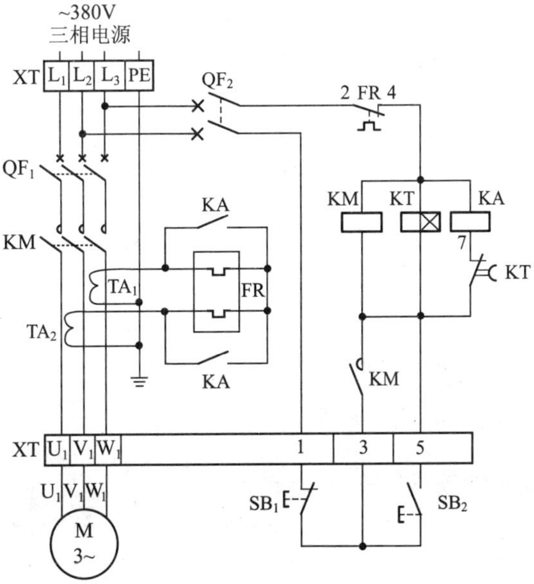

1.19 重载设备启动控制电路（二）

1. 电路原理图

图 1.126

重载设备启动控制电路（二）原理图

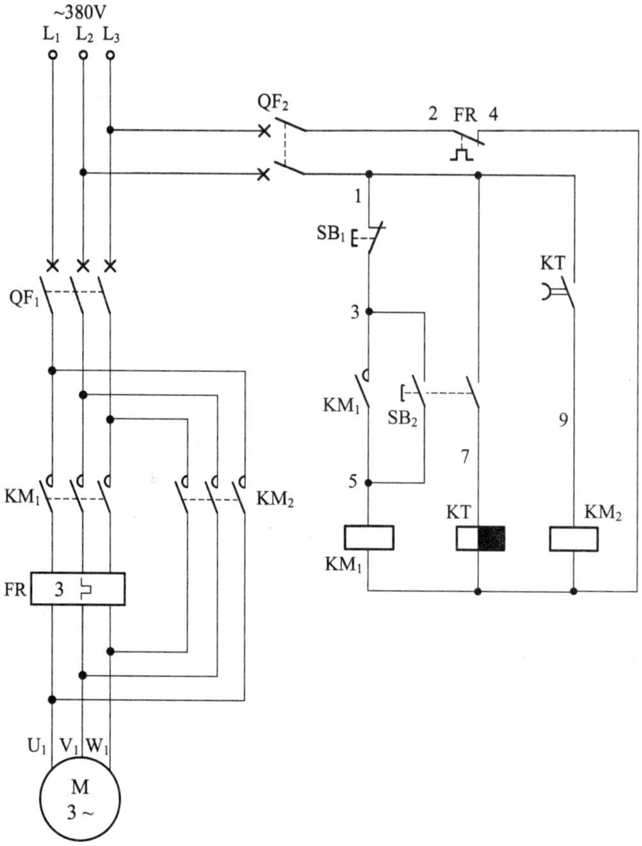

在学习电气原理之前，先介绍一下本电路中的一个关键器件——失电延时时间继电器 KT 的电气符号。

失电延时时间继电器线圈

失电延时断开的常开触点

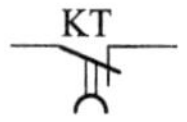

失电延时闭合的常开触点

不延时瞬动常开触点

不延时瞬动常闭触点

2. 工作过程分解

图 1.127

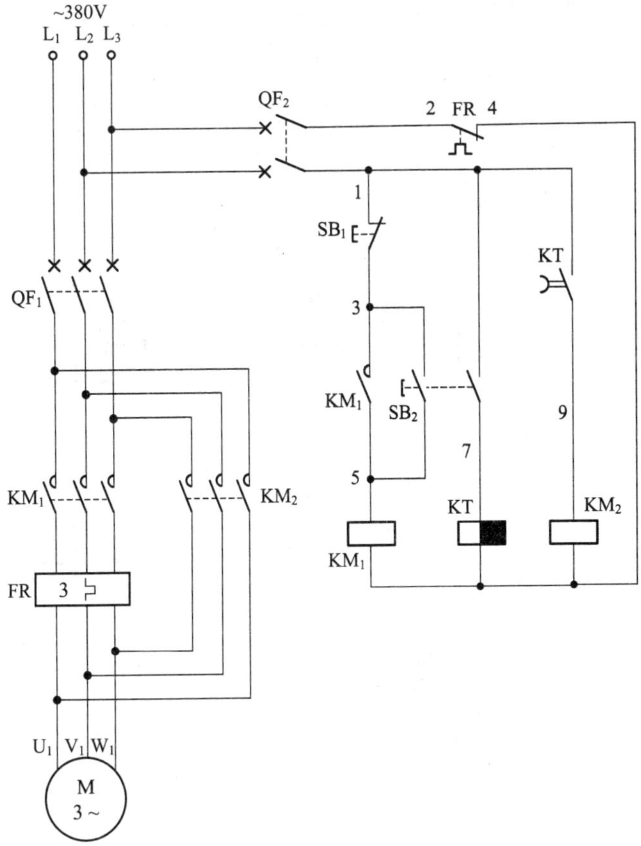

启动时，按下启动按钮 SB_2，SB_2 的一组常开触点（3-5）闭合，接通交流接触器 KM_1 线圈回路电源，KM_1 线圈得电吸合且 KM_1 辅助常开触点（3-5）闭合自锁；与此同时，失电延时时间继电器 KT 线圈得电吸合后又断电释放并开始延时，KT 失电延时断开的常开触点（1-9）立即闭合，使交流接触器 KM_2 线圈得电吸合，这样 KM_1 和 KM_2 各自的三相主触点同时闭合（KM_2 三相主触点将 KM_1 三相主触点与热继电器 FR 热元件短接起来，使热继电器 FR 热元件在重载启动时失去作用，以防出现误动作），电动机得电重载进行启动。

图 1.128

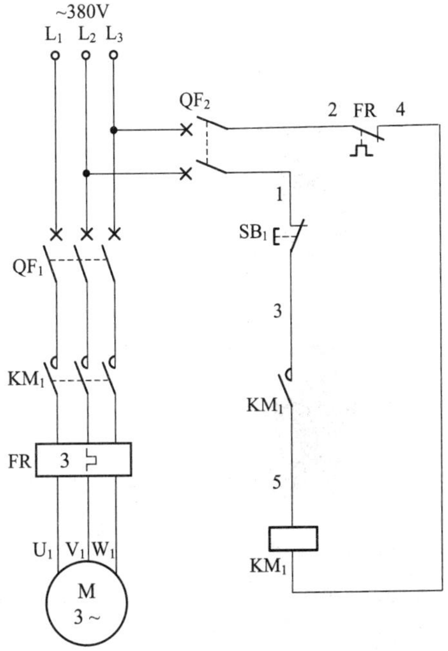

随着电动机转速的不断提高，达到额定转速时，电动机的电流就会降了下来，也就是说经 KT 一段时间延时后，KT 失电延时断开的常闭触点 (1-9) 断开，切断了交流接触器 KM_2 线圈回路电源，KM_2 线圈断电释放，KM_2 三相主触点断开，解除对热继电器 FR 热元件的短接作用，将热继电器 FR 投入电路，在电动机出现过载时起到保护作用，从而完成电动机重载启动控制。

3. 电路接线图

图 1.129

重载设备启动控制电路（二）实际接线图

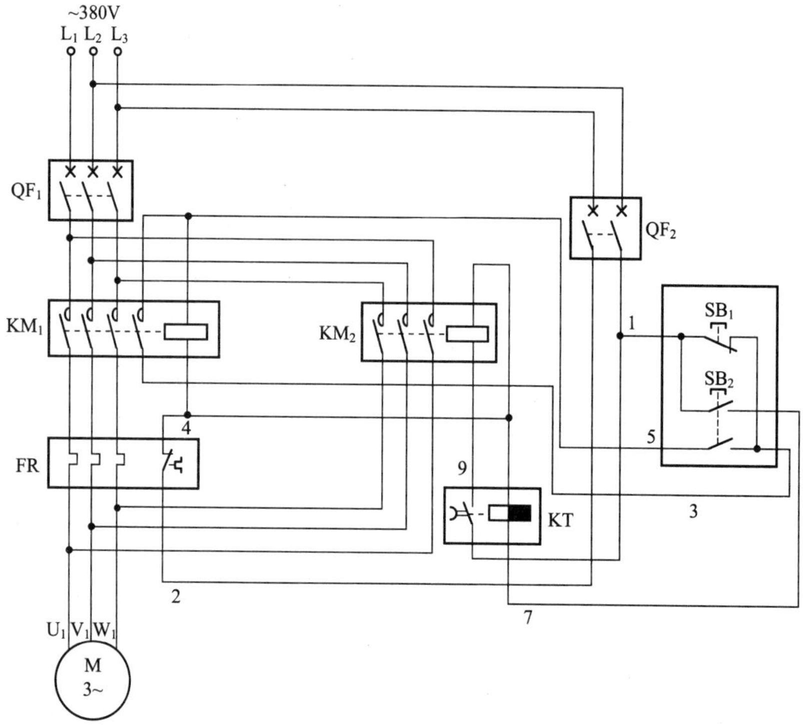

4. 按钮接线图

图 1.130

重载设备启动控制电路（二）按钮接线图

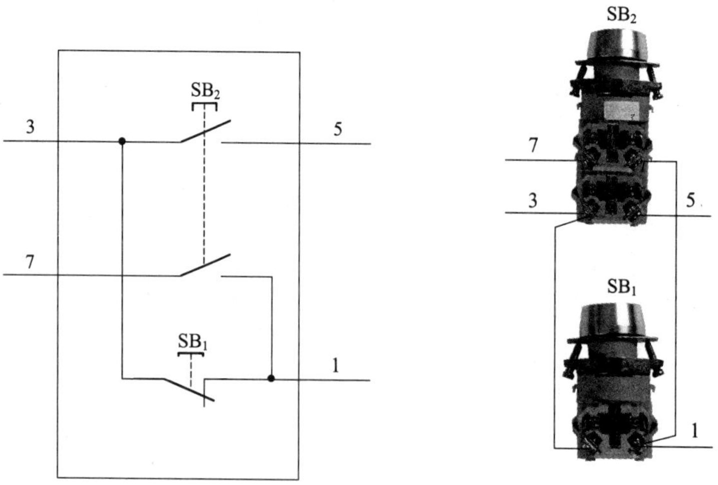

（a）按钮实际接线 （b）按钮实物接线

5. 电路布线图

从图 1.131 中可以看出，XT 为接线端子排，通过端子排 XT 来区分电气元件的安装位置，XT 的内侧为放置在配电箱内底板上的电气元件，XT 的外侧为外接或引至配电箱门面板上的电气元件。

从端子排 XT 上看，共有 10 个接线端子。其中，L_1、L_2、L_3 这 3 根线为由外引入至配电箱的三相 380V 电源，并穿管引入；U_1、V_1、W_1 这 3 根线为电动机线，穿管接至电动机接线盒内的 U_1、V_1、W_1 上；1、3、5、7 这 4 根线为控制线，接至配电箱门面板上的按钮开关 SB_1、SB_2 上。

图 1.131

重载设备启动控制电路（二）布线图

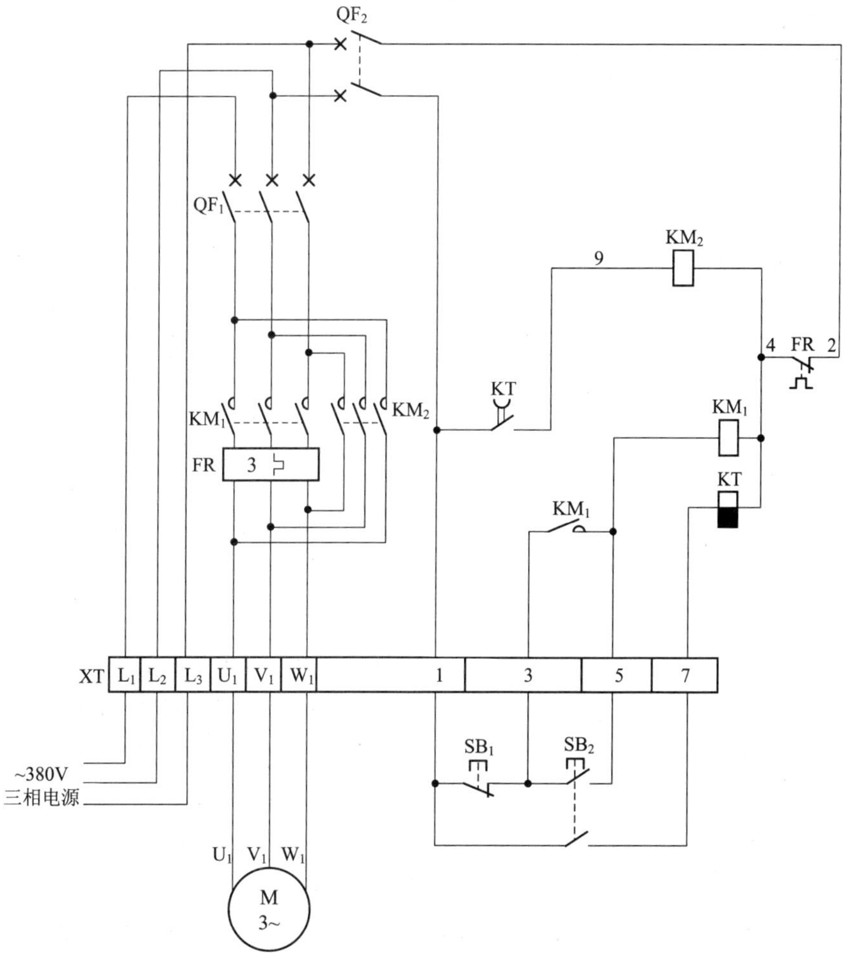

1.20 重载设备启动控制电路（三）

1. 电路原理图

图 1.132

重载设备启动控制电路（三）原理图

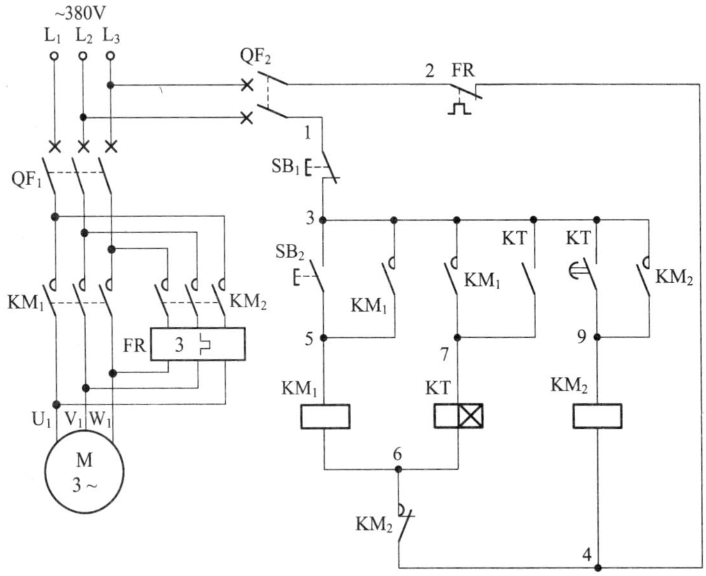

2. 工作过程分解

图 1.133

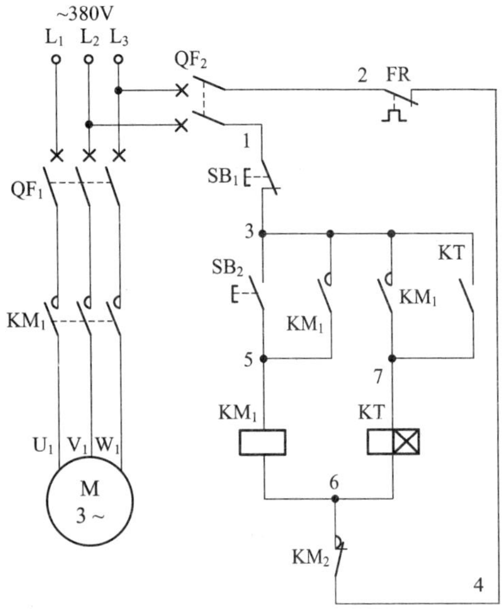

启动时，按下启动按钮 SB_2(3-5)，交流接触器 KM_1 线圈得电吸合且 KM_1 辅助常开触点 (3-5) 闭合自锁，KM_1 的另一组辅助常开触点 (3-7) 闭合，接通得电延时时间继电器 KT 线圈回路电源，KT 线圈得电吸合且 KT 不延时瞬动常开触点 (3-7) 闭合自锁，KT 开始延时。与此同时，KM_1 三相主触点闭合，电动机得电运转，在没有过载保护装置的情况下进行启动。因重载设备启动时间较长，电流较大降不下来，很容易造成过载保护装置动作，出现启动失败的情况。为此，通常采用的方法是启动时先脱开过载保护装置，待启动完毕后再将保护装置接入电路中进行保护，也就是说，要过载保护装置避开较长时间的启动电流。

图 1.134

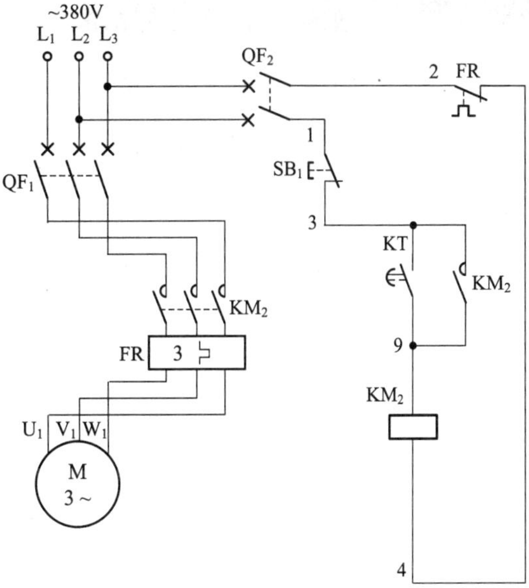

随着电动机转速的逐渐提高，当接近额定转速时，也就是 KT 的延时时间，KT 得电延时闭合的常开触点 (3-9) 闭合，接通交流接触器 KM_2 线圈回路电源，KM_2 线圈得电吸合且 KM_2 辅助常开触点 (3-9) 闭合自锁，KM_2 串联在 KM_1 和 KT 线圈回路中的辅助常闭触点 (4-6) 断开，切断 KM_1 和 KT 线圈回路电源，KM_1 和 KT 线圈断电释放，KM_1 三相主触点断开，解除没有过载保护而直接通入电动机绕组的三相交流 380V 电源。KM_2 三相主触点闭合，串接过载保护装置继续给电动机供电。这样，电动机在启动完毕后其电流小于额定电流，过载保护装置可投入电路正常工作，在电动机运转后出现过载时能起到保护作用。

3. 电路接线图

图 1.135

重载设备启动控制电路（三）接线图

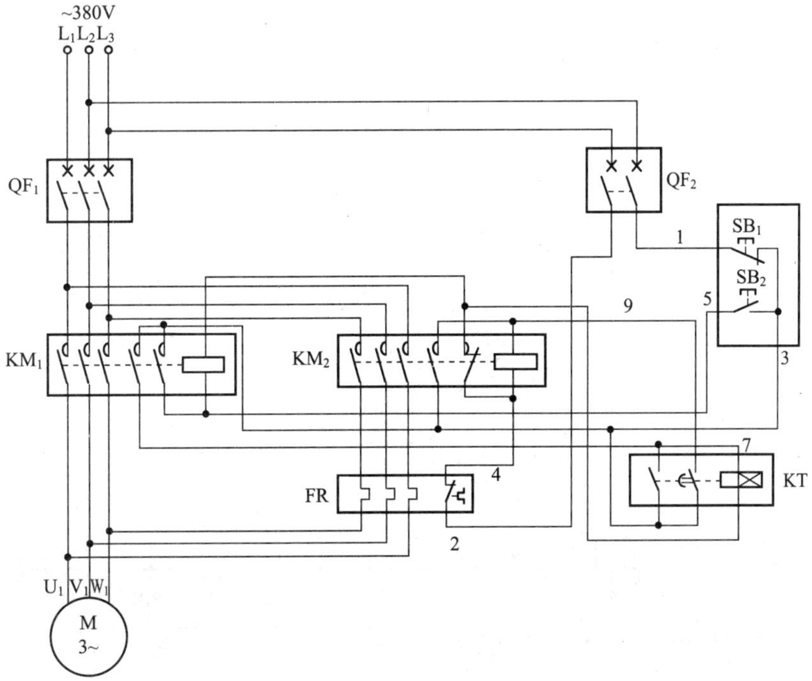

4. 按钮接线图

图 1.136 重载设备启动控制电路（三）按钮接线图

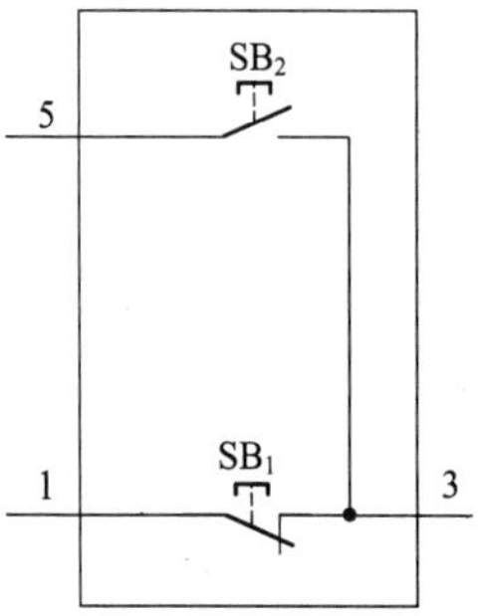

（a）按钮实际接线

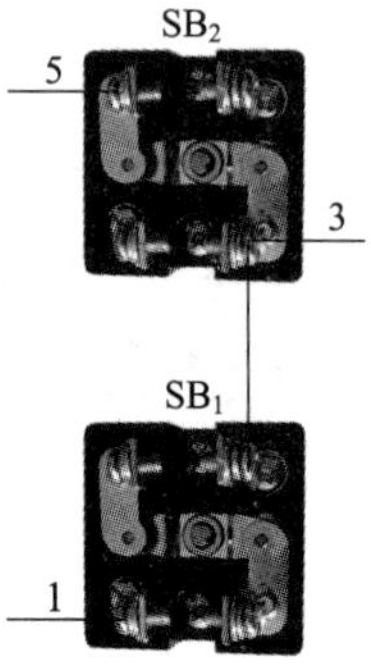

（b）按钮现场接线

5. 电路布线图

从图 1.137 中可以看出，XT 为接线端子排，通过端子排 XT 来区分电气元件的安装位置，XT 的上方为放置在配电箱内底板上的电气元件，XT 的下方为外接或引至配电箱门面板上的电气元件。

从端子排 XT 上看，共有 9 个接线端子。其中，L_1、L_2、L_3 这 3 根线为由外引入至配电箱内的三相 380V 电源，并穿管引入；U_1、V_1、W_1 这 3 根线为电动机线，穿管接至电动机接线盒内的 U_1、V_1、W_1 上；1、3、5 这 3 根线为控制线，接至配电箱门面板上的按钮开关 SB_1、SB_2 上。

图 1.137 重载设备启动控制电路（三）电路布线图

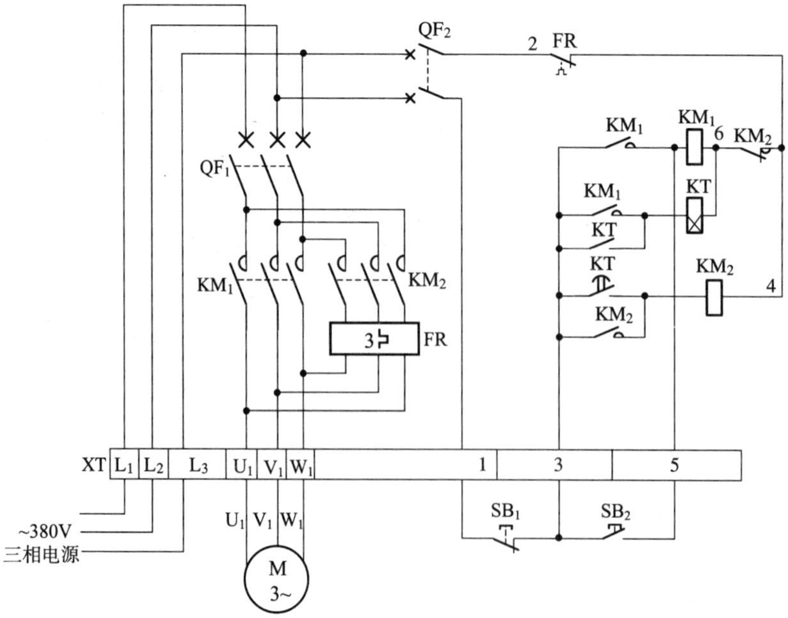

1.21 自耦变压器降压启动自动控制电路

1. 电路原理图

图 1.138 自耦变压器降压启动自动控制电路原理图

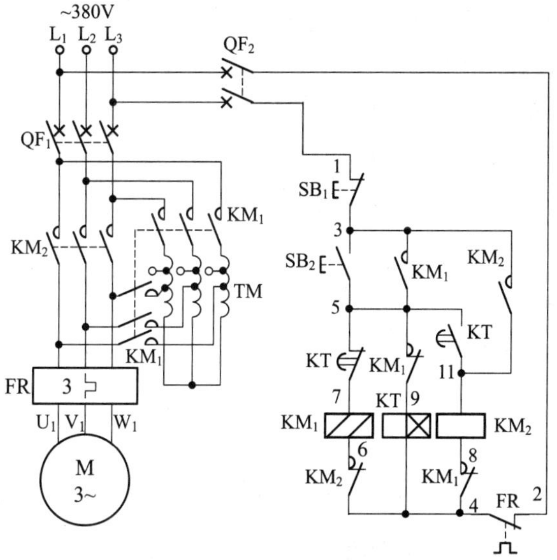

2. 工作过程分解

图 1.139

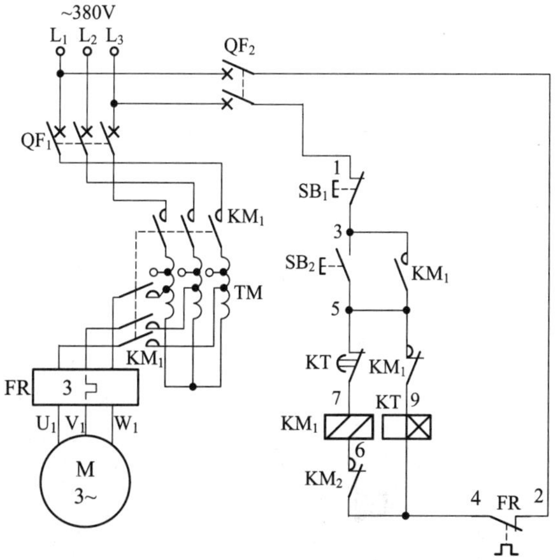

启动时，按下启动按钮 SB_2(3-5)，交流接触器 KM_1、得电延时时间继电器 KT 线圈得电吸合且 KM_1 辅助常开触点 (3-5) 闭合自锁，同时 KT 开始延时。与此同时，两只线圈并联在一起的 KM_1 的三相主触点闭合，将自耦变压器 TM 接入电动机绕组内，进行自耦降压启动。

图 1.140

经 KT 一段时间延时后（其延时时间可按电动机功率开方后乘以 2 倍再加 4s 估算），KT 串联在 KM_1 线圈回路中的得电延时断开的常闭触点 (5-7) 断开，切断了 KM_1 线圈回路电源，KM_1 线圈断电释放，KM_1 六只主触点断开，自耦变压器 TM 退出运行；同时 KT 得电延时闭合的常开触点 (5-11) 闭合，接通了交流接触器 KM_2 线圈回路电源，KM_2 线圈得电吸合且 KM_2 辅助常开触点 (3-11) 闭合自锁，KM_2 三相主触点闭合，电动机得电全压运转。在 KM_2 线圈得电吸合后，KM_2 串联在 KT 线圈回路中的辅助常闭触点 (5-9) 断开，使 KT 线圈退出运行。至此整个降压启动过程结束。

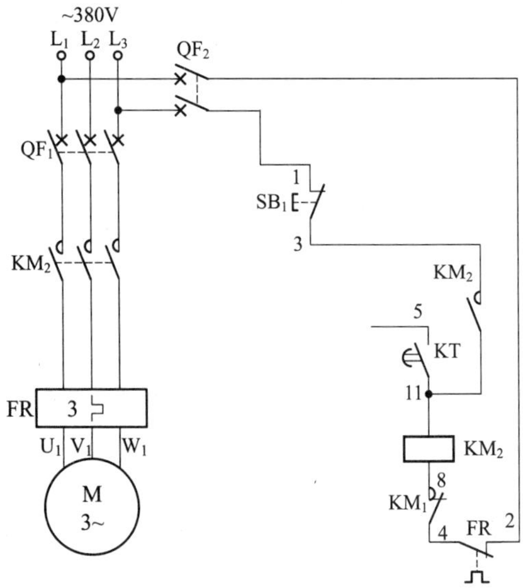

3. JS7 系列时间继电器

电路中 KT 可采用 JS7 系列时间继电器，由于 JS7 系列时间继电器应用很广，有好多初学者对其不易搞清楚，现介绍一下，供大家参考。注意安装时延时部分在上方，吸引线圈部分在下方。

图 1.141

JS7 系列时间继电器触点排列图

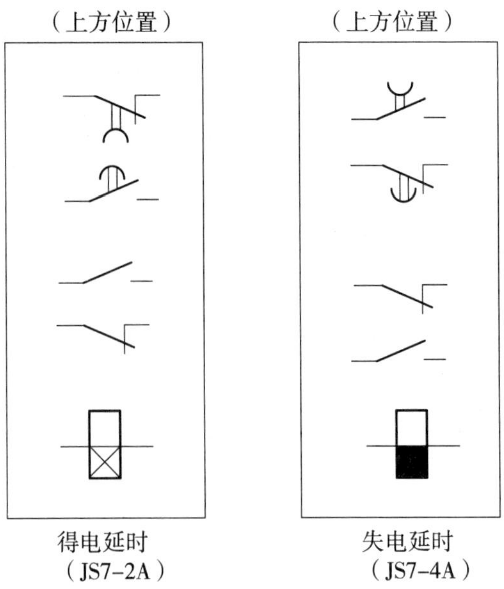

4. 电路接线图

图 1.142

自耦变压器降压启动自动控制电路接线图

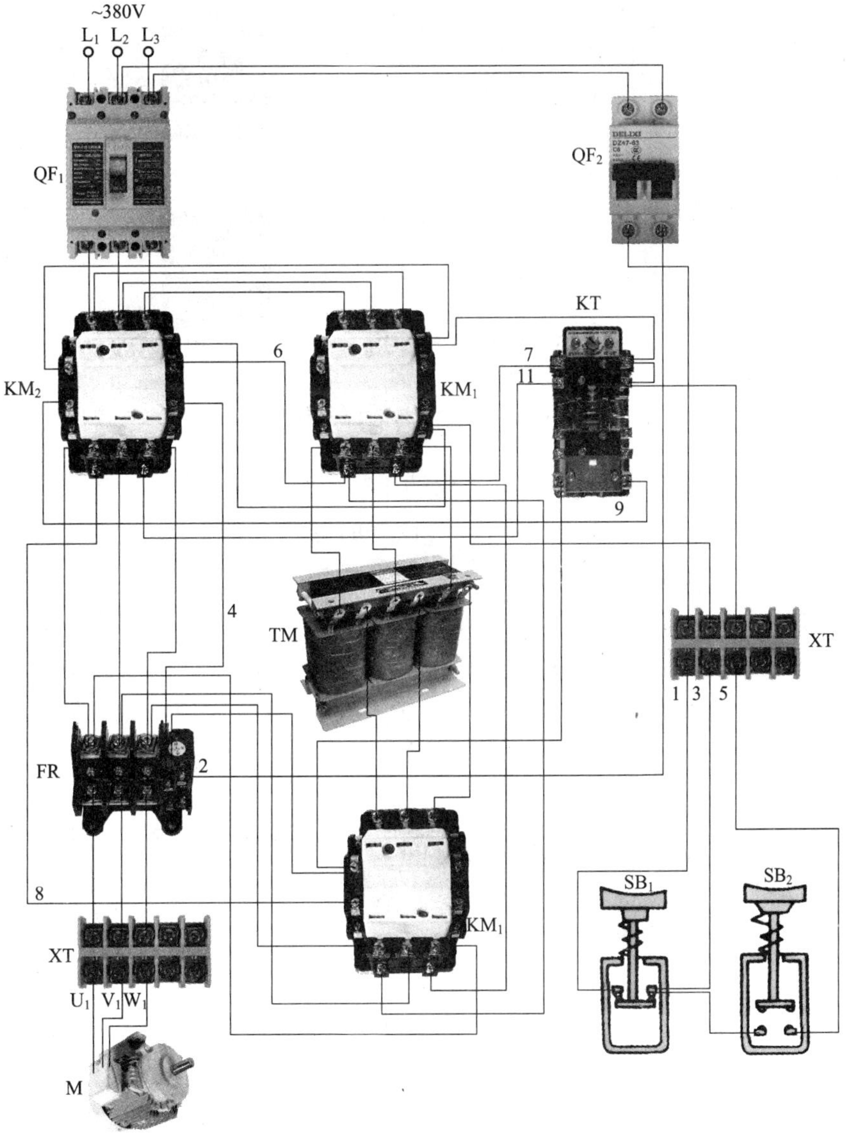

5. 按钮接线图

图 1.143 自耦变压器降压启动自动控制电路按钮接线图

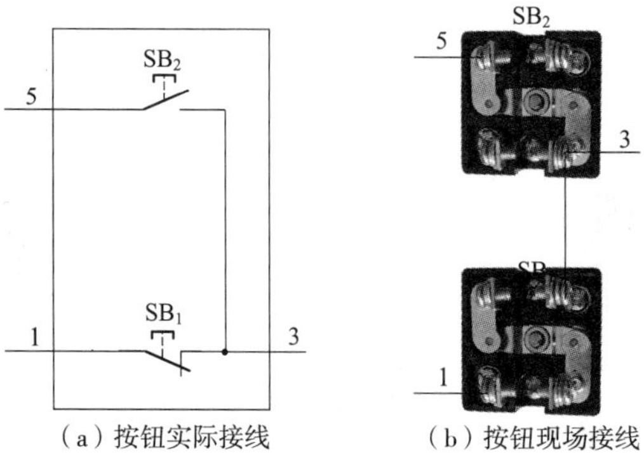

6. 电路布线图

从图 1.144 中可以看出，XT 为接线端子排，通过端子排 XT 来区分电气元件的安装位置，XT 的内侧为放置在配电箱内底板上的电气元件，XT 的外侧为外接或引至配电箱门面板上的电气元件。

从端子排 XT 上看，共有 9 个接线端子。其中，L_1、L_2、L_3 这 3 根线为由外引入至配电箱内的三相 380V 电源，并穿管引入；U_1、V_1、W_1 这 3 根线为电动机线，穿管接至电动机接线盒内的 U_1、V_1、W_1 上；1、3、5 这 3 根线为控制线，接至配电箱门面板上的按钮开关 SB_1、SB_2 上。

图 1.144 自耦变压器降压启动自动控制电路布线图

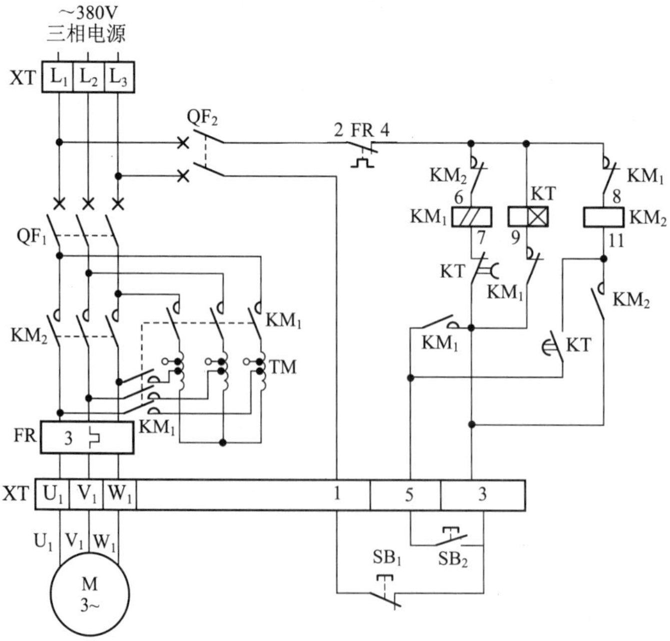

1.22 单按钮控制电动机启停电路

1. 电路原理图

图 1.145

单按钮控制电动机启停电路原理图

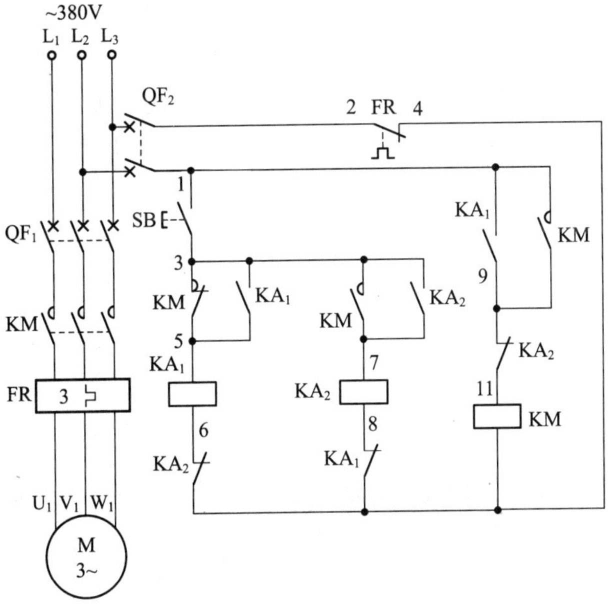

2. 工作过程分解

图 1.146

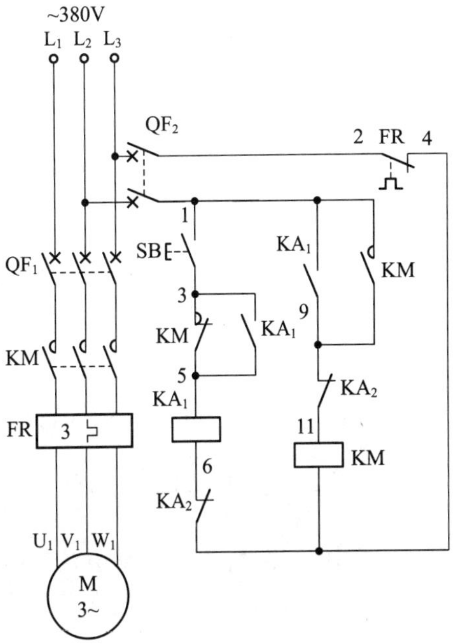

启动时，奇次按住按钮开关 SB(1-3)，中间继电器 KA_1 线圈得电吸合且 KA_1 常开触点 (1-9) 闭合，接通了交流接触器 KM 线圈回路电源，KM 线圈得电吸合且 KM 辅助常开触点 (1-9) 闭合自锁，KM 三相主触点闭合，电动机得电启动运转。在 KM 线圈得电吸合后，KM 串接在 KA_1 线圈回路中的辅助常闭触点 (3-5) 断开，为偶次按下按钮开关 SB(1-3) 时禁止 KA_1 线圈回路工作做准备，KM 串联在中间继电器 KA_2 线圈回路中的辅助常开触点 (3-7) 闭合，为偶次操作停止做准备。

松开按钮开关 SB(1-3)，中间继电器 KA_1 线圈断电释放，KA_1 所有触点恢复原始状态。这样，只有交流接触器 KM 线圈仍吸合自锁工作。

图 1.147

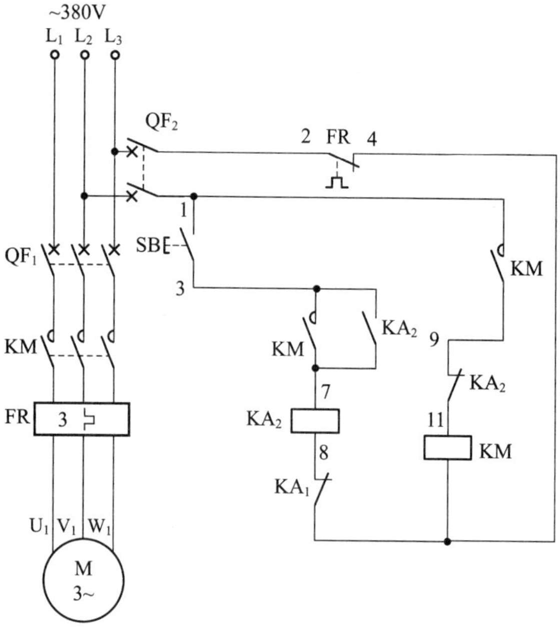

停止时，偶次按住按钮开关 SB(1-3)，中间继电器 KA_2 线圈在交流接触器 KM 辅助常开触点 (3-7)(已闭合) 的作用下得电吸合且 KA_2 常开触点 (3-7) 闭合自锁，KA_2 串联在交流接触器 KM 线圈回路中的常闭触点 (9-11) 断开，切断了交流接触器 KM 线圈回路电源，KM 线圈断电释放，KM 三相主触点断开，电动机失电停止运转；松开按钮开关 SB(1-3)，中间继电器 KA_2 线圈断电释放，KA_2 所有触点恢复原始状态。

3. 三相异步电动机额定电流的计算

学习了本例电路后，让读者了解一下三相异步电动机额定电流的计算以及三相异步电动机是否能直接启动的估算方法。

三相异步电动机额定电流的计算：

$$I=\frac{P\times 10^3}{\sqrt{3}U\cos\varphi\eta}$$

式中，I 为电动机额定电流（A）；P 为电动机额定功率（kW）；U 为额定工作电压（V）；η 为效率；$\cos\varphi$ 为功率因数。

通过上述公式可估算出电动机额定电流为：

$$I=2P$$

即每千瓦为 2A。

【举例】有一台三相异步电动机功率为 10kW，额定工作电压 380V，请估算出其额定电流为多少。

解：$I=2P=2\times 10=20$（A）

三相交流异步电动机允许直接启动的估算公式如下所示：

$$\frac{I_q}{I_e}\leqslant\frac{3}{4}+\frac{S}{4P_e}$$

式中，I_q 为电动机启动电流（A）；I_e 为电动机额定电流（A）；S 为电网的容量（kV·A）；P_e 为电动机额定功率（kW）。

4. 电路接线图

图 1.148 单按钮控制电动机启停电路实物接线图

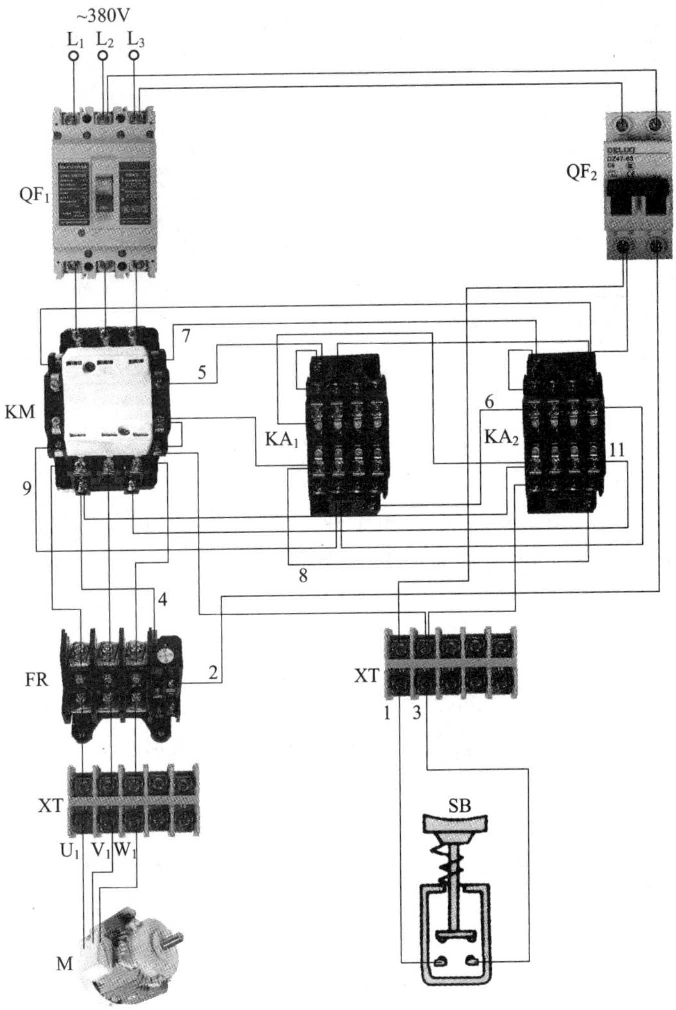

5. 按钮接线图

图 1.149

单按钮控制电动机启停电路按钮接线图

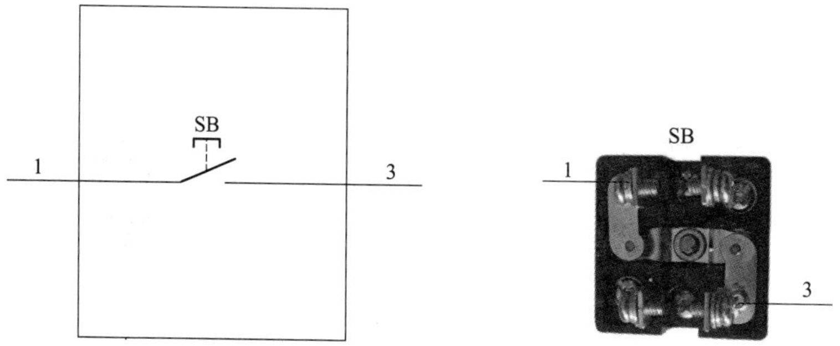

（a）按钮实际接线　　（b）按钮现场接线

6. 电路布线图

从图 1.150 中可以看出，XT 为接线端子排，通过端子排 XT 来区分电气元件的安装位置，XT 的内侧为放置在配电箱内底板上的电气元件，XT 的外侧为外接或引至配电箱门面板上的电气元件。

从端子排 XT 上看，共有 8 个接线端子。其中，L_1、L_2、L_3 这 3 根线为由外引入至配电箱内的三相 380V 电源，并穿管引入；U_1、V_1、W_1 这 3 根线为电动机线，穿管接至电动机接线盒内的 U_1、V_1、W_1 上；1、3 这 2 根线为控制线，接至配电箱门面板上的按钮开关 SB 上。

图 1.150

单按钮控制电动机启停电路布线图

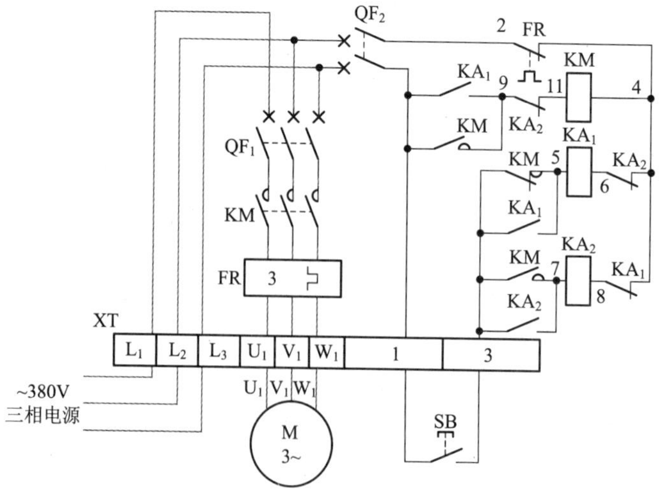

1.23 双路熔断器启动控制电路

1. 电路原理图

图 1.151

双路熔断器启动控制电路原理图

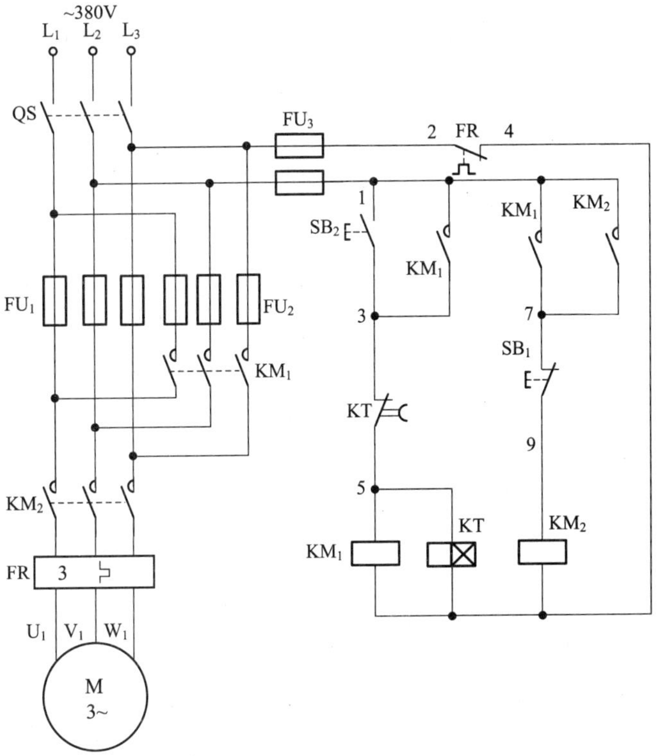

2. 熔断器

在介绍电路原理之前先说一下熔断器的相关知识。

电网配电一般用管式熔断器；电动机保护一般用螺旋式熔断器；照明电路一般用瓷插式熔断器；保护可控硅则应选择快速熔断器。

熔断器的额定电压必须大于或等于线路的电压。

熔断器的额定电流必须大于或等于所装熔体的额定电流。

合理选择熔体的额定电流：

① 对于变压器、电炉和照明等负载，熔体的额定电流应略大于线路负载的额定电流。

② 对于一台电动机负载的短路保护，熔体的额定电流应大于或等于 1.5 ~ 2.5 倍电动机的额定电流。

③ 对几台电动机同时保护，熔体的额定电流应大于或等于其中最大容量的一台电动机的额定电流的 1.5 ~ 2.5 倍加上其余电动机额定电流的总和。

④ 对于降压启动的电动机，熔体的额定电流应等于或略大于电动机的额定电流。

3. 工作过程分解

图 1.152

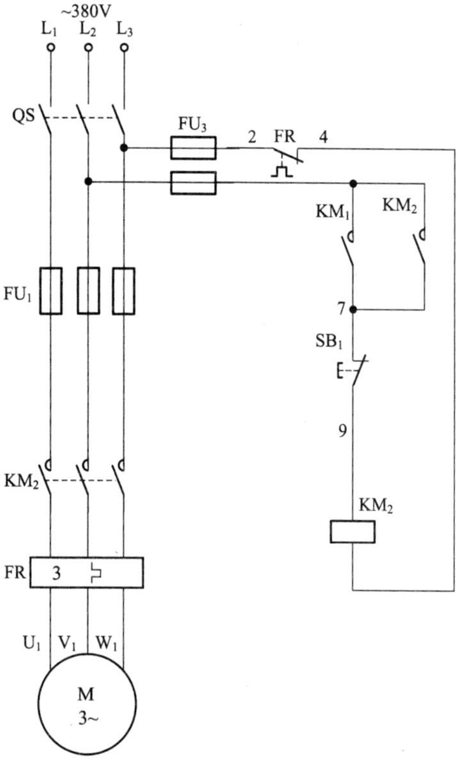

经 KT 一段时间延时后，也就是电动机串启动熔断器 FU_2 正常启动之后，需转为正常运转时，KT 得电延时断开的常闭触点（3-5）断开，切断 KM_1 和 KT 线圈回路电源，KM_1 和 KT 线圈断电释放，KM_1 三相主触点断开，切除启动熔断器 FU_2，使其退出运行，这样，运转熔断器 FU_1 投入电路正常运转工作。

图 1.153

启动时，按下启动按钮 SB_2（1-3），交流接触器 KM_1 和得电延时时间继电器 KT 线圈得电吸合且 KM_1 的一组辅助常开触点（1-3）闭合自锁，KT 开始延时；与此同时，KM_1 三相主触点闭合，先将启动用熔断器 FU_2 投入启动电路中进行启动，KM_1 的另一组辅助常开触点（1-7）闭合，接通了交流接触器 KM_2 线圈回路电源，使 KM_2 线圈得电吸合且 KM_2 辅助常开触点（1-7）闭合自锁，KM_2 三相主触点闭合，电动机得电进行启动。

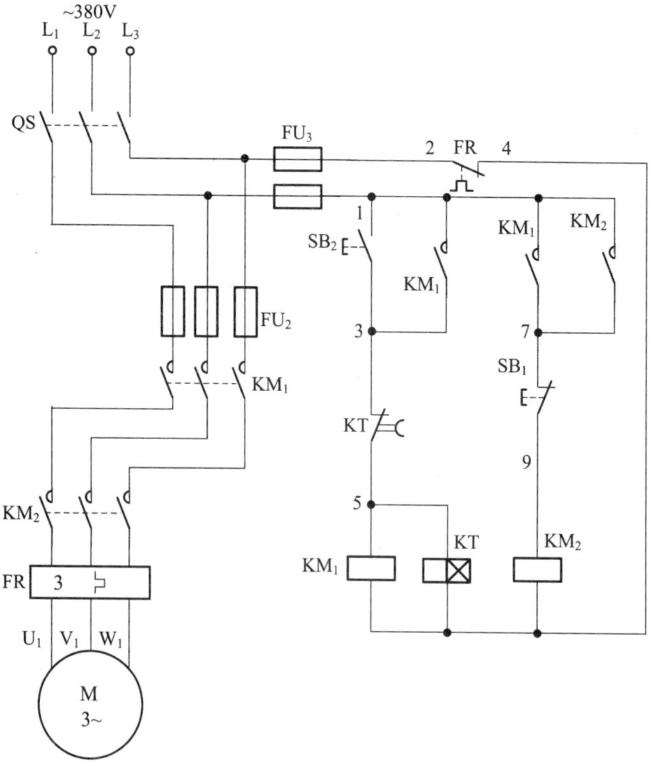

4. 电路接线图

图 1.154

双路熔断器启动控制电路实际接线图

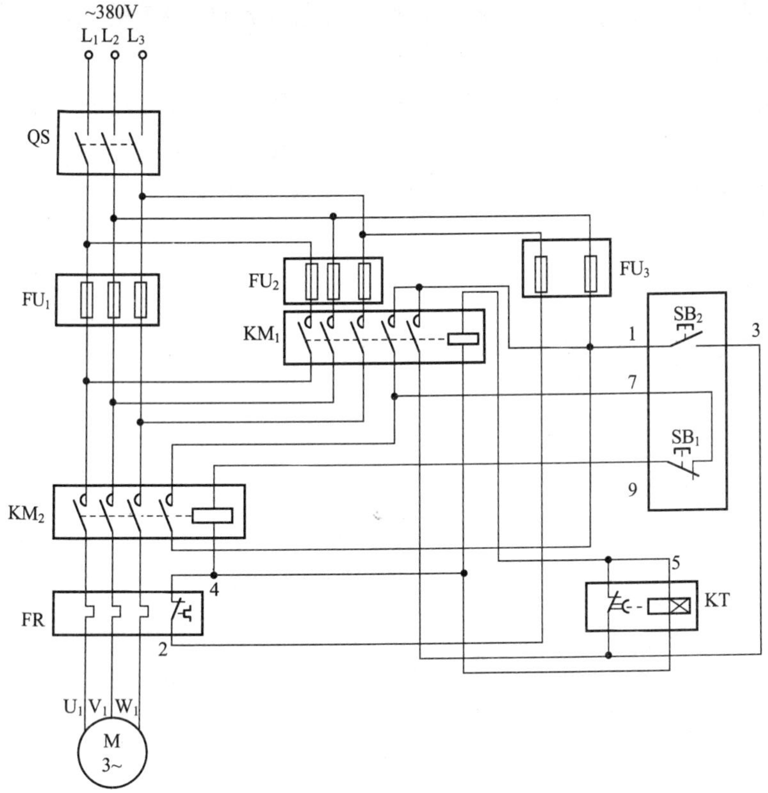

5. 按钮接线图

图 1.155

双路熔断器启动控制电路按钮接线图

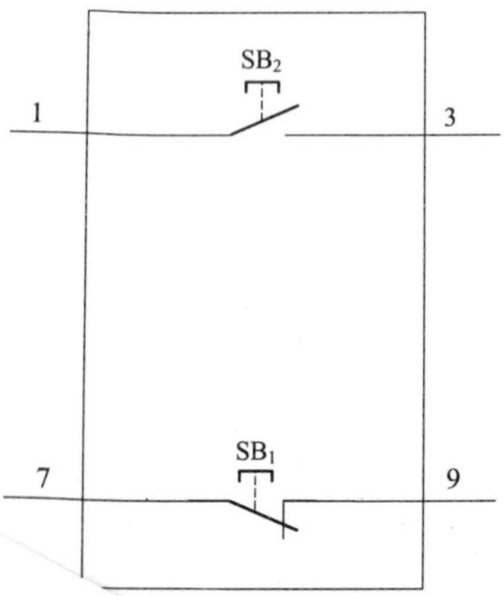

（a）按钮实际接线

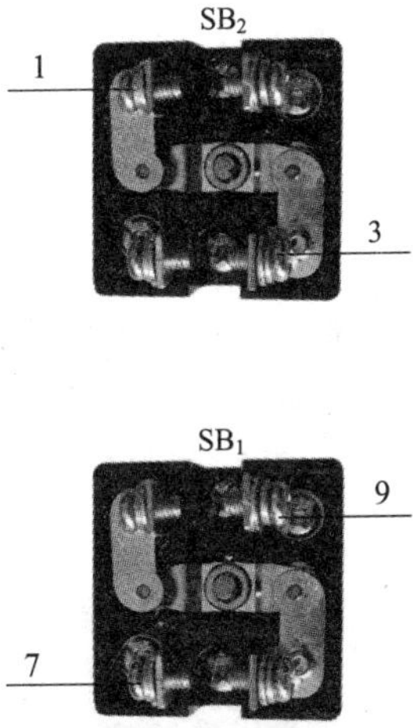

（b）按钮现场接线

6. 电路布线图

从图 1.156 中可以看出，XT 为接线端子排，通过端子排 XT 来区分电气元件的安装位置，XT 的内侧为放置在配电箱内底板上的电气元件，XT 的外侧为外接或引至配电箱门面板上的电气元件。

从端子排 XT 上看，共有 10 个接线端子。其中，L_1、L_2、L_3 这 3 根线为由外引入配电箱的三相 380V 电源，并穿管引入；U_1、V_1、W_1 这 3 根线是电动机线，穿管接至电动机接线盒内的 U_1、V_1、W_1 上；1、3、7、9 这 4 根线是控制线，接至配电箱门面板上的按钮开关 SB_1、SB_2、上。

图 1.156

双路熔断器启动控制电路布线图

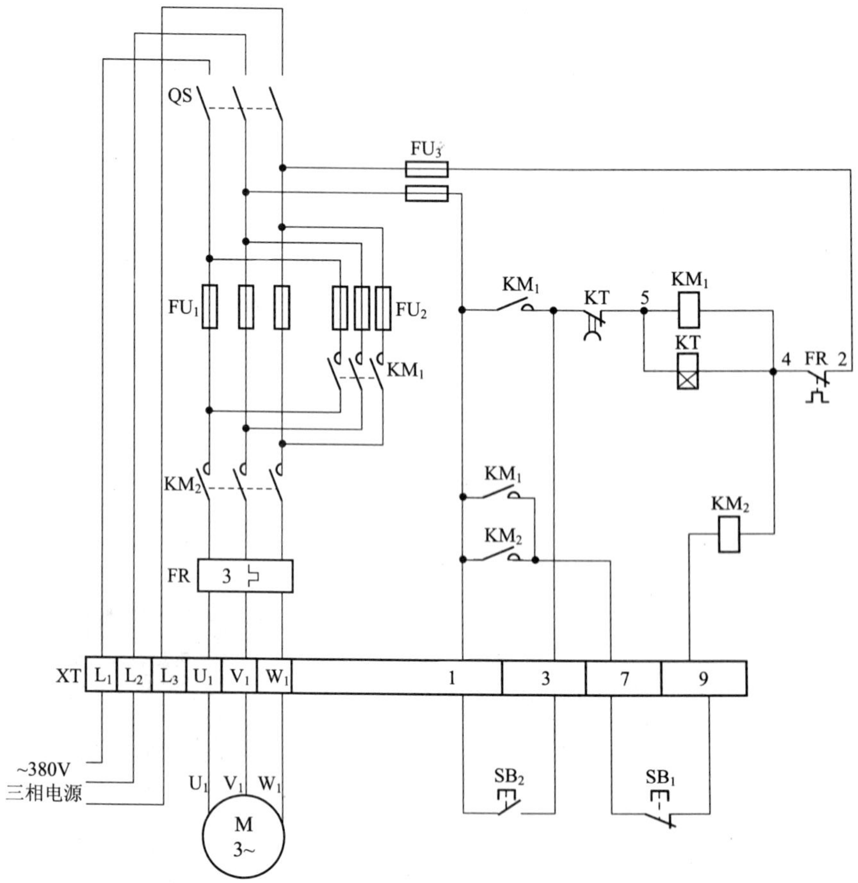

第2章

电动机正反转控制电路

2.1 具有三重互锁保护的正反转控制电路

1. 电路原理图

图 2.1

具有三重互锁保护的正反转控制电路原理图

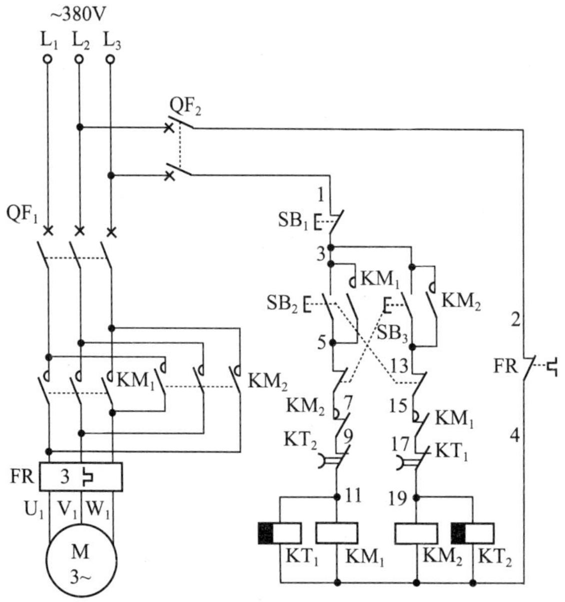

2. 工作过程分解

图 2.2

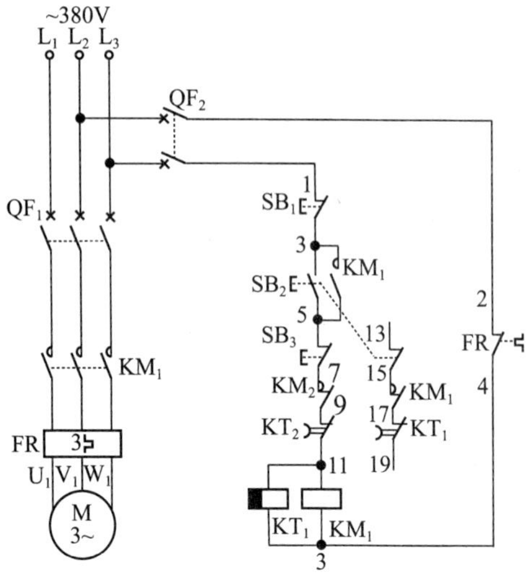

正转启动：按下正转启动按钮 SB_2，其常闭触点（13–15）断开，为按钮常闭触点互锁，是电路中的第一重互锁；其常开触点（3–5）闭合，KM_1、KT_1 线圈得电吸合，KM_1 辅助常闭触点（15–17）断开，为接触器常闭触点互锁，是电路中的第二重互锁；KM_1 辅助常开触点（3–5）闭合自锁；KM_1 三相主触点闭合，电动机得电正转启动运转。在 KT_1 线圈得电吸合后，KT_1 失电延时闭合的常闭触点（17–19）立即断开，为失电延时闭合的常闭触点互锁，是电路中的第三重互锁。也就是说，本电路具有三套互锁保护系统，互锁程度极高，非常安全可靠。

图 2.3

正转停止时，按下停止按钮 SB_1，其常闭触点（1–3）断开，切断中间继电器 KA 和交流接触器 KM 线圈回路电源，KA、KM 线圈断电释放，KA 的一组常开触点（3–5）断开，解除自锁，KA 的另一组常开触点（3–7）断开，切断 KM 线圈回路电源；KM 三相主触点断开，电动机失电停止运转。

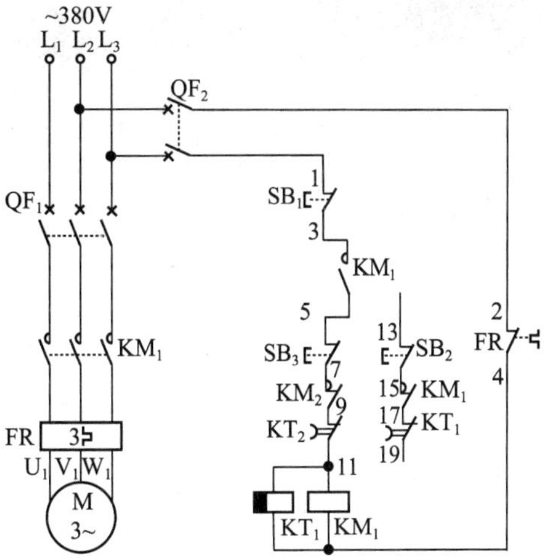

图 2.4

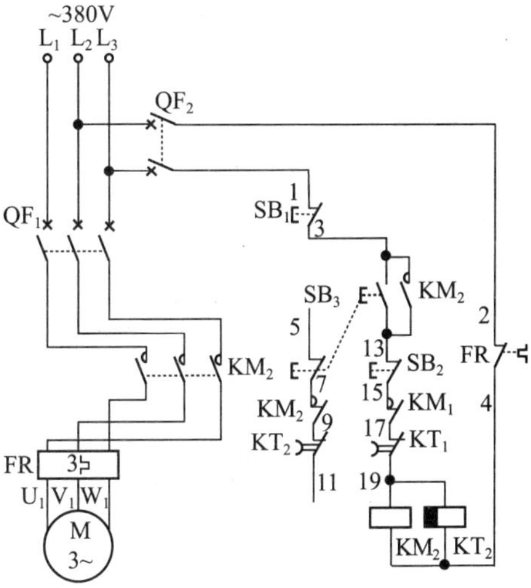

反转启动：按下反转启动按钮 SB_3，其常闭触点（5–7）断开，为按钮常闭触点互锁，是电路中的第一重互锁；其常开触点（3–13）闭合，KM_2、KT_2 线圈得电吸合，KM_2 辅助常闭触点（5–7）断开，为接触器常闭触点互锁，是电路中的第二重互锁；KM_2 辅助常开触点（3–13）闭合自锁，KM_2 三相主触点闭合，电动机得电反转启动运转。在 KT_2 线圈得电吸合后，KT_2 失电延时闭合的常闭触点（9–11）立即断开，为失电延时闭合的常闭触点互锁，是电路中的第三重互锁。也就是说，本电路具有三套互锁保护系统，互锁程度极高，非常安全可靠。

图 2.5

反转停止：按下停止按钮 SB_1，其常闭触点（1–3）断开，KM_2、KT_2 线圈断电释放，KT_2 开始延时；KM_2 辅助常开触点（3–13）断开，解除自锁；KM_2 三相主触点断开，电动机失电停止运转。经 KT_2 一段时间延时后，KT_2 失电延时闭合的常闭触点（9–11）才慢慢恢复原始状态，从而延长了互锁时间，起到互锁保护作用。也就是说，在反转停止操作后，若 KT_2 延时时间未到，无法进行正转启动操作。

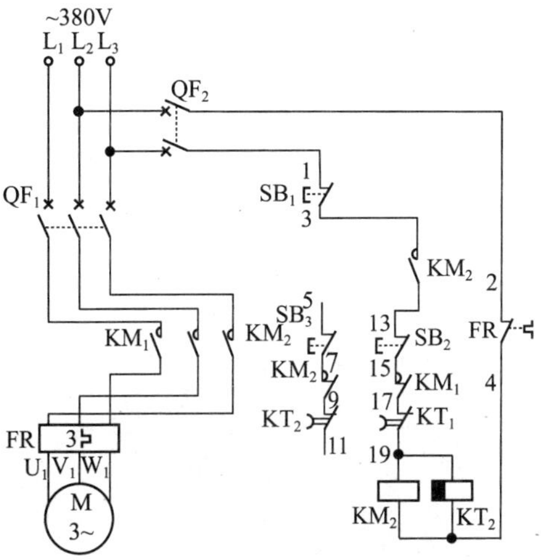

3. 电路接线图

图 2.6

具有三重互锁保护的正反转控制电路现场接线图

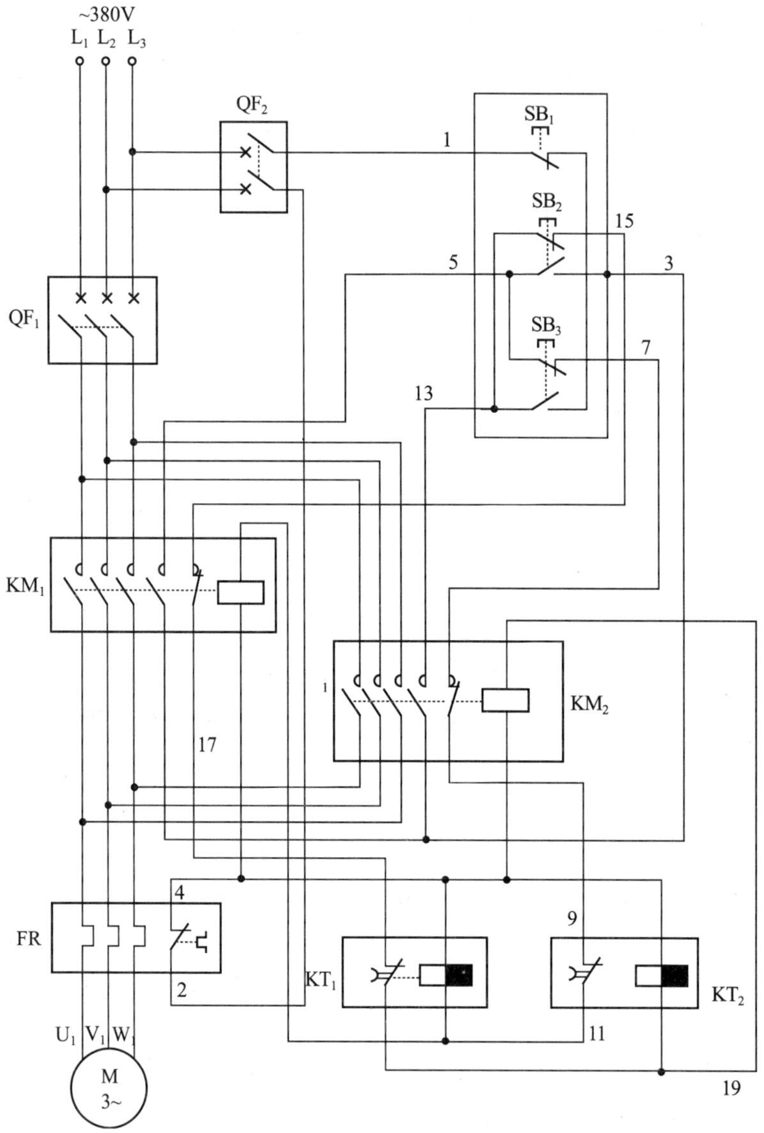

4. 按钮接线图

图 2.7

具有三重互锁保护的正反转控制电路按钮接线图

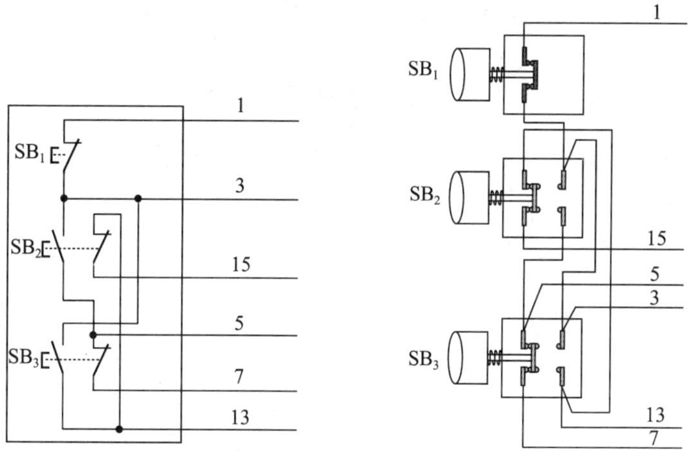

(a) 按钮实际接线 (b) 按钮实物接线

5. 电路布线图

从图 2.8 中可以看出，XT 为接线端子排，通过端子排 XT 来区分电气元件的安装位置，XT 的内侧为放置在配电箱内底板上的电气元件，XT 的外侧为外接或引至配电箱门面板上的电气元件。

从端子排 XT 上看，共有 12 个接线端子。其中，L_1、L_2、L_3 这 3 根线为由外引入至配电箱内的三相 380V 电源，并穿管引入；U_1、V_1、W_1 这 3 根线为电动机线，穿管接至电动机接线盒内的 U_1、V_1、W_1 上；1、3、5、7、13、15 这 6 根线为控制线，接至配电箱门面板上的按钮开关 SB_1、SB_2、SB_3 上。

图 2.8

具有三重互锁保护的正反转控制电路布线图

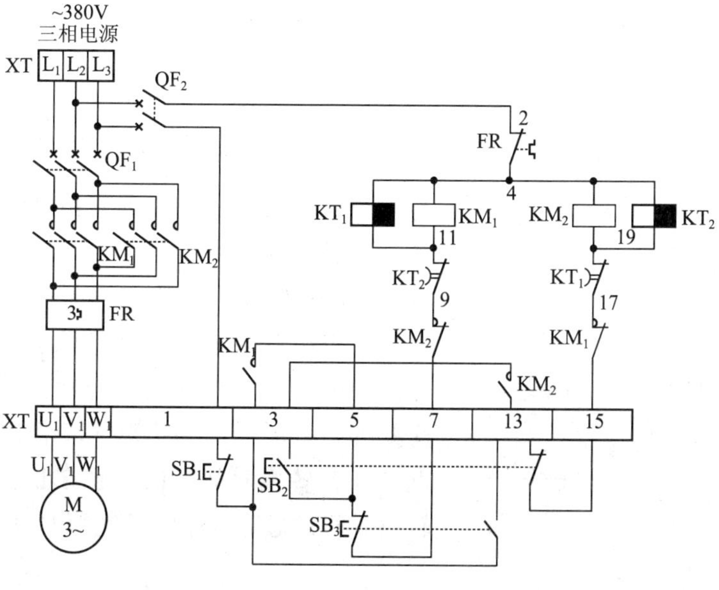

2.2 防止相间短路的正反转控制电路（一）

1. 电路原理图

图 2.9

防止相间短路的正反转控制电路（一）原理图

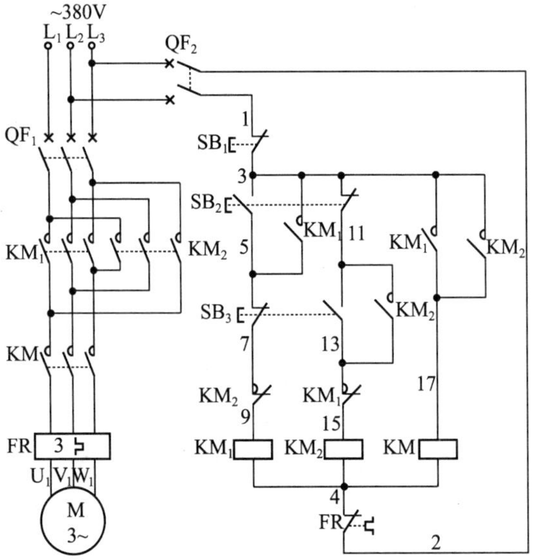

2. 工作过程分解

图 2.10

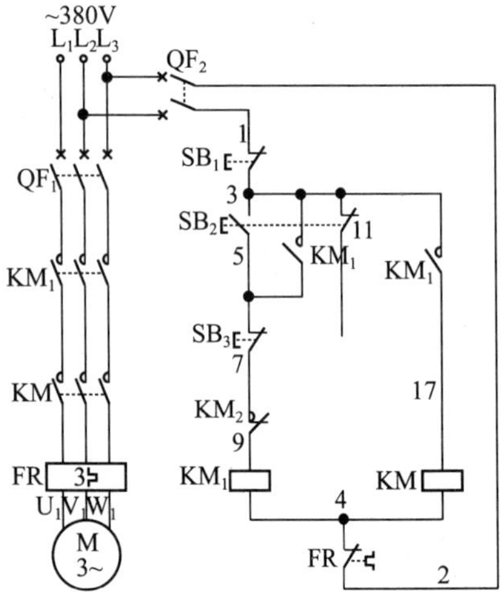

正转启动：按下正转启动按钮 SB_2，其一组常闭触点（3-11）断开，起互锁作用；其一组常开触点（3-5）闭合，KM_1 线圈得电吸合，KM_1 辅助常闭触点（13-15）断开，起互锁作用；KM_1 的一组辅助常开触点（3-5）闭合自锁；KM_1 三相主触点先闭合，为电动机启动运转先提供三相电源。紧接着 KM_1 的另一组辅助常开触点（3-17）闭合，KM 线圈得电吸合，KM 三相主触点后闭合，与已闭合的 KM_1 三相主触点串联起来，电动机得电正转启动运转。实际上 KM_1 与 KM 线圈的吸合动作是不同步的，有时间差的，且主回路为串联，动作时间也不一致，以此延长其转换时间，以防止在正、反转转换时，因转换时间过短造成相间弧光短路事故发生。

图 2.11

正转停止：按下停止按钮 SB_1，其常闭触点（1–3）断开，切断交流接触器 KM_1 和 KM 线圈回路电源，KM_1 和 KM 线圈均断电释放，KM_1 的一组辅助常开触点（3–5）断开，解除对 KM_1 线圈回路的自锁；KM_1 的另一组辅助常开触点（3–17）断开，恢复原始状态；KM_1 和 KM 各自的三相主触点均断开，电动机失电正转停止运转。在 KM_1 线圈断电释放后，KM_1 辅助常闭触点（13–15）闭合，解除互锁。

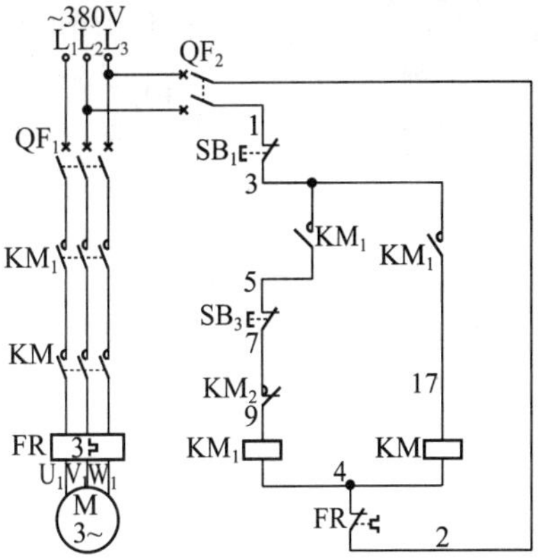

图 2.12

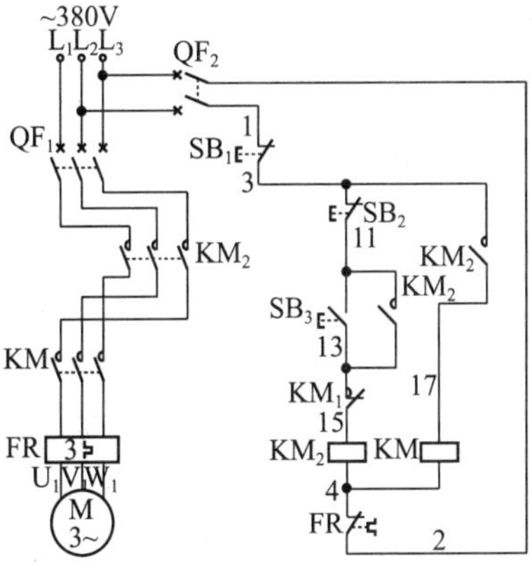

反转启动：按下反转启动按钮 SB_3，其一组常闭触点（5–7）断开，起互锁作用；其一组常开触点（11–13）闭合，KM_2 线圈得电吸合，KM_2 辅助常闭触点（7–9）断开，起互锁作用；KM_2 的一组辅助常开触点（11–13）闭合自锁；KM_2 三相主触点先闭合，为电动机启动运转先提供三相电源。紧接着 KM_2 的另一组辅助常开触点（3–17）闭合，KM 线圈得电吸合，KM 三相主触点后闭合，与已闭合的 KM_2 三相主触点串联起来，电动机得电反转启动运转。实际上 KM_2 与 KM 线圈的吸合动作是不同步的，有时间差的，且主回路为串联，动作时间也不一致，以此延长其转换时间，以防止在正、反转转换时因转换时间过短造成相间弧光短路事故发生。

图 2.13

反转停止：按下停止按钮 SB_1，其常闭触点（1–3）断开，切断交流接触器 KM_2 和 KM 线圈回路电源，KM_2 和 KM 线圈均断电释放，KM_2 的一组辅助常开触点（11–13）断开，解除对 KM_2 线圈回路的自锁；KM_2 的另一组辅助常开触点（3–17）断开，恢复原始状态；KM_2 和 KM 各自的三相主触点均断开，电动机失电反转停止运转。在 KM_2 线圈断电释放后，KM_2 辅助常闭触点（7–9）闭合，解除互锁。

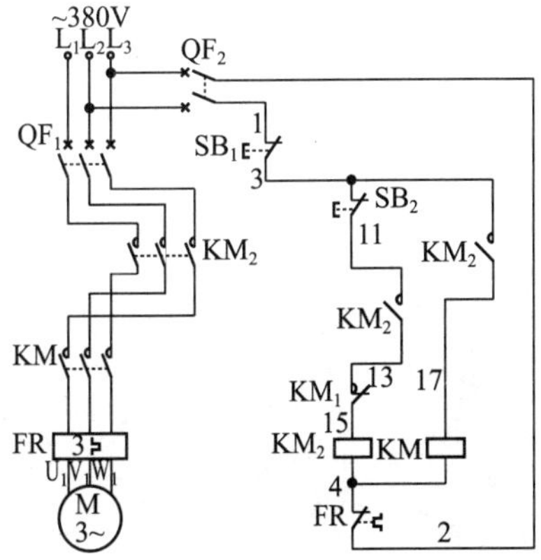

3. 电路接线图

图 2.14

防止相间短路的正反转控制电路（一）现场接线图

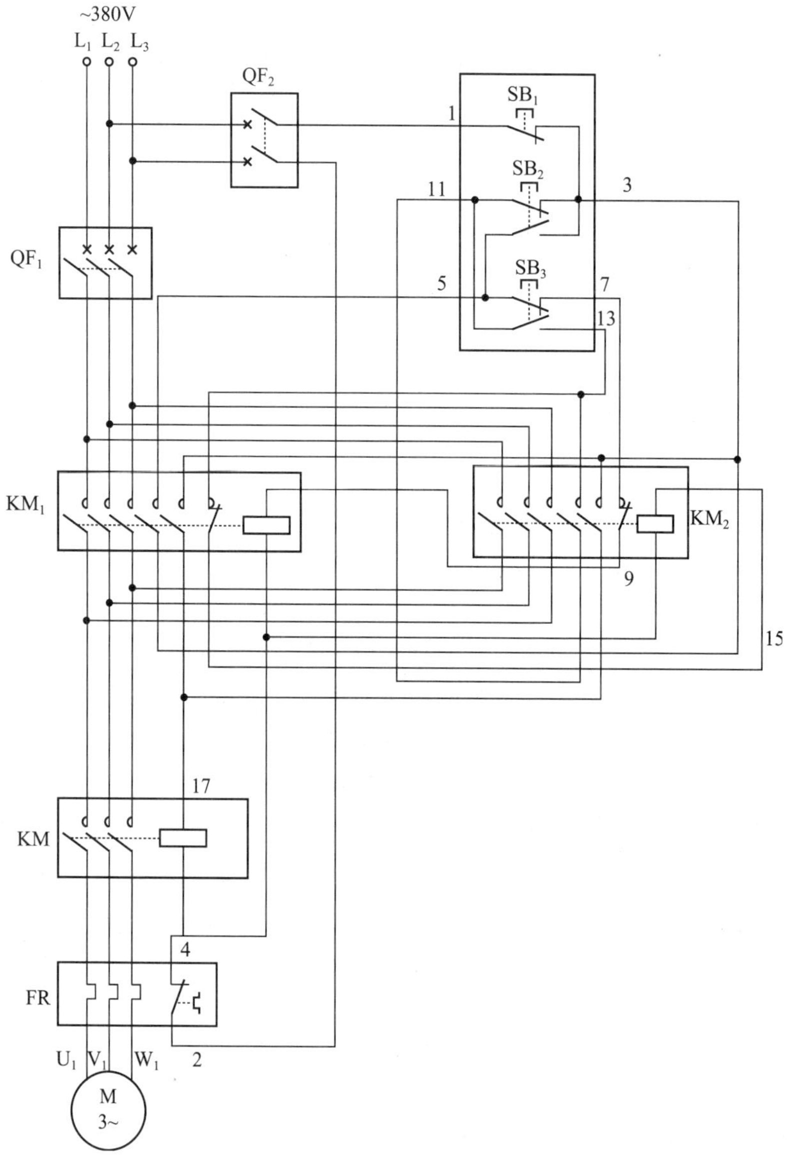

4. 按钮接线图

图 2.15

防止相间短路的正反转控制电路（一）按钮接线图

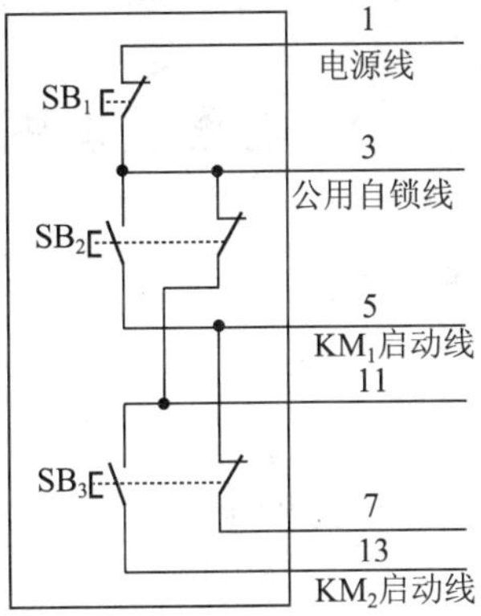

5. 电路布线图

从图 2.16 中可以看出，XT 为接线端子排，通过端子排 XT 来区分电气元件的安装位置，XT 的内侧为放置在配电箱内底板上的电气元件，XT 的外侧为外接或引至配电箱门面板上的电气元件。

从端子排 XT 上看，共有 12 个接线端子。其中，L_1、L_2、L_3 这 3 根线为由外引入至配电箱内的三相 380V 电源，并穿管引入；U_1、V_1、W_1 这 3 根线为电动机线，穿管接至电动机接线盒内的 U_1、V_1、W_1 上；1、3、5、7、11、13 这 6 根线为控制线，接至配电箱门面板上的按钮开关 SB_1、SB_2、SB_3 上。

图 2.16

防止相间短路的正反转控制电路（一）布线图

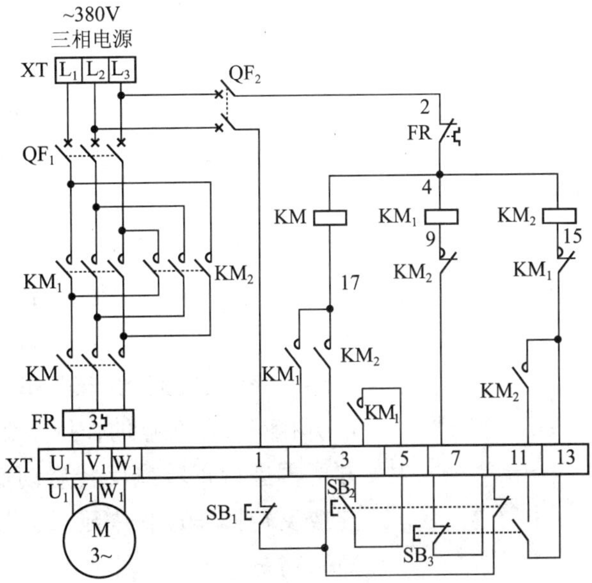

2.3 防止相间短路的正反转控制电路（二）

1. 电路原理图

图 2.17

防止相间短路的正反转控制电路（二）原理图

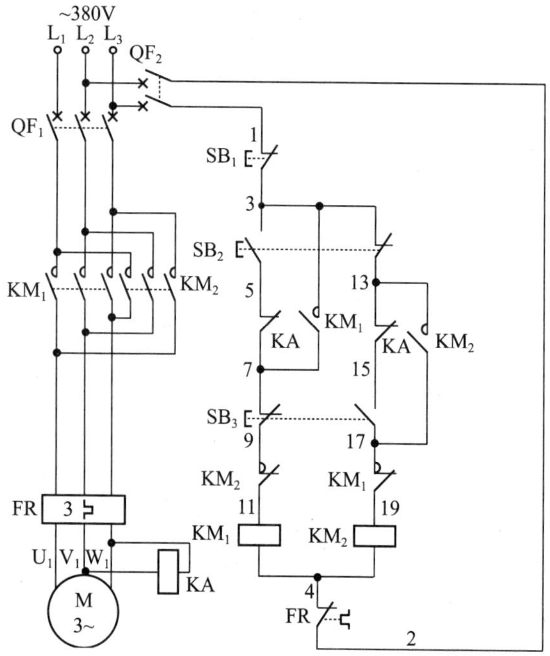

2. 工作过程分解

图 2.18

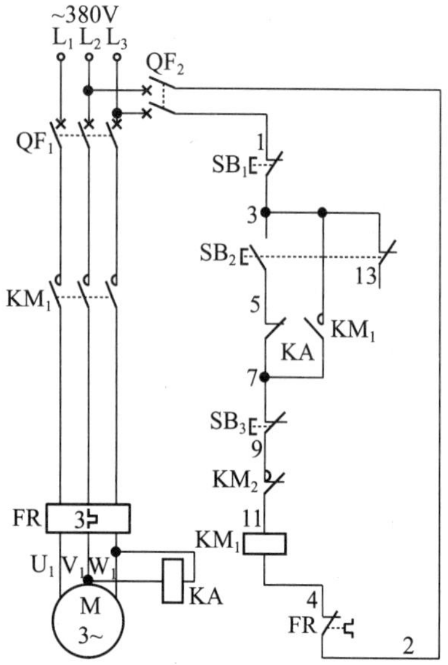

正转启动时，按下正转启动按钮 SB_2，其常闭触点（3–13）断开，起按钮常闭触点互锁作用；其常开触点（3–5）闭合，KM_1 线圈得电吸合，KM_1 辅助常闭触点（17–19）断开，起互锁作用；KM_1 辅助常开触点（3–7）闭合自锁；KM_1 三相主触点闭合，电动机得电正转启动运转。在电动机得电运转时，接在电动机回路中的中间继电器 KA 线圈也得电吸合，KA 的两组分别接在正转启动按钮 SB_2 回路中的常闭触点（5–7）和反转启动按钮 SB_3 回路中的常闭触点（13–15）均断开，此触点的作用是保证在电动机完全失电后，方可再进行正转或反转启动操作，以保证在电动机正转或反转操作过程中延长其操作时间，防止出现相间短路问题。

图 2.19

正转停止时，按下停止按钮 SB_1，其常闭触点（1–3）断开，切断交流接触器 KM_1 线圈回路电源，KM_1 线圈断电释放，KM_1 辅助常开触点（3–7）断开，解除自锁；KM_1 辅助常闭触点（17–19）闭合，解除互锁；KM_1 三相主触点断开，电动机失电正转停止运转。在电动机失电停止运转的同时，中间继电器 KA 线圈断电释放，其两组常闭触点（5–7、13–15）恢复原始常闭状态，才允许进行正转或反转启动操作。

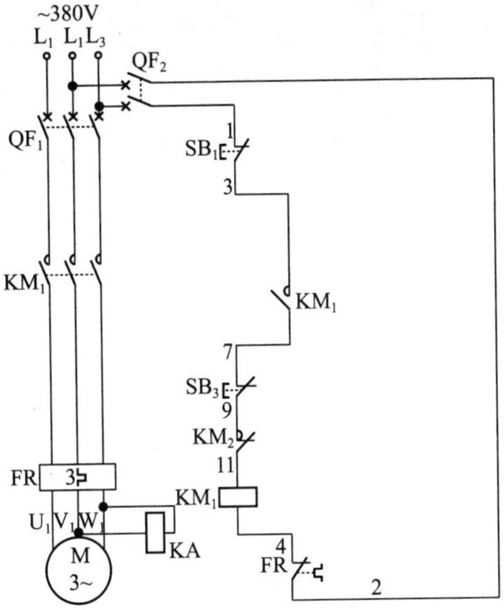

图 2.20

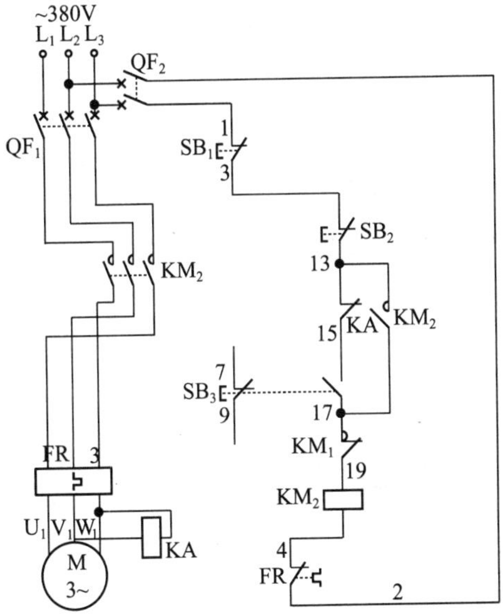

反转启动时，按下反转启动按钮 SB_3，其常闭触点（7–9）断开，起按钮常闭触点互锁作用；其常开触点（15–17）闭合，KM_2 线圈得电吸合，KM_2 辅助常闭触点（9–11）断开，起互锁作用；KM_2 辅助常开触点（13–17）闭合自锁；KM_2 三相主触点闭合，电动机得电反转启动运转。在电动机得电运转时，接在电动机回路中的中间继电器 KA 线圈也得电吸合，KA 的两组分别接在正转启动按钮 SB_2 回路中的常闭触点（5–7）和反转启动按钮 SB_3 回路中的常闭触点（13–15）均断开，此触点的作用是保证在电动机完全失电后，方可再进行正转或反转启动操作，以保证在电动机正转或反转操作过程中延长其操作时间，防止出现相间短路问题。

图 2.21

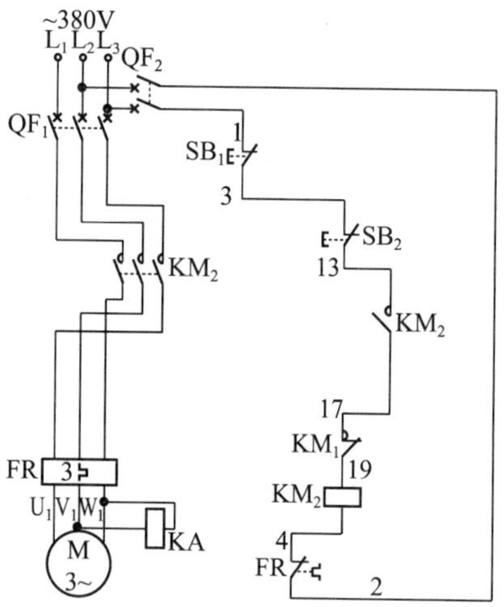

反转停止时，按下停止按钮 SB_1，其常闭触点（1-3）断开，切断交流接触器 KM_2 线圈回路电源，KM_2 线圈断电释放，KM_2 辅助常开触点（13-17）断开，解除自锁；KM_2 辅助常闭触点（9-11）闭合，解除互锁；KM_2 三相主触点断开，电动机失电反转停止运转。在电动机失电后，中间继电器 KA 线圈断电释放，其两组常闭触点（5-7、13-15）恢复原始常闭状态，才允许进行正转或反转启动操作。

3. 电路接线图

图 2.22

防止相间短路的正反转控制电路（二）现场接线图

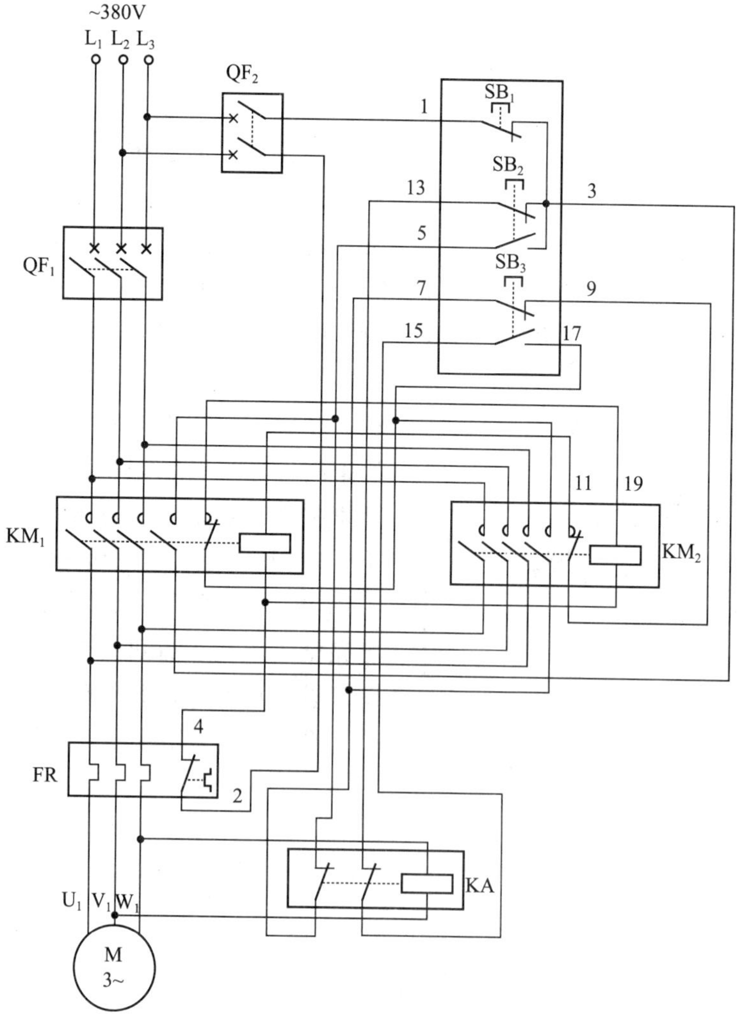

4. 按钮接线图

图 2.23 防止相间短路的正反转控制电路（二）按钮接线图

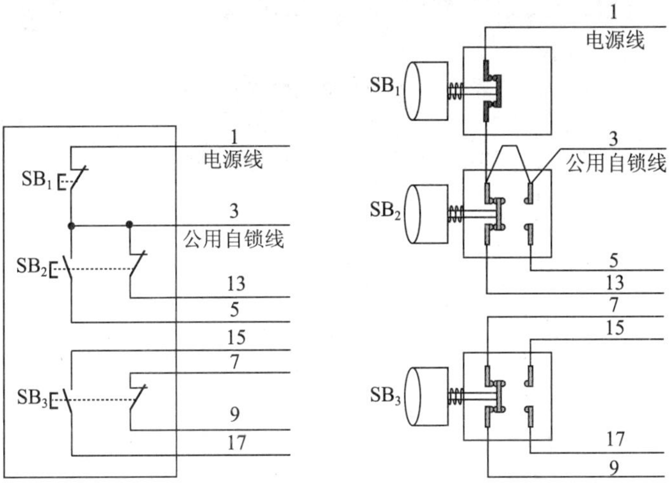

(a) 实际接线　　(b) 实物接线

5. 电路布线图

从图 2.24 中可以看出，XT 为接线端子排，通过端子排 XT 来区分电气元件的安装位置，XT 的内侧为放置在配电箱内底板上的电气元件，XT 的外侧为外接或引至配电箱门面板上的电气元件。

从端子排 XT 上看，共有 14 个接线端子。其中，L_1、L_2、L_3 这 3 根线为由外引入至配电箱内的三相 380V 电源，并穿管引入；U_1、V_1、W_1 这 3 根线为电动机线，穿管接至电动机接线盒内的 U_1、V_1、W_1 上；1、3、5、7、9、13、15、17 这 8 根线为控制线，接至配电箱门面板上的按钮开关 SB_1、SB_2、SB_3 上。

图 2.24 防止相间短路的正反转控制电路（二）布线图

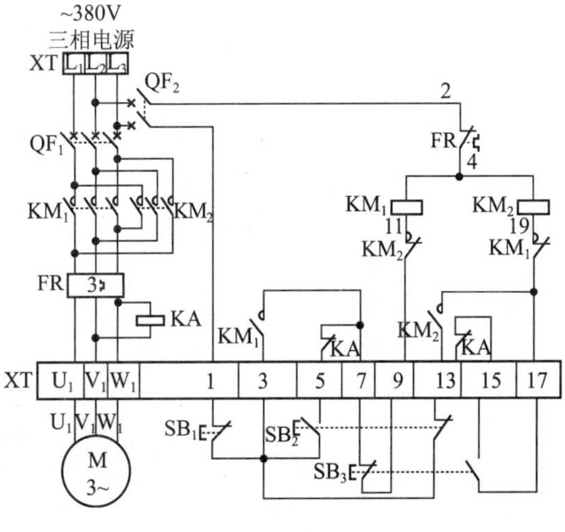

2.4 利用转换开关预选的正反转启停控制电路

1. 电路原理图

图 2.25

利用转换开关预选的正反转启停控制电路原理图

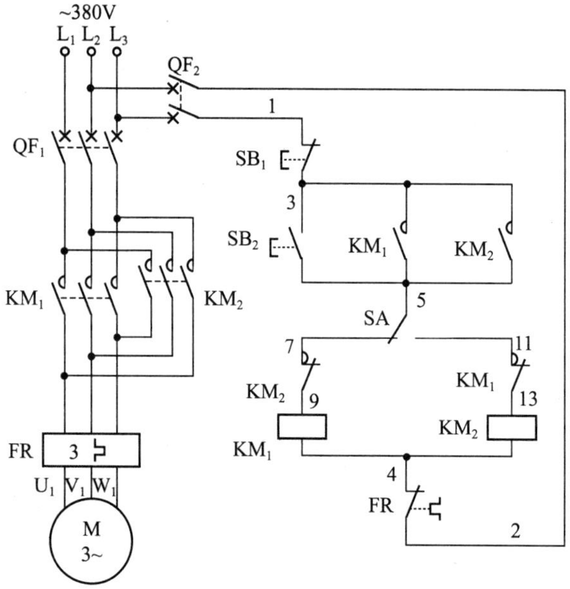

2. 工作过程分解

图 2.26

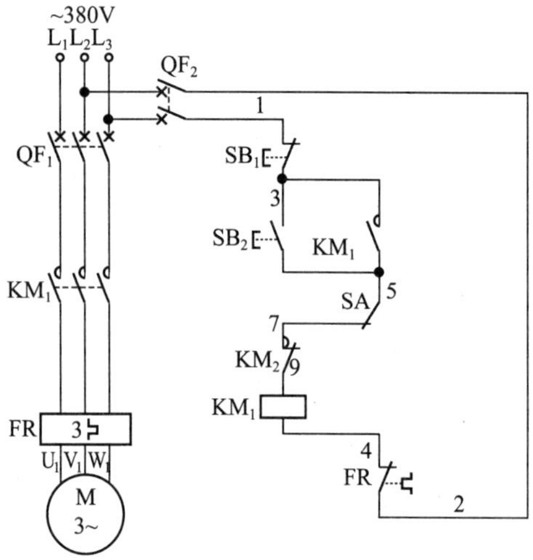

正转启动时，首先将选择开关SA置于正转位置，其触点（5–7）闭合，为正转启动做准备条件。按下启动按钮SB_2,其常开触点（3–5）闭合，接通交流接触器KM_1线圈回路电源，KM_1线圈得电吸合，KM_1辅助常闭触点（11–13）断开，起互锁作用；KM_1辅助常开触点（3–5）闭合，起自锁作用；KM_1三相主触点闭合，电动机得电正转启动运转。

图 2.27

正转停止时，按下停止按钮 SB_1，其常闭触点（1–3）断开，切断交流接触器 KM_1 线圈回路电源，KM_1 线圈断电释放，KM_1 辅助常开触点（3–5）断开，解除自锁；KM_1 辅助常闭触点（11–13）闭合，解除互锁；KM_1 三相主触点断开，电动机失电正转停止运转。从图 2.27 中可以看出，通过断开选择开关 SA，也可以实现停止操作，由于原理很简单，这里不再讲述。

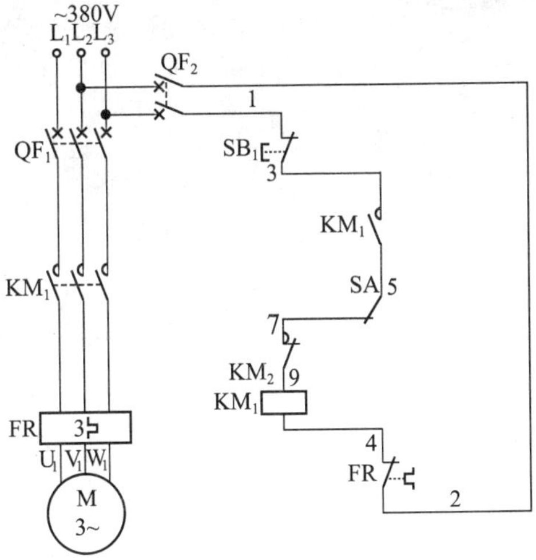

图 2.28

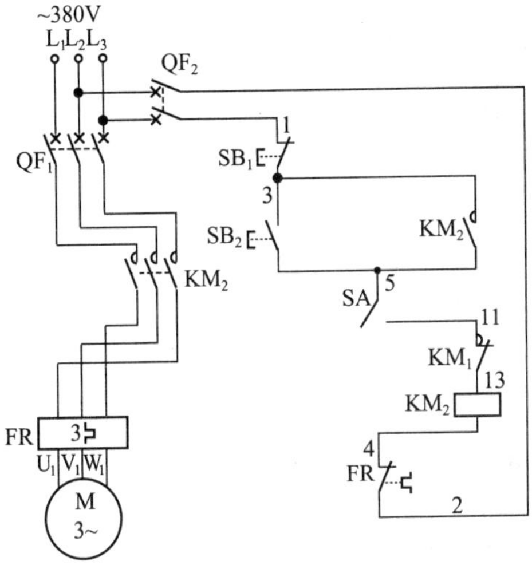

反转启动时，首先将选择开关 SA 置于反转位置，其触点（5–11）闭合，为反转启动做准备条件。按下启动按钮 SB_2，其常开触点（3–5）闭合，接通交流接触器 KM_2 线圈回路电源，KM_2 线圈得电吸合，KM_2 辅助常闭触点（7–9）断开，起互锁作用；KM_2 辅助常开触点（3–5）闭合，起互锁作用；KM_2 三相主触点闭合，电动机得电反转启动运转。

图 2.29

反转停止时，按下停止按钮 SB_1，其常闭触点（1–3）断开，切断交流接触器 KM_2 线圈回路电源，KM_2 线圈断电释放，KM_2 辅助常开触点（3–5）断开，解除自锁；KM_2 辅助常闭触点（7–9）闭合，解除互锁；KM_2 三相主触点断开，电动机失电反转停止运转。从图 2.29 中可以看出，通过断开选择开关 SA，也可以实现停止操作，由于原理很简单，这里不再讲述。

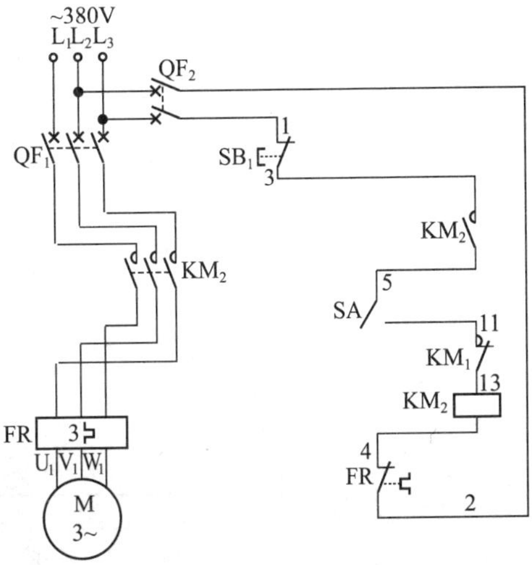

3. 电路接线图

图 2.30

利用转换开关预选的正反转启停控制电路现场接线图

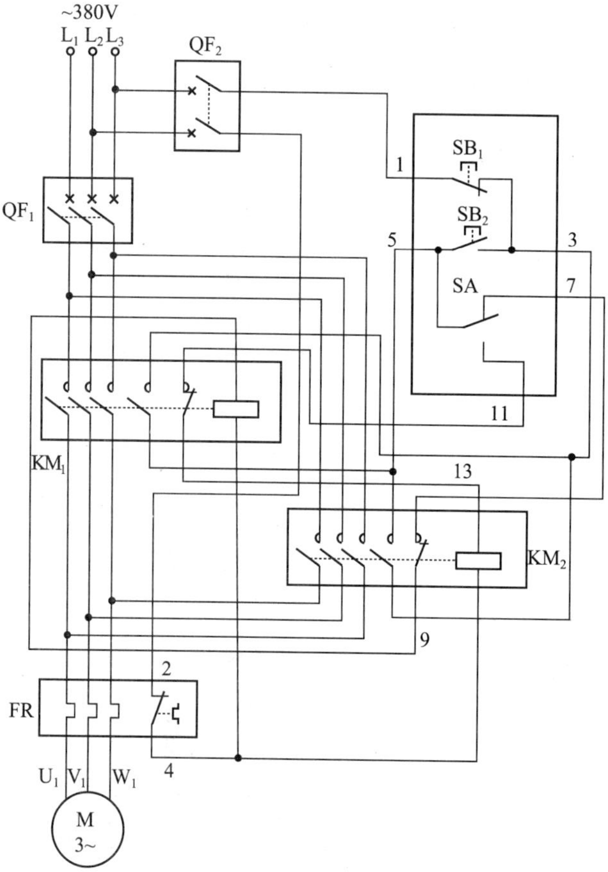

4. 按钮接线图

图 2.31

利用转换开关预选的正反转启停控制电路按钮接线图

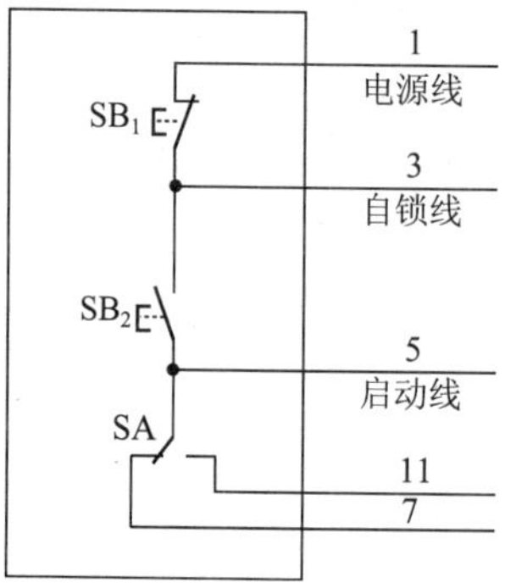

(a) 按钮实际接线

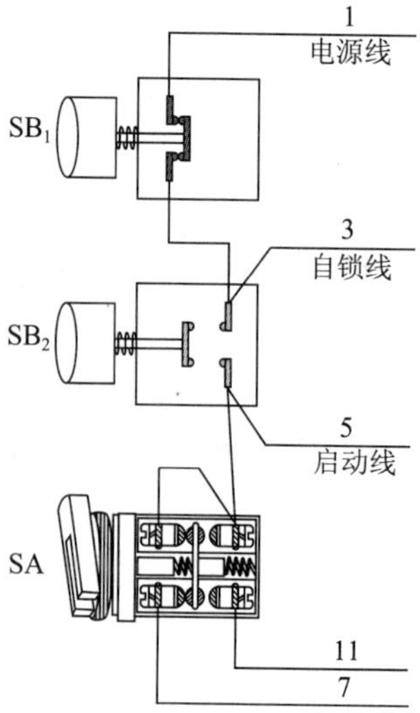

(b) 按钮实物接线

5. 电路布线图

从图 2.32 中可以看出，XT 为接线端子排，通过端子排 XT 来区分电气元件的安装位置，XT 的内侧为放置在配电箱内底板上的电气元件，XT 的外侧为外接或引至配电箱门面板上的电气元件。

从端子排 XT 上看，共有 11 个接线端子。其中，L_1、L_2、L_3 这 3 根线为由外引入至配电箱内的三相 380V 电源，并穿管引入；U_1、V_1、W_1 这 3 根线为电动机线，穿管接至电动机接线盒内的 U_1、V_1、W_1 上；1、3、5、7、11 这 5 根线为控制线，接至配电箱门面板上的按钮开关 SB_1、SB_2 转换开关 SA 上。

图 2.32

利用转换开关预选的正反转启停控制电路布线图

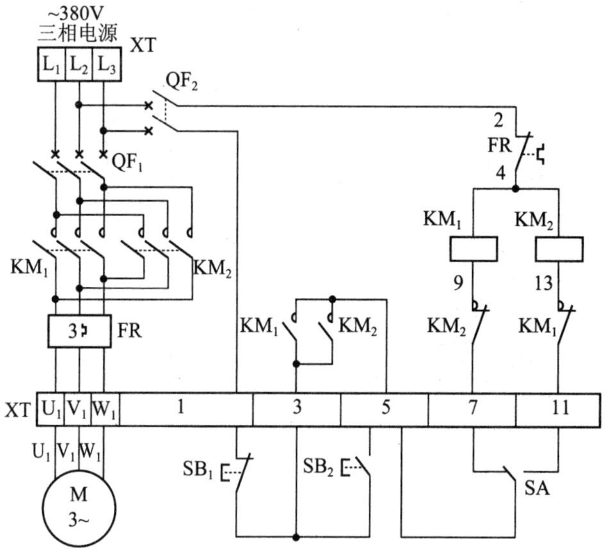

2.5　可逆点动与启动混合控制电路

1. 电路原理图

图 2.33

可逆点动与启动混合控制电路原理图

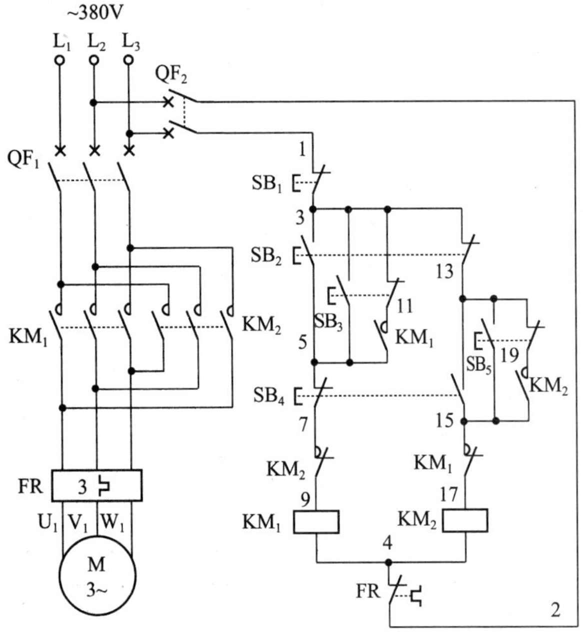

2. 工作过程分解

图 2.34

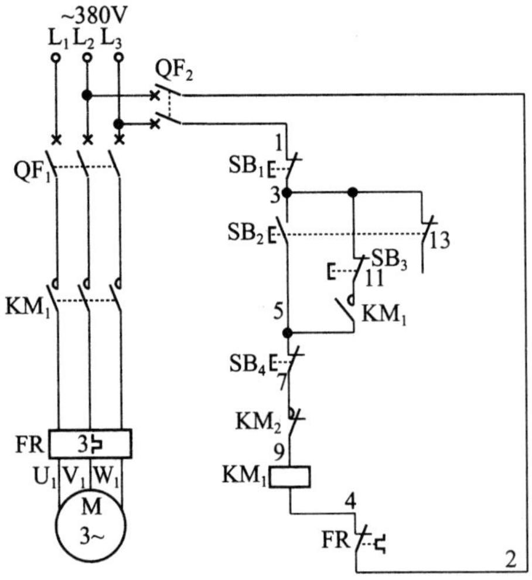

正转启动：按下正转启动按钮 SB_2，其常闭触点（3–13）断开，起互锁作用；其常开触点（3–5）闭合，接通交流接触器 KM_1 线圈回路电源，KM_1 线圈得电吸合，KM_1 的一组辅助常闭触点（15–17）断开，起互锁作用；KM_1 的一组辅助常开触点（5–11）闭合自锁；KM_1 三相主触点闭合，电动机得电正转启动运转。

图 2.35

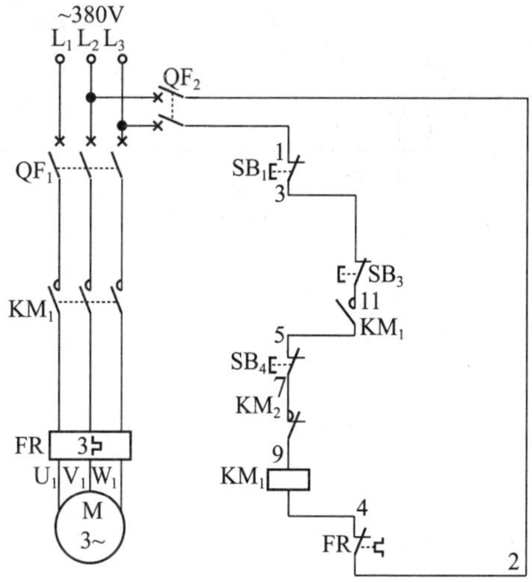

正转停止：按下停止按钮 SB_1，其常闭触点（1-3）断开，切断交流接触器 KM_1 线圈回路电源，KM_1 线圈断电释放，KM_1 的一组辅助常开触点（5-11）断开，解除自锁；KM_1 的一组辅助常闭触点（15-17）闭合，解除互锁；KM_1 三相主触点断开，电动机失电停止运转。

图 2.36

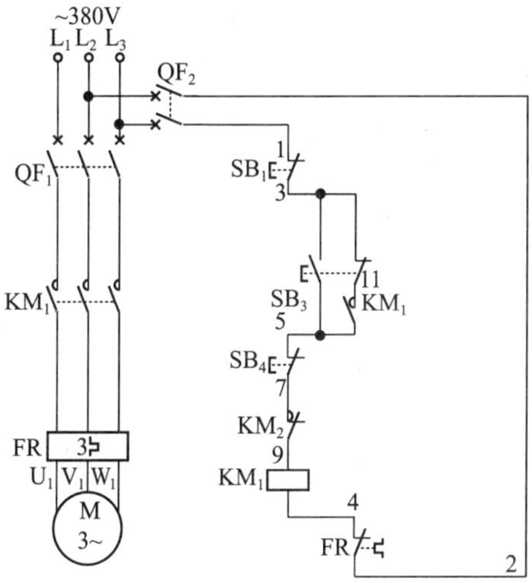

正转点动：按下正转点动按钮 SB_3 不松手，其常闭触点（3-11）断开，其常开触点（3-5）闭合，KM_1 线圈得电吸合，KM_1 辅助常闭触点（15-17）断开，起互锁作用；KM_1 辅助常开触点（5-11）闭合无效；KM_1 三相主触点闭合，电动机得电正转启动运转。松开被按住的正转点动按钮 SB_3，其常开触点（3-5）断开，KM_1 线圈断电释放，KM_1 的一组辅助常开触点（5-11）恢复原始常开状态；KM_1 的一组辅助常闭触点（15-17）闭合，解除互锁；KM_1 三相主触点断开，电动机失电正转运转停止。

图 2.37

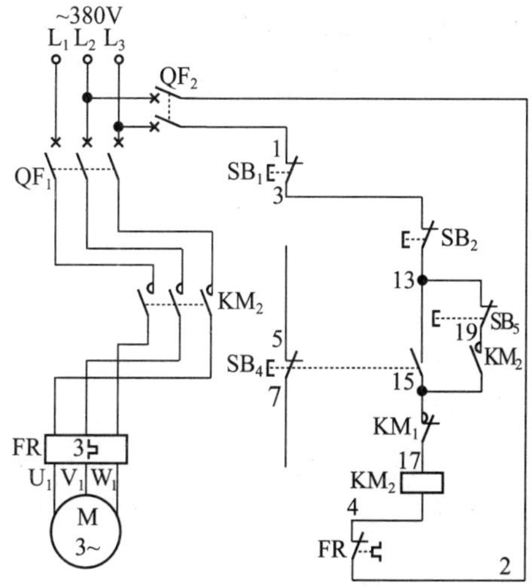

反转启动：按下反转启动按钮 SB_4，其常闭触点（5-7）断开，起互锁作用；其常开触点（13-15）闭合，接通交流接触器 KM_2 线圈回路电源，KM_2 线圈得电吸合，KM_2 的一组辅助常闭触点（7-9）断开，起互锁作用；KM_2 的一组辅助常开触点（15-19）闭合自锁；KM_2 三相主触点闭合，电动机得电反转启动运转。

图 2.38

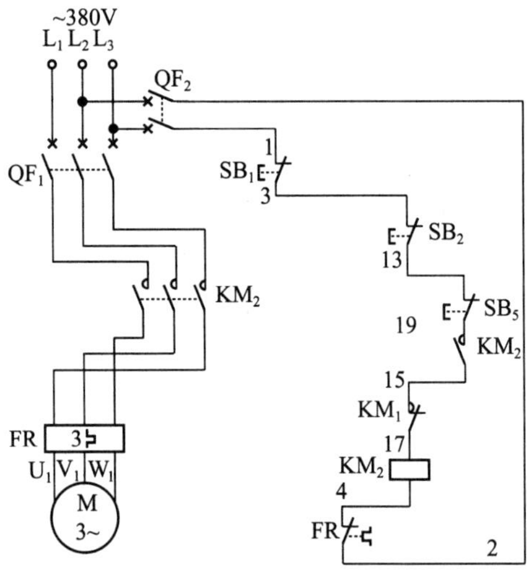

反转停止：按下停止按钮 SB_1，其常闭触点（1–3）断开，切断交流接触器 KM_2 线圈回路电源，KM_2 线圈断电释放，KM_2 的一组辅助常开触点（15–19）断开，解除自锁；KM_2 的一组辅助常闭触点（7–9）闭合，解除互锁；KM_2 三相主触点断开，电动机失电停止运转。

图 2.39

反转点动：按下反转点动按钮 SB_5 不松手，其常闭触点（13–19）断开，使其不能自锁，也就是在反转点动时，此常开触点（15–19）闭合无效；其常开触点（13–15）闭合，KM_2 线圈得电吸合，KM_2 辅助常闭触点（7–9）断开，起互锁作用；KM_2 辅助常开触点（15–19）闭合无效；KM_2 三相主触点闭合，电动机得电反转启动运转。松开被按住的反转点动按钮 SB_5，其常开触点（13–15）断开，KM_2 线圈断电释放，KM_2 的一组辅助常开触点（15–19）恢复原始常开状态；KM_2 的一组辅助常闭触点（7–9）闭合，解除互锁；KM_2 三相主触点断开，电动机失电反转运转停止。

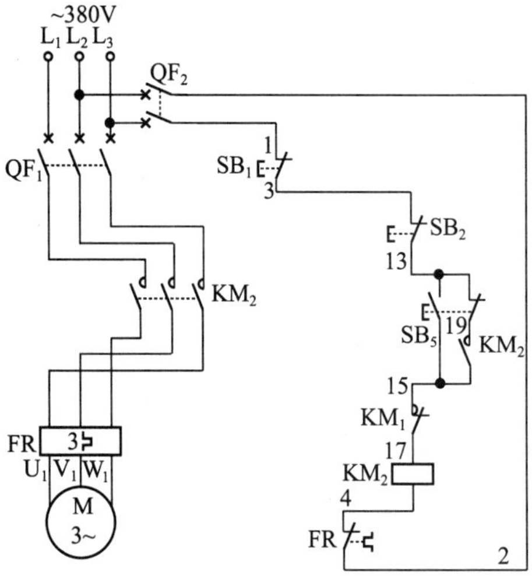

3. 电路接线图

图 2.40

可逆点动与启动混合控制电路现场接线图

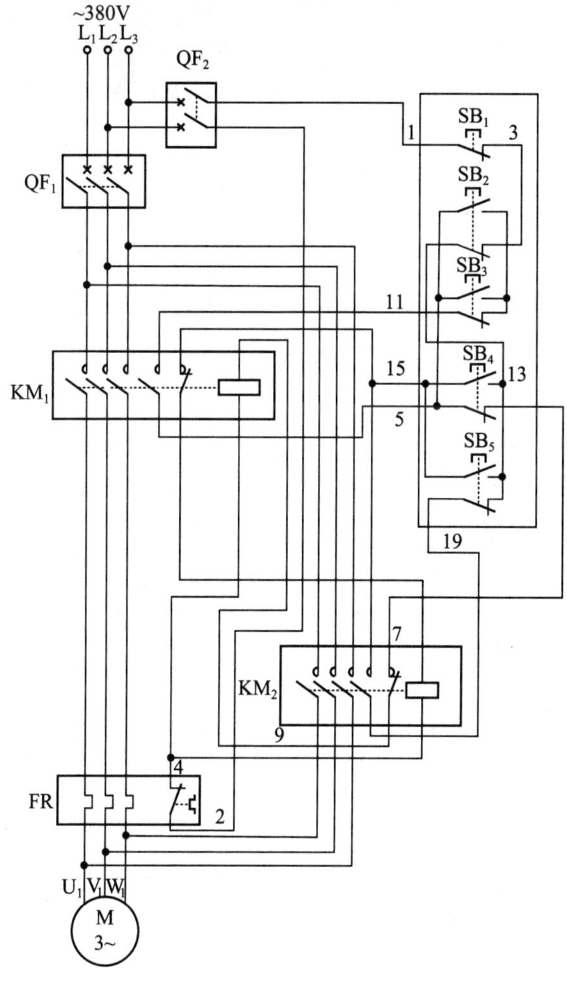

从电路原理图 2.33 中可以看出，此电路在现场接线时应注意以下几点：

①主回路方面：交流接触器 KM_2 三相主触点下方 L_1 相、L_3 相必须颠倒一下相序，否则无法实现反转运转。

②交流接触器 KM_1 线圈回路中必须串联交流接触器 KM_2 的一组辅助常闭触点（7-9），作为互锁保护用；交流接触器 KM_2 线圈回路中必须串联交流接触器 KM_1 的一组辅助常闭触点（15-17），作为互锁保护用。

③正转启动按钮 SB_2 的一组常闭触点（3-13）必须串联在交流接触器 KM_2 线圈回路中，作为互锁保护用；反转启动按钮 SB_4 的一组常闭触点（5-7）必须串联在交流接触器 KM_1 线圈回路中，作为互锁保护用。

4. 按钮接线图

图 2.41 可逆点动与启动混合控制电路按钮接线图

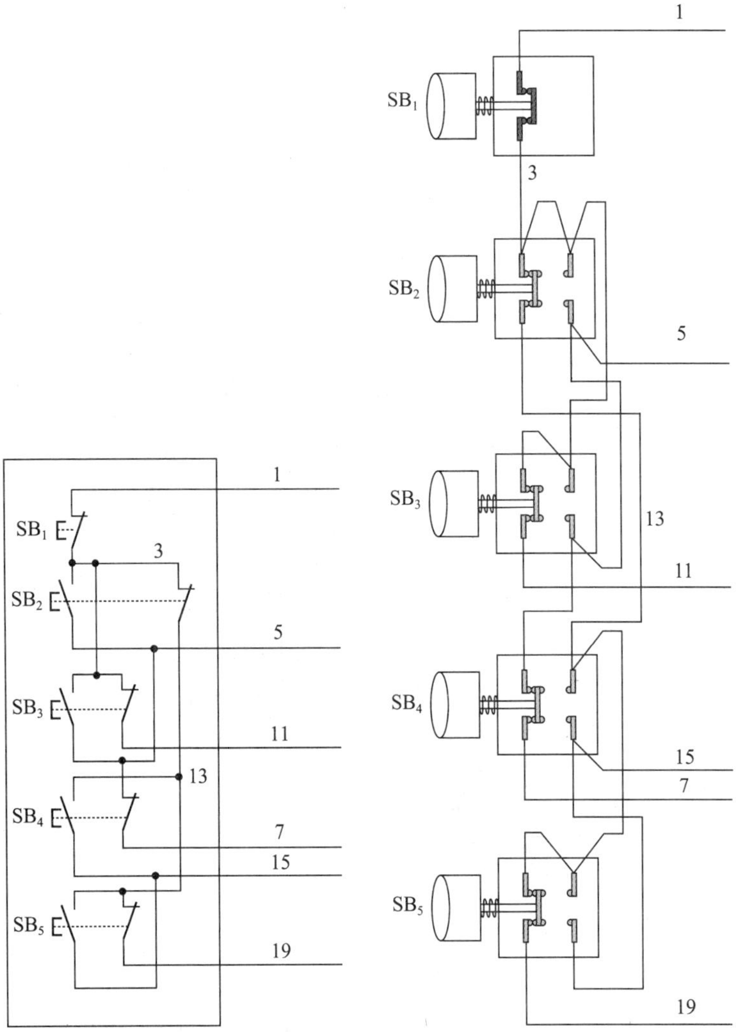

(a) 按钮实际接线　　(b) 按钮实物接线

(c) 常用按钮的外形

5. 电路布线图

从图 2.42 中可以看出，XT 为接线端子排，通过端子排 XT 来区分电气元件的安装位置，XT 的内侧为放置在配电箱内底板上的电气元件，XT 的外侧为外接或引至配电箱门面板上的电气元件。

从端子排 XT 上看，共有 12 个接线端子。其中，L_1、L_2、L_3 这 3 根线为由外引入至配电箱内的三相 380V 电源，并穿管引入；U_1、V_1、W_1 这 3 根线为电动机线，穿管接至电动机接线盒内的 U_1、V_1、W_1 上；1、5、7、11、15、19 这 6 根线为控制线，接至配电箱门面板上的按钮开关 SB_1、SB_2、SB_3、SB_4、SB_5 上。

图 2.42

可逆点动与启动混合控制电路布线图

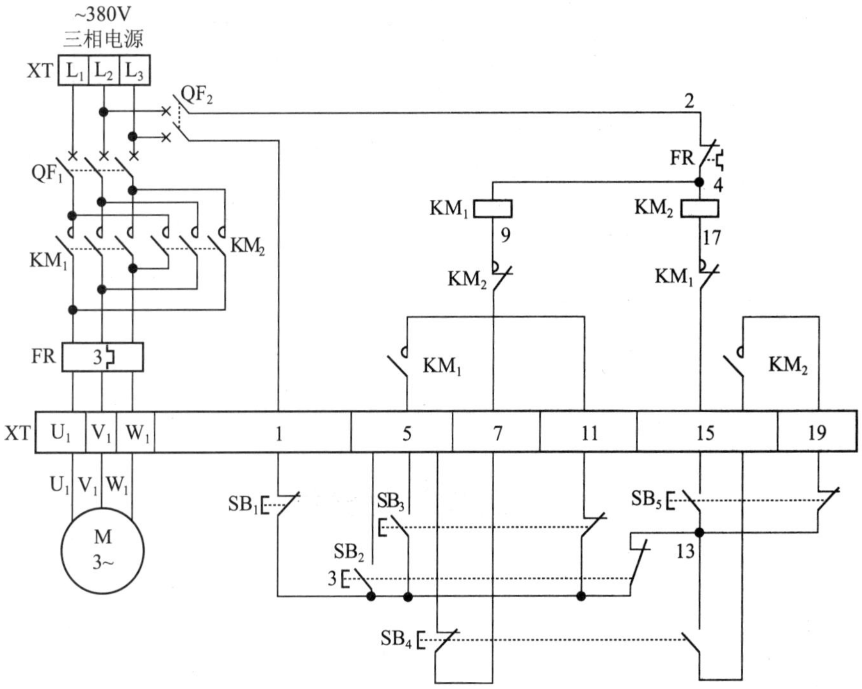

2.6　只有按钮互锁的可逆点动控制电路

1. 电路原理图

图 2.43

只有按钮互锁的可逆点动控制电路原理图

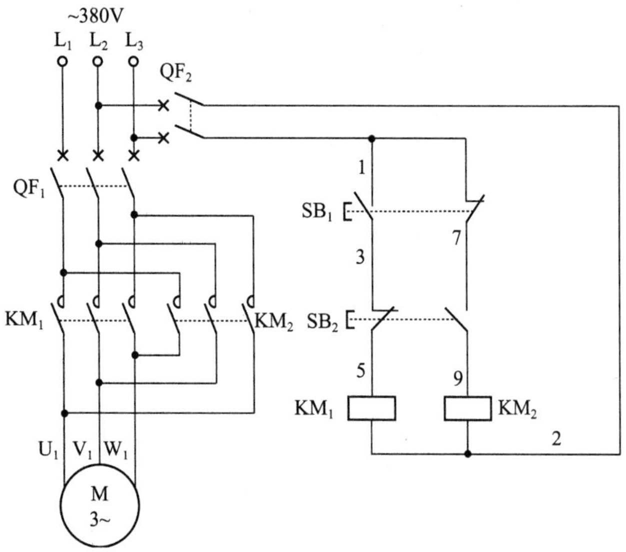

2. 工作过程分解

图 2.44

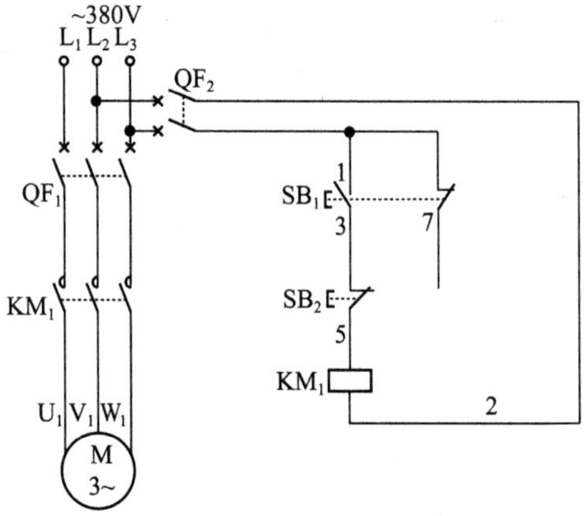

正转点动：正转点动时，按下正转点动按钮 SB_1 不松手，其常闭触点（1–7）断开，起按钮常闭触点互锁作用；其常开触点（1–3）闭合，KM_1 线圈得电吸合，KM_1 三相主触点闭合，电动机得电正转运转。点动结束后，则松开按下的正转点动按钮 SB_1，其常开触点（1–3）断开，KM_1 线圈断电释放，KM_1 三相主触点断开，电动机失电正转停止运转，从而实现正转点动控制。在松开正转点动按钮 SB_1 的同时，其常闭触点（1–7）闭合，解除互锁作用。按下正转点动按钮 SB_1 的时间长短，即为电动机点动运转时间的长短。

图 2.45

反转点动：反转点动时，按下反转点动按钮 SB_2 不松手，其常闭触点（3–5）断开，起按钮常闭触点互锁作用；其常开触点（7–9）闭合，KM_2 线圈得电吸合，KM_2 三相主触点闭合，电动机得电反转运转。点动结束后，则松开按下的反转点动按钮 SB_2，其常开触点（7–9）断开，KM_2 线圈断电释放，KM_2 三相主触点断开，电动机失电反转停止运转，从而实现反转点动控制。在松开反转点动按钮 SB_2 的同时，其常闭触点（3–5）闭合，解除互锁作用。按下反转点动按钮 SB_1 的时间长短，即为电动机点动运转时间的长短。

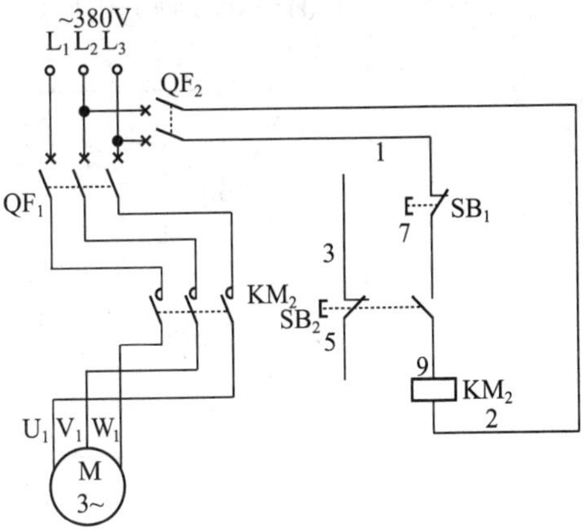

3. 电路接线图

图 2.46 只有按钮互锁的可逆点动控制电路现场接线图

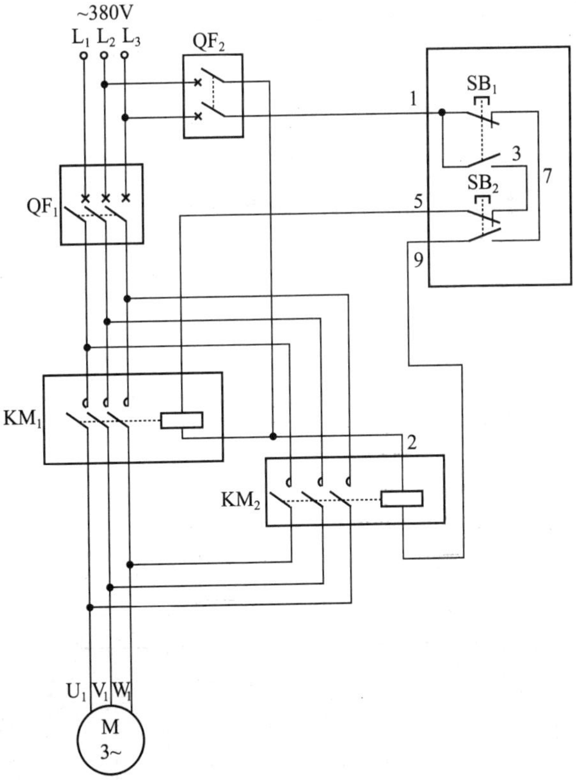

4. 按钮接线图

图 2.47

只有按钮互锁的可逆点动控制电路按钮接线图

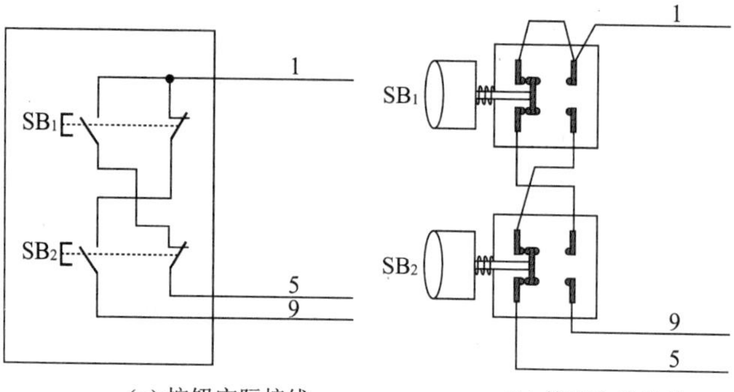

(a) 按钮实际接线 (b) 按钮实物接线

5. 电路布线图

从图 2.48 中可以看出，XT 为接线端子排，通过端子排 XT 来区分电气元件的安装位置，XT 的内侧为放置在配电箱内底板上的电气元件，XT 的外侧为外接或引至配电箱门面板上的电气元件。

从端子排 XT 上看，共有 9 个接线端子。其中，L_1、L_2、L_3 这 3 根线为由外引入至配电箱内的三相 380V 电源，并穿管引入；U_1、V_1、W_1 这 3 根线为电动机线，穿管接至电动机接线盒内的 U_1、V_1、W_1 上；1、5、9 这 3 根线为控制线，接至配电箱门面板上的按钮开关 SB_1、SB_2 上。

图 2.48

只有按钮互锁的可逆点动控制电路布线图

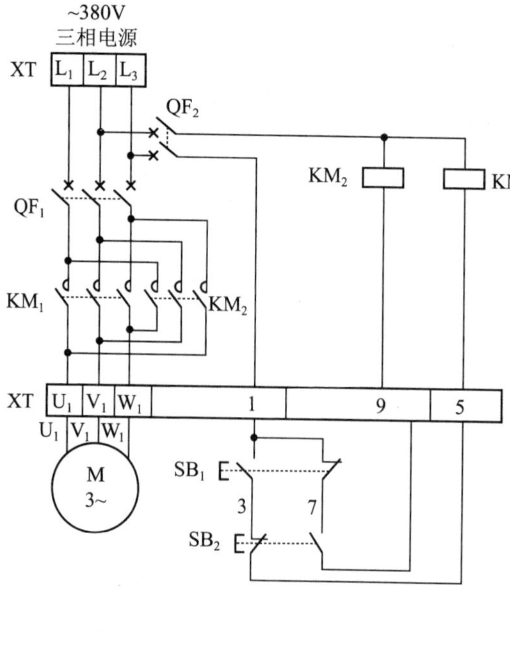

2.7 只有接触器常闭触点互锁的可逆点动控制电路

1. 电路原理图

图 2.49

只有接触器常闭触点互锁的可逆点动控制电路原理图

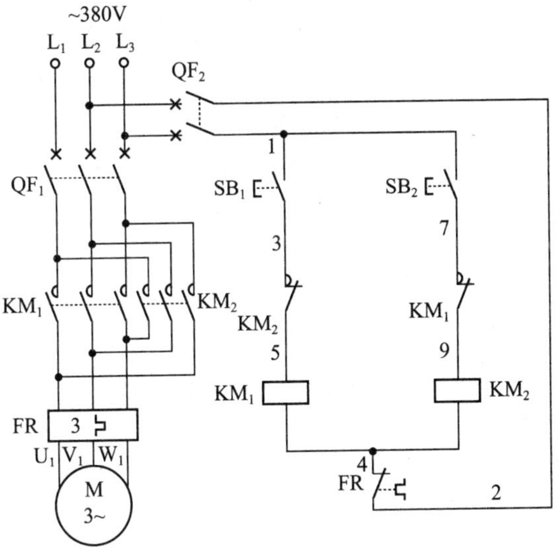

2. 工作过程分解

图 2.50

正转点动时，按下正转点动按钮 SB_1 不松手，其常开触点（1-3）闭合，KM_1 线圈得电吸合，KM_1 辅助常闭触点（7-9）断开，起接触器常闭触点互锁作用；KM_1 三相主触点闭合，电动机得电正转启动运转。松开被按下的正转点动按钮 SB_1，其常开触点（1-3）断开，KM_1 线圈断电释放，KM_1 辅助常闭触点（7-9）断开，解除互锁作用；KM_1 三相主触点断开，电动机失电正转停止运转。从而实现正转点动操作。

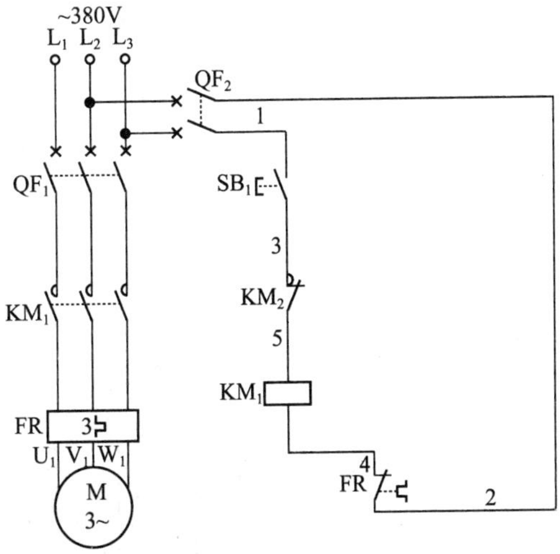

图 2.51

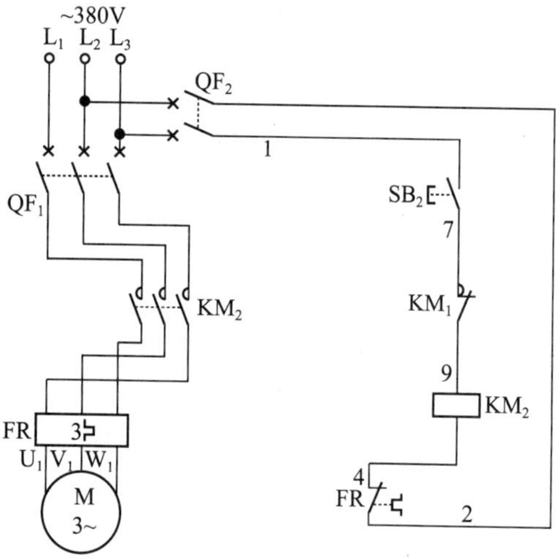

反转点动时，按下反转点动按钮 SB_2 不松手，其常开触点（1-7）闭合，KM_2 线圈得电吸合，KM_2 辅助常闭触点（3-5）断开，起接触器常闭触点互锁作用；KM_2 三相主触点闭合，电动机得电反转启动运转。松开被按下的反转点动按钮 SB_2，其常开触点（1-7）断开，KM_2 线圈断电释放，KM_2 辅助常闭触点（3-5）闭合，解除互锁作用；KM_2 三相主触点断开，电动机失电反转停止运转。从而实现反转点动操作。

3. 电路接线图

图 2.52

只有接触器常闭触点互锁的可逆点动控制电路现场接线图

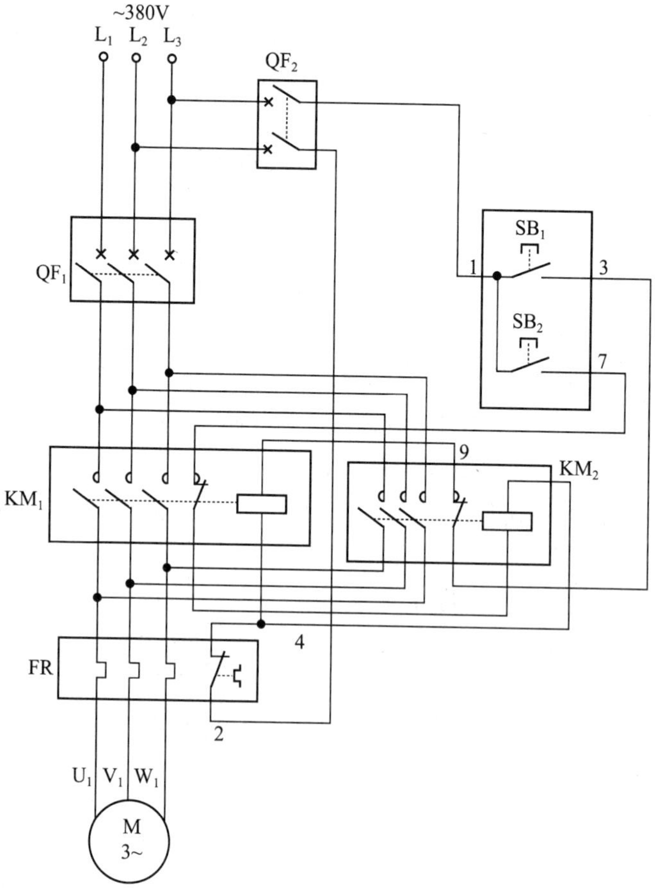

4. 按钮接线图

图 2.53

只有接触器常闭触点互锁的可逆点动控制电路按钮接线图

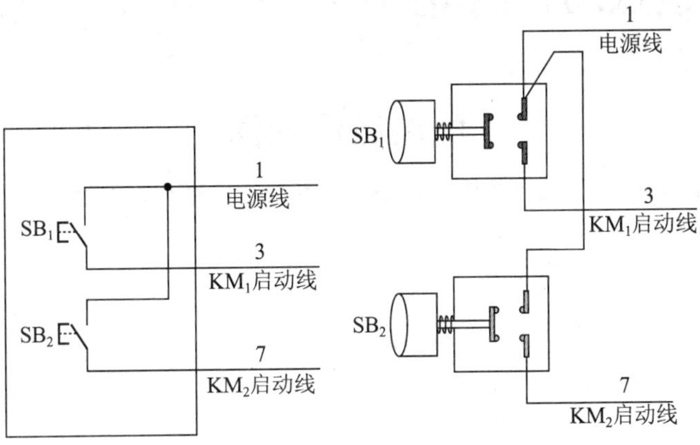

(a) 按钮实际接线　　(b) 按钮实物接线

5. 电路布线图

从图 2.54 中可以看出，XT 为接线端子排，通过端子排 XT 来区分电气元件的安装位置，XT 的内侧为放置在配电箱内底板上的电气元件，XT 的外侧为外接或引至配电箱门面板上的电气元件。

从端子排 XT 上看，共有 9 个接线端子。其中，L_1、L_2、L_3 这 3 根线为由外引入至配电箱内的三相 380V 电源，并穿管引入；U_1、V_1、W_1 这 3 根线为电动机线，穿管接至电动机接线盒内的 U_1、V_1、W_1 上；1、3、7 这 3 根线为控制线，接至配电箱门面板上的按钮开关 SB_1、SB_2 上。

图 2.54

只有接触器常闭触点互锁的可逆点动控制电路布线图

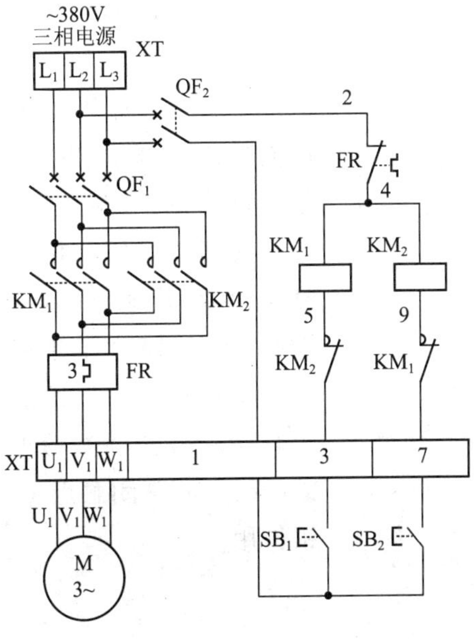

2.8 接触器常闭触点及按钮常闭触点互锁的可逆点动控制电路

1. 电路原理图

图 2.55

接触器常闭触点及按钮常闭触点互锁的可逆点动控制电路原理图

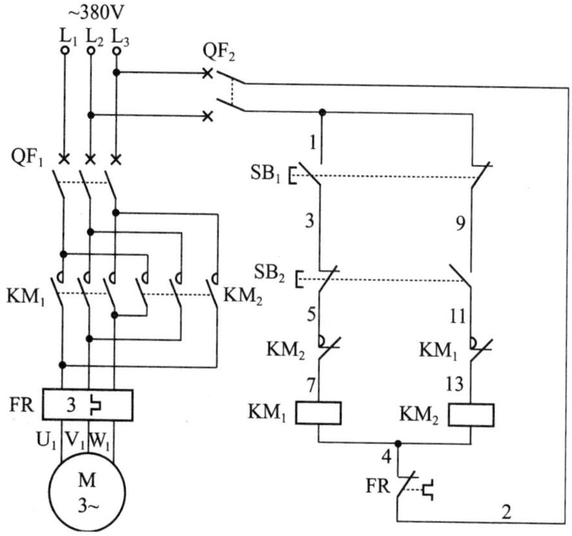

2. 工作过程分解

图 2.56

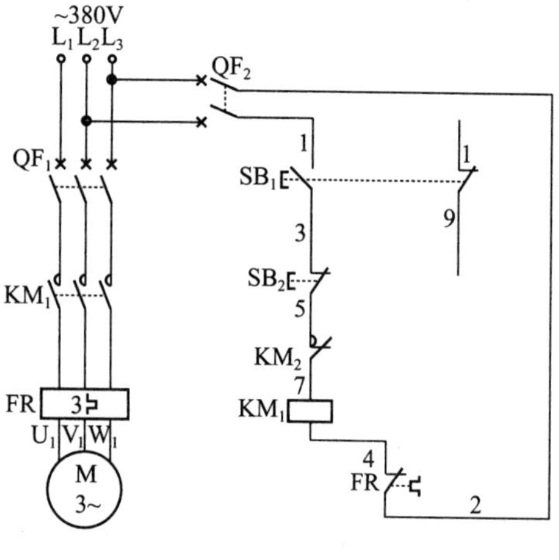

正转点动时，按下正转点动按钮 SB_1 不松手，其常闭触点（1–9）断开，起按钮常闭触点互锁作用；其常开触点（1–3）闭合，KM_1 线圈得电吸合，KM_1 辅助常闭触点（11–13）断开，起互锁作用；KM_1 三相主触点闭合，电动机得电正转启动运转。松开被按下的正转点动按钮 SB_1，其常开触点（1–3）断开，KM_1 线圈断电释放，KM_1 辅助常闭触点（11–13）闭合，解除互锁作用；KM_1 三相主触点断开，电动机失电正转运转停止。在松开正转点动启动按钮 SB_1 的同时，其常闭触点（1–9）闭合，解除按钮互锁作用。

图 2.57

反转点动时，按下反转点动按钮 SB_2 不松手，其常闭触点（3–5）断开，起按钮常闭触点互锁作用；其常开触点（9–11）闭合，KM_2 线圈断电释放，KM_2 辅助常闭触点（5–7）断开，起互锁作用；KM_2 三相主触点闭合，电动机得电反转启动运转。松开被按下的反转点动按钮 SB_2，其常开触点（9–11）断开，KM_2 线圈断电释放，KM_2 辅助常闭触点（5–7）闭合，解除互锁作用；KM_2 三相主触点断开，电动机失电反转运转停止。在松开反转点动按钮 SB_2 的同时，其常闭触点（3–5）闭合，解除按钮互锁作用。

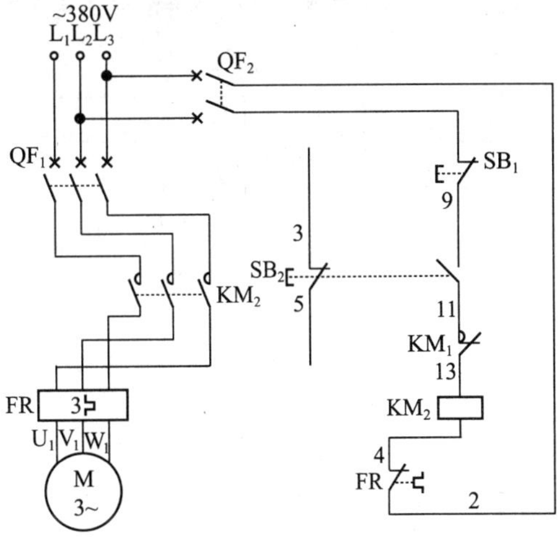

3. 电路接线图

图 2.58

接触器常闭触点及按钮常闭触点互锁的可逆点动控制电路现场接线图

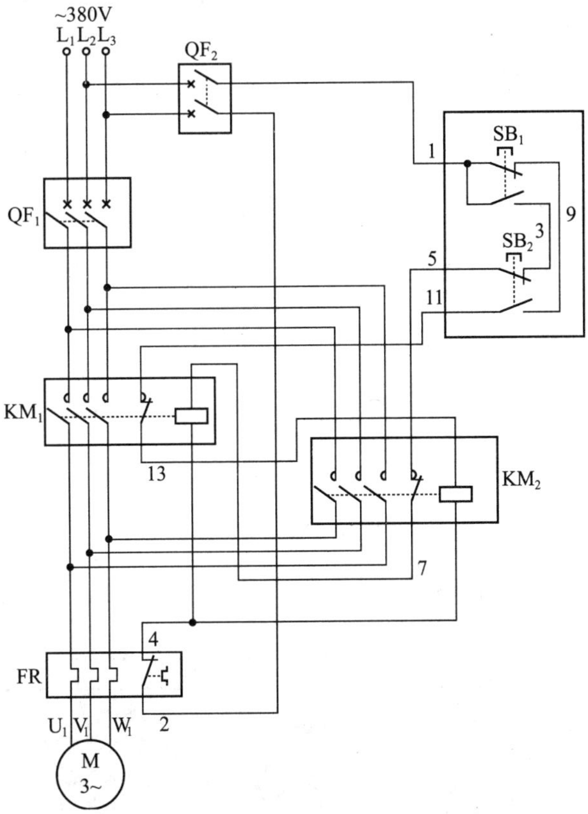

4. 按钮接线图

图 2.59

接触器常闭触点及按钮常闭触点互锁的可逆点动控制电路按钮接线图

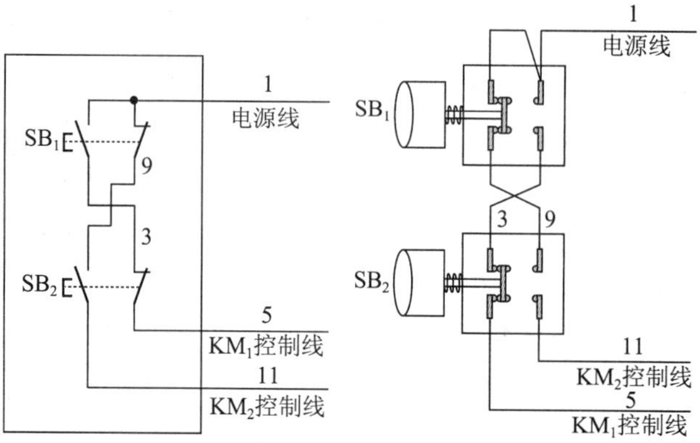

(a) 按钮实际接线　　(b) 按钮实物接线

5. 电路布线图

从图 2.60 中可以看出，XT 为接线端子排，通过端子排 XT 来区分电气元件的安装位置，XT 的内侧为放置在配电箱内底板上的电气元件，XT 的外侧为外接或引至配电箱门面板上的电气元件。

从端子排 XT 上看，共有 9 个接线端子。其中，L_1、L_2、L_3 这 3 根线为由外引入至配电箱内的三相 380V 电源，并穿管引入；U_1、V_1、W_1 这 3 根线为电动机线，穿管接至电动机接线盒内的 U_1、V_1、W_1 上；1、5、11 这 3 根线为控制线，接至配电箱门面板上的按钮开关 SB_1、SB_2 上。

图 2.60

接触器常闭触点及按钮常闭触点互锁的可逆点动控制电路布线图

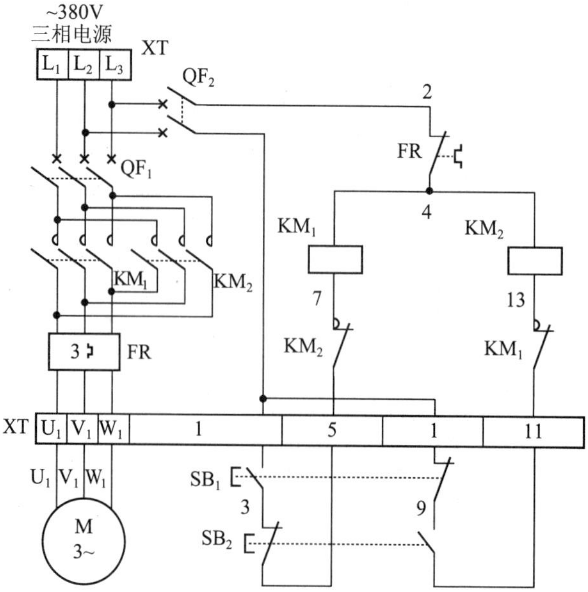

2.9 只有按钮互锁的可逆启停控制电路

1. 电路原理图

图 2.61

只有按钮互锁的可逆启停控制电路原理图

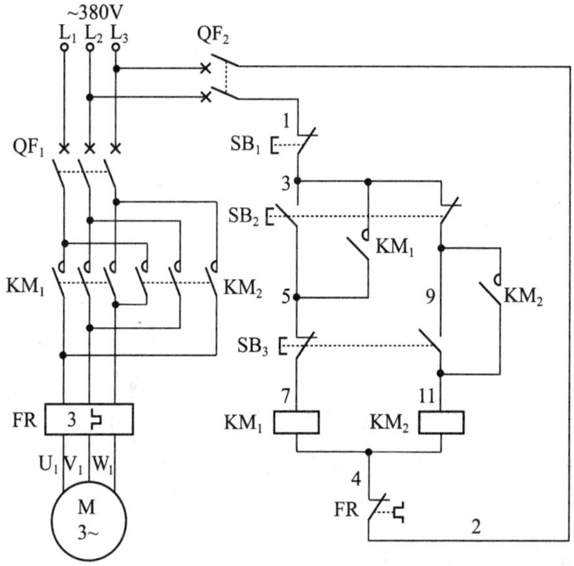

2. 工作过程分解

图 2.62

正转启动：按下正转启动按钮 SB_2，首先其一组串联在交流接触器 KM_2 线圈回路中的常闭触点（3-9）断开，起按钮常闭触点互锁作用；其另一组常开触点（3-5）闭合，接通交流接触器 KM_1 线圈回路电源，KM_1 线圈得电吸合，且 KM_1 辅助常开触点（3-5）闭合自锁，KM_1 三相主触点闭合，电动机得电正转启动运转。

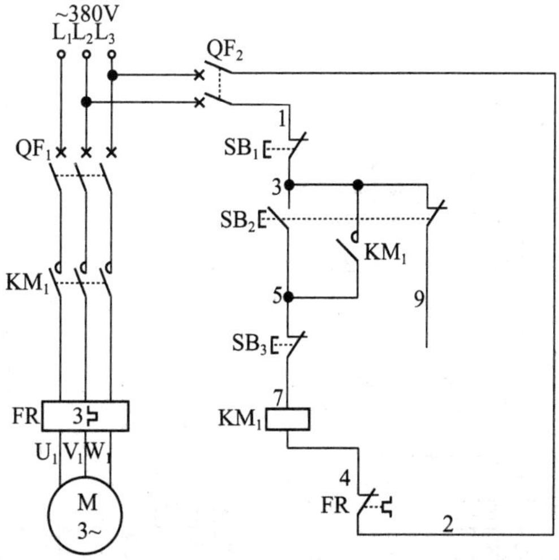

图 2.63

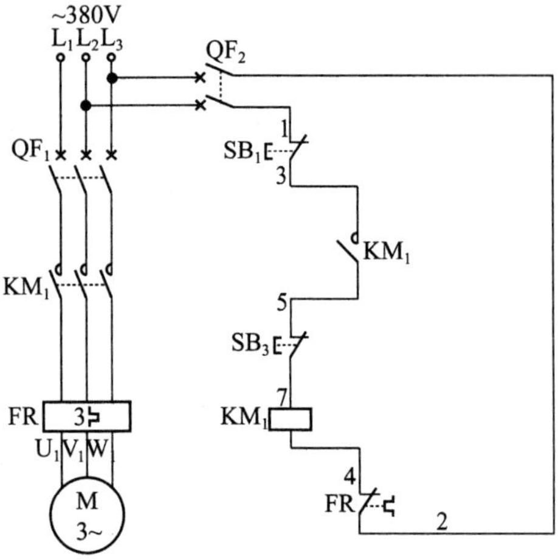

正转停止：按下停止按钮 SB_1，其常闭触点（1–3）断开，切断交流接触器 KM_1 线圈回路电源，KM_1 线圈断电释放，KM_1 辅助常开触点（3–5）恢复原始常开状态，解除自锁，KM_1 三相主触点断开，电动机失电正转运转停止。

图 2.64

反转启动：按下反转启动按钮 SB_3，首先其一组串联在交流接触器 KM_1 线圈回路中的常闭触点（5–7）断开，起按钮常闭触点互锁作用；其另一组常开触点（9–11）闭合，接通交流接触器 KM_2 线圈回路电源，KM_2 线圈得电吸合，且 KM_2 辅助常开触点（9–11）闭合自锁，KM_2 三相主触点闭合，电动机得电反转启动运转。

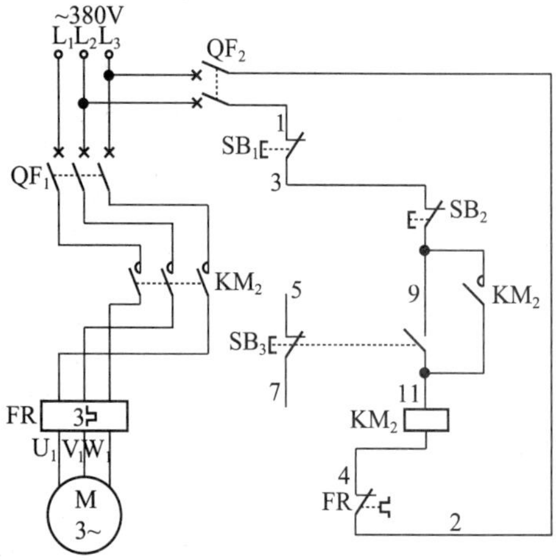

图 2.65

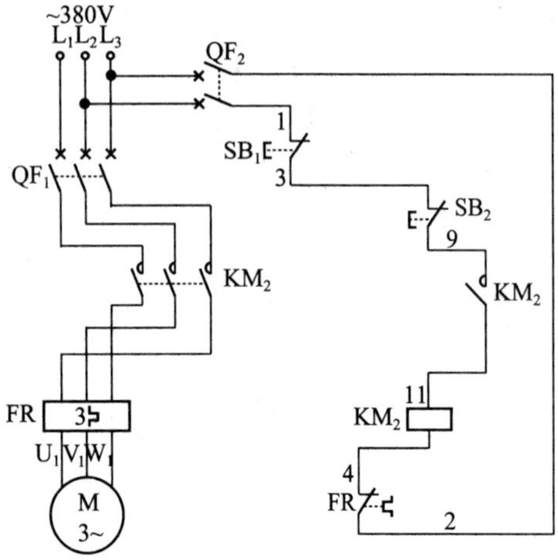

反转停止：按下停止按钮 SB_1，其常闭触点（1–3）断开，切断交流接触器 KM_2 线圈回路电源，KM_2 线圈断电释放，KM_2 辅助常开触点（9–11）恢复原始常开状态，解除自锁，KM_2 三相主触点断开，电动机失电反转运转停止。

3. 电路接线图

图 2.66

只有按钮互锁的可逆启停控制电路现场接线图

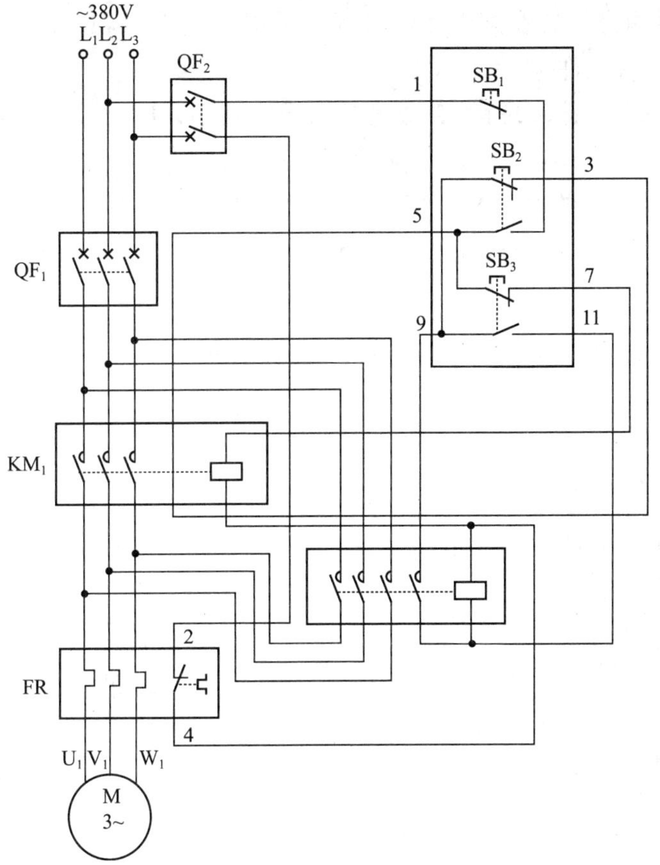

4. 按钮接线图

图 2.67

只有按钮互锁的可逆启停控制电路按钮接线图

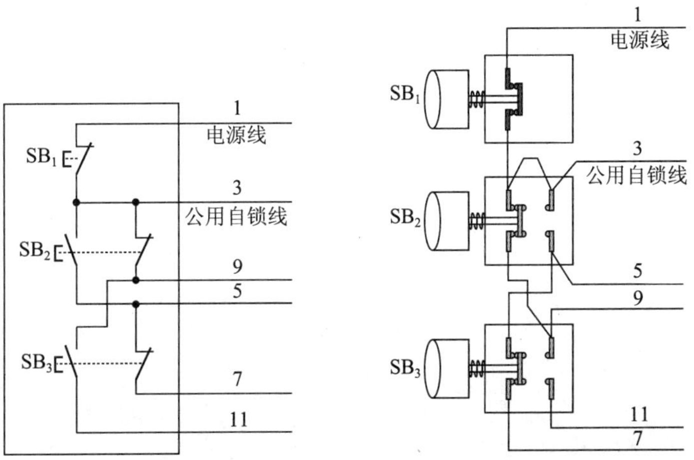

(a) 按钮实际接线　　(b) 按钮实物接线

5. 电路布线图

从图 2.68 中可以看出，XT 为接线端子排，通过端子排 XT 来区分电气元件的安装位置，XT 的内侧为放置在配电箱内底板上的电气元件，XT 的外侧为外接或引至配电箱门面板上的电气元件。

从端子排 XT 上看，共有 12 个接线端子。其中，L_1、L_2、L_3 这 3 根线为由外引入至配电箱内的三相 380V 电源，并穿管引入；U_1、V_1、W_1 这 3 根线为电动机线，穿管接至电动机接线盒内的 U_1、V_1、W_1 上；1、3、5、7、9、11 这 6 根线为控制线，接至配电箱门面板上的按钮开关 SB_1、SB_2、SB_3 上。

图 2.68

只有按钮互锁的可逆启停控制电路布线图

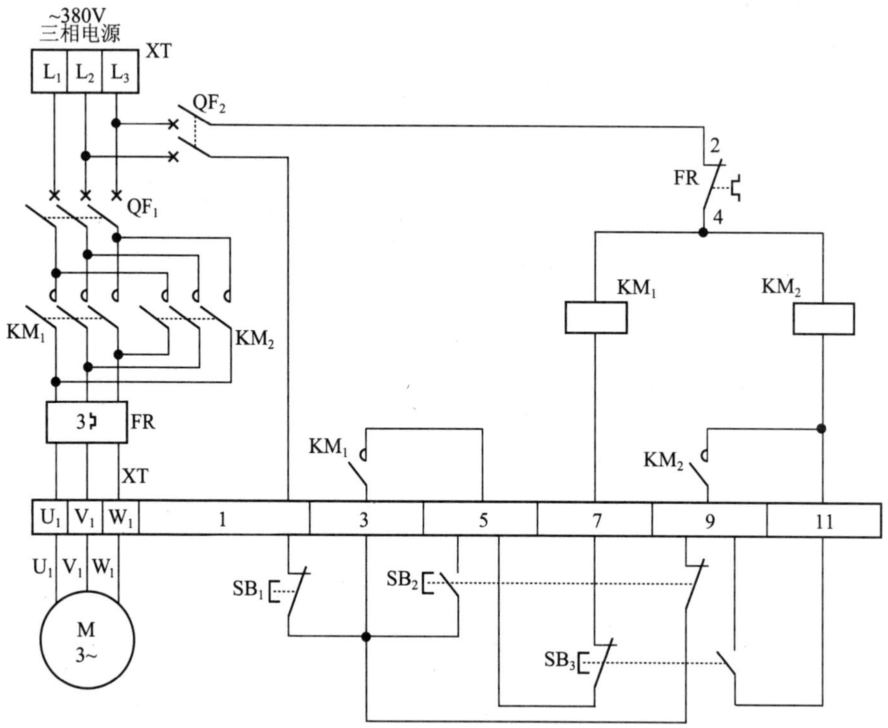

2.10　只有接触器常闭触点互锁的可逆启停控制电路

1. 电路原理图

图 2.69

只有接触器常闭触点互锁的可逆启停控制电路原理图

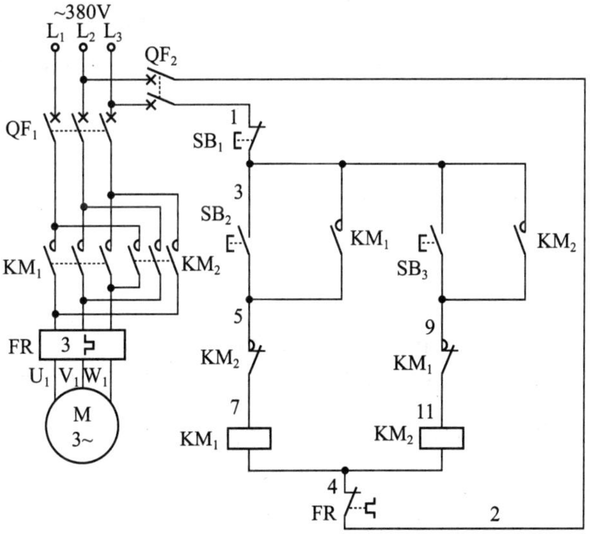

2. 工作过程分解

图 2.70

正转启动：按下正转启动按钮 SB_2，其常开触点（3-5）闭合，接通交流接触器 KM_1 线圈回路电源，KM_1 线圈得电吸合，KM_1 串联在反转交流接触器 KM_2 线圈回路中的辅助常闭触点（9-11）断开，起互锁作用；KM_1 三相主触点闭合，电动机得电正转启动运转。

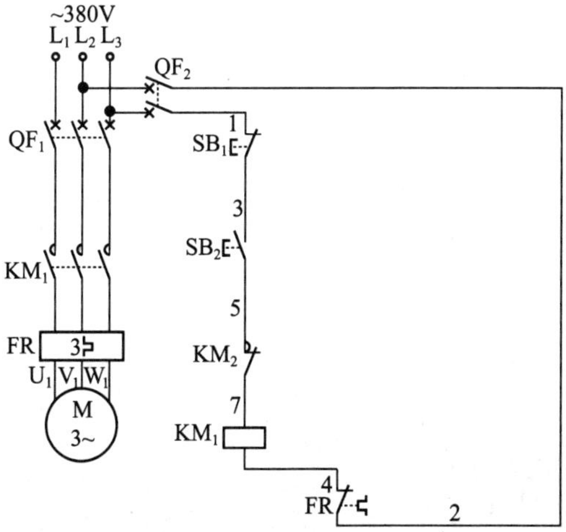

图 2.71

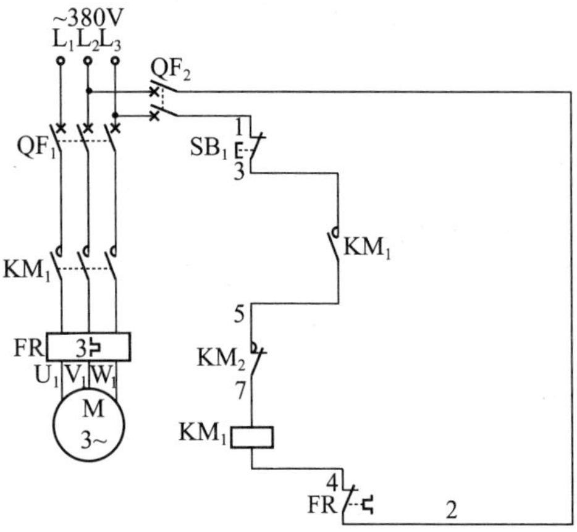

正转连续运转：由于交流接触器 KM_1 线圈得电吸合后，KM_1 辅助常开触点（3–5）闭合，实现对 KM_1 线圈回路的自锁作用，也就是说，在正转启动按钮 SB_2 松开后，KM_1 线圈会通过此 KM_1 自锁触点（3–5）继续吸合工作，那么 KM_1 三相主触点仍会继续闭合，电动机会一直得电正转连续运转工作。

图 2.72

正转运转停止：当电动机正转运转后，欲需停止时，则按下停止按钮 SB_1，其常闭触点（1–3）断开，切断交流接触器 KM_1 线圈回路电源，KM_1 线圈断电释放，KM_1 辅助常开触点（3–5）恢复常开，解除自锁作用；KM_1 辅助常闭触点（9–11）恢复常闭，解除对 KM_2 线圈回路的互锁作用；KM_1 三相主触点断开，电动机失电，正转停止运转。

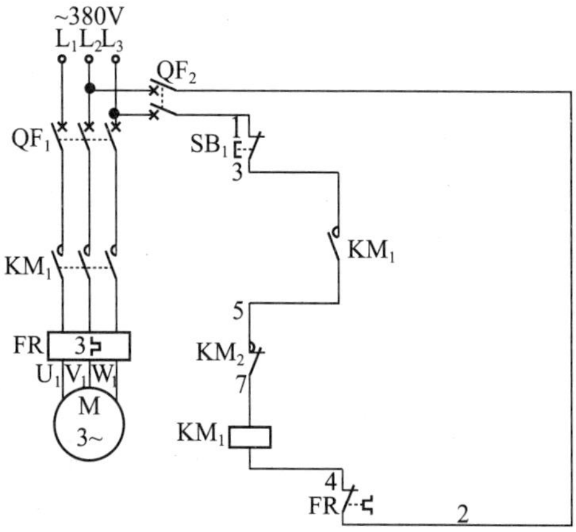

图 2.73

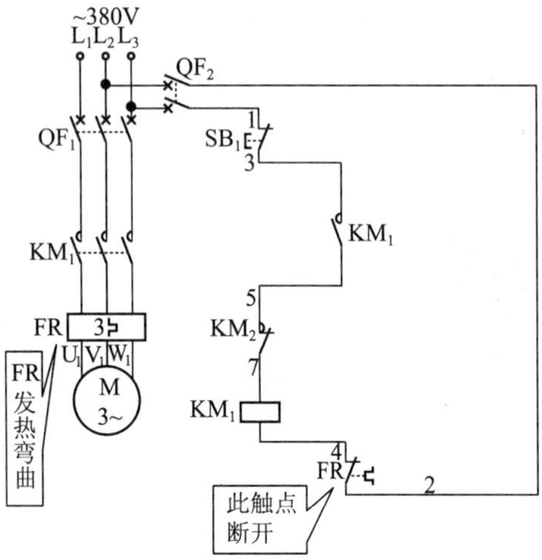

电动机正转过载保护：当电动机正转运转过程中出现过载时，其电动机电流必然增大，促使主回路中的过载保护热继电器 FR 热元件发热弯曲，推动其控制常闭触点（2–4）断开，KM_1 线圈断电释放，KM_1 辅助常开触点（3–5）恢复常开，解除自锁；KM_1 辅助常闭触点（9–11）恢复常闭，解除对 KM_2 线圈回路的互锁作用；KM_1 三相主触点断开，电动机失电，正转停止运转，从而起到过载保护作用。

图 2.74

反转启动：按下反转启动按钮 SB_3，其常开触点（3–9）闭合，接通交流接触器 KM_2 线圈回路电源，KM_2 线圈得电吸合，KM_2 串联在正转交流接触器 KM_1 线圈回路中的辅助常闭触点（5–7）断开，起互锁作用；KM_2 三相主触点闭合，电动机得电反转启动运转。

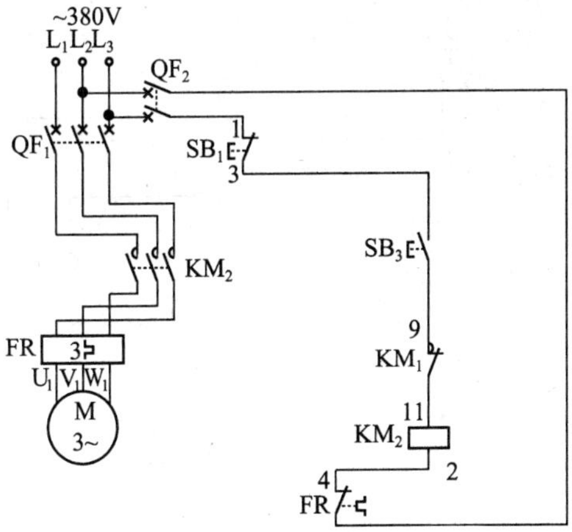

图 2.75

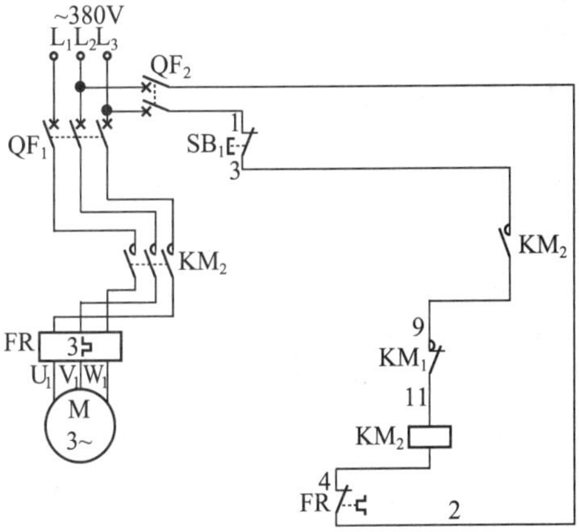

反转连续运转：由于交流接触器 KM_2 线圈得电吸合后，KM_2 辅助常开触点（3–9）闭合，实现对 KM_2 线圈回路的自锁作用，也就是说，在反转启动按钮 SB_2 松开后，KM_2 线圈会通过此 KM_2 自锁触点（3–9）继续吸合工作，那么 KM_2 三相主触点仍会继续闭合，电动机会一直得电反转连续运转工作。

图 2.76

反转运转停止：当电动机反转运转后，欲需停止时，则按下停止按钮 SB_1，其常闭触点（1–3）断开，切断交流接触器 KM_2 线圈回路电源，KM_2 线圈断电释放，KM_2 辅助常开触点（3–9）恢复常开，解除自锁作用；KM_2 辅助常闭触点（5–7）恢复常闭，解除对 KM_1 线圈回路的互锁作用；KM_2 三相主触点断开，电动机失电，反转停止运转。

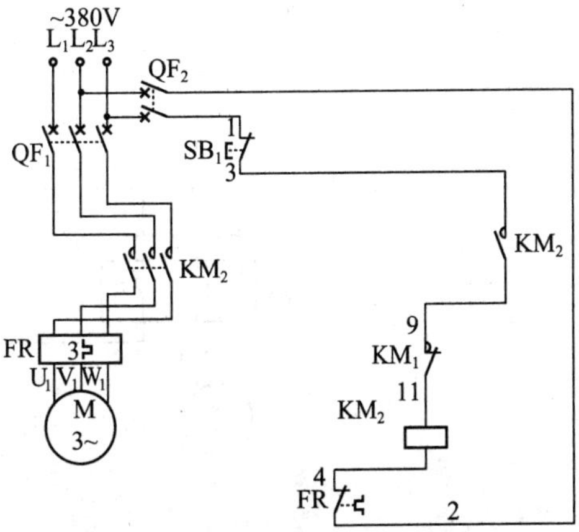

图 2.77

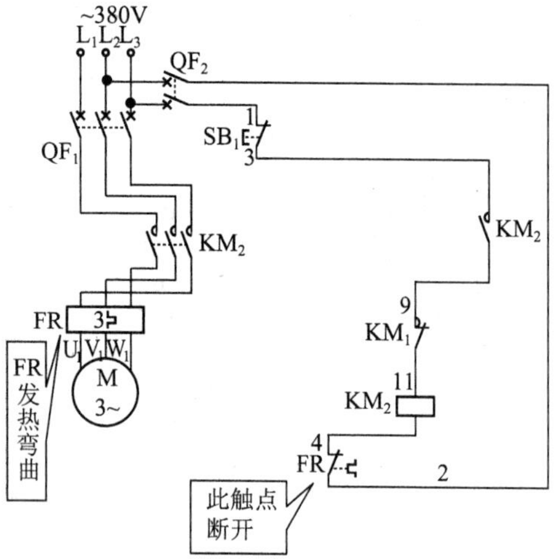

电动机反转过载保护：当电动机反转运转过程中出现过载时，其电动机电流必然增大，促使主回路中的过载保护热继电器 FR 热元件发热弯曲，推动其控制常闭触点（2–4）断开，切断交流接触器 KM_2 线圈回路电源，KM_2 线圈断电释放，KM_2 辅助常开触点（3–9）恢复常开，解除自锁；KM_2 辅助常闭触点（5–9）恢复常闭，解除对 KM_1 线圈回路的互锁作用；KM_2 三相主触点断开，电动机失电，正转停止运转，从而起到过载保护作用。

3. 电路接线图

图 2.78

只有接触器常闭触点互锁的可逆启停控制电路现场接线图

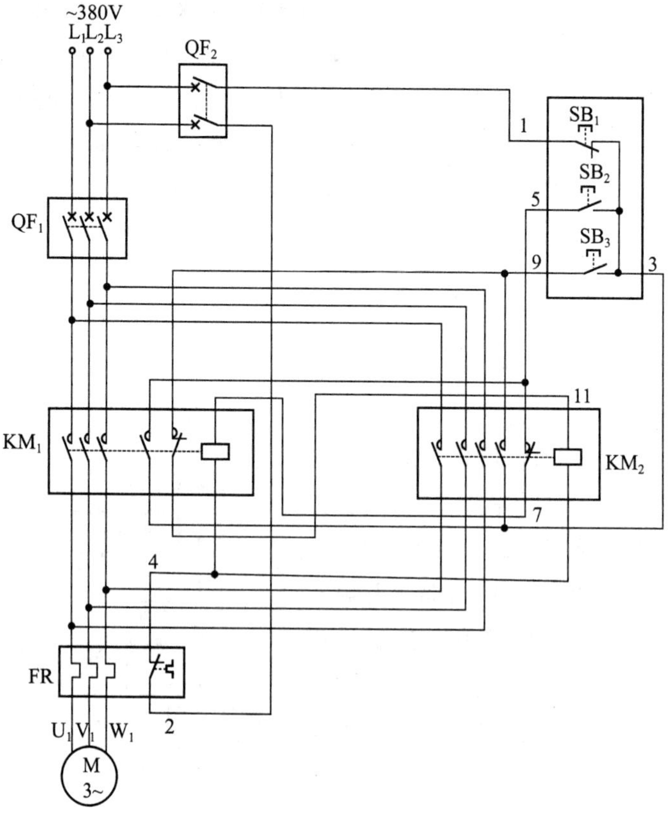

4. 按钮接线图

图 2.79

只有接触器常闭触点互锁的可逆启停控制电路按钮接线图

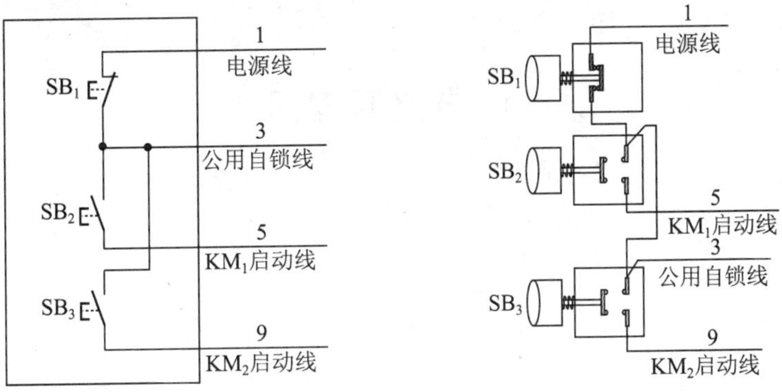

(a) 按钮实际接线　　(b) 按钮实物接线

5. 电路布线图

从图 2.80 中可以看出，XT 为接线端子排，通过端子排 XT 来区分电气元件的安装位置，XT 的内侧为放置在配电箱内底板上的电气元件，XT 的外侧为外接或引至配电箱门面板上的电气元件。

从端子排 XT 上看，共有 10 个接线端子。其中，L_1、L_2、L_3 这 3 根线为由外引入至配电箱内的三相 380V 电源，并穿管引入；U_1、V_1、W_1 这 3 根线为电动机线，穿管接至电动机接线盒内的 U_1、V_1、W_1 上；1、3、5、9 这 4 根线为控制线，接至配电箱门面板上的按钮开关 SB_1、SB_2、SB_3 上。

图 2.80

只有接触器辅助常闭触点互锁的可逆启停控制电路布线图

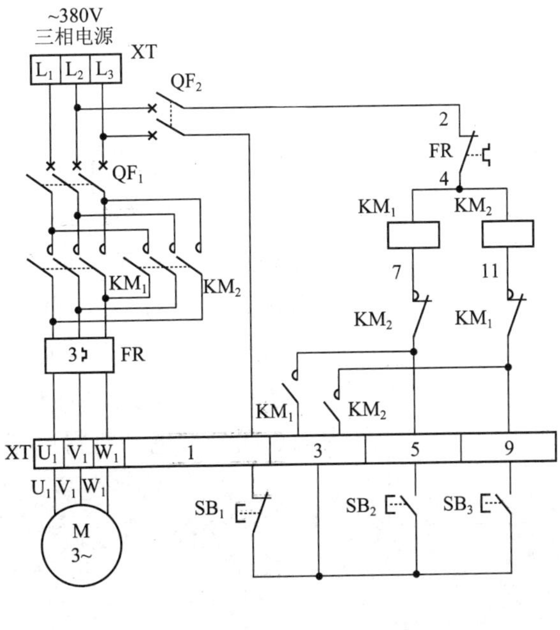

2.11　接触器、按钮双互锁的可逆启停控制电路

1. 电路原理图

图 2.81

接触器、按钮双互锁的可逆启停控制电路原理图

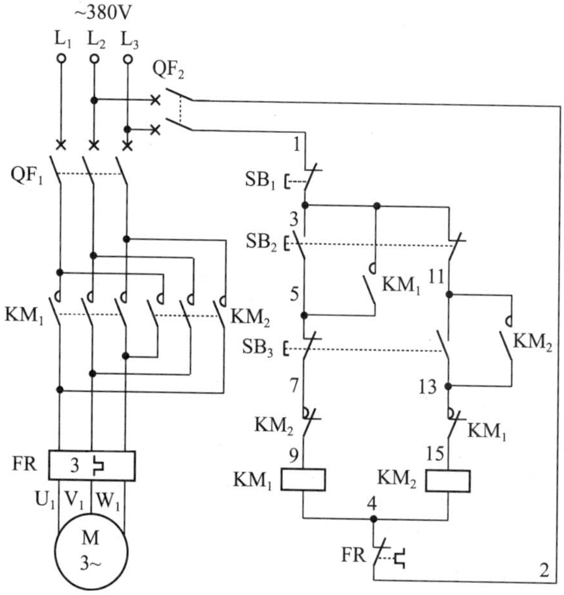

2. 工作过程分解

图 2.82

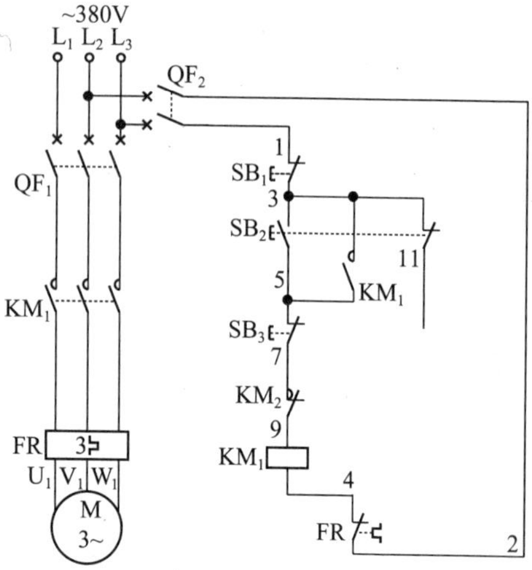

正转启动：按下正转启动按钮 SB_2，其一组常闭触点（3-11）断开，切断交流接触器 KM_2 线圈回路，起到按钮常闭触点互锁作用；其另一组常开触点（3-5）闭合，接通交流接触器 KM_1 线圈回路电源，KM_1 线圈得电吸合，KM_1 辅助常闭触点（13-15）断开，切断交流接触器 KM_2 线圈回路，起到接触器辅助常闭触点互锁作用；KM_1 辅助常开触点（3-5）闭合自锁，KM_1 三相主触点闭合，电动机得电正转启动运转。

图 2.83

正转停止：按下停止按钮 SB_1，其常闭触点（1–3）断开，切断交流接触器 KM_1 线圈回路电源，KM_1 线圈断电释放，KM_1 辅助常开触点（3–5）断开，解除自锁；KM_1 辅助常闭触点（13–15）闭合，解除互锁；KM_1 三相主触点断开，电动机失电正转停止运转。

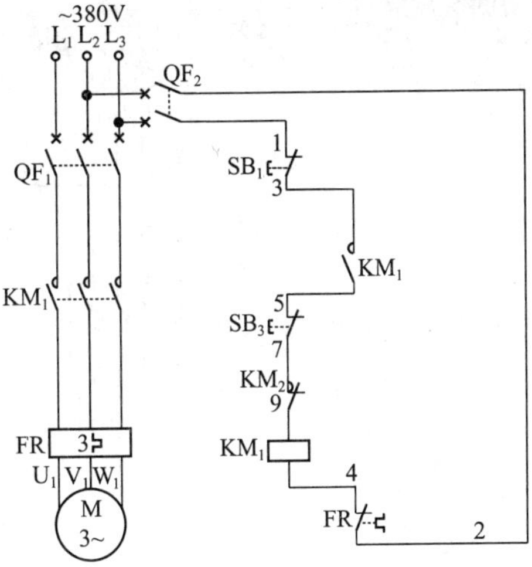

图 2.84

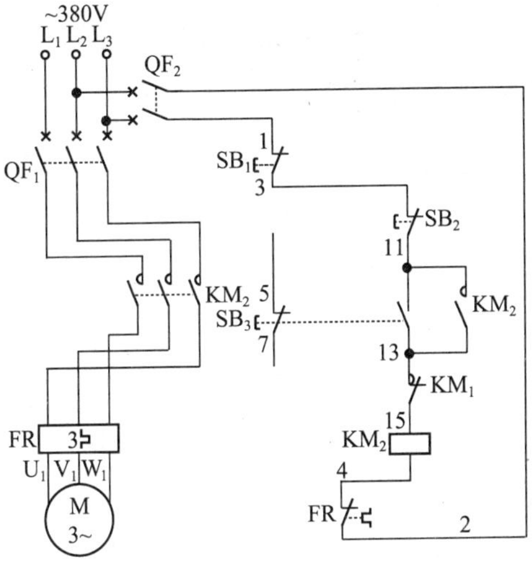

反转启动：按下反转启动按钮 SB_3，其一组常闭触点（5–7）断开，切断交流接触器 KM_1 线圈回路，起到按钮常闭触点互锁作用；其另一组常开触点（11–13）闭合，接通交流接触器 KM_2 线圈回路电源，KM_2 线圈得电吸合，KM_2 辅助常闭触点（7–9）断开，切断交流接触器 KM_1 线圈回路，起到接触器辅助常闭触点互锁作用；KM_2 辅助常开触点（11–13）闭合自锁，KM_2 三相主触点闭合，电动机得电反转启动运转。

图 2.85

反转停止：按下停止按钮 SB_1，其常闭触点（1–3）断开，切断交流接触器 KM_2 线圈回路电源，KM_2 线圈断电释放，KM_2 辅助常开触点（11–13）断开，解除自锁；KM_2 辅助常闭触点（7–9）闭合，解除互锁；KM_2 三相主触点断开，电动机失电反转停止运转。

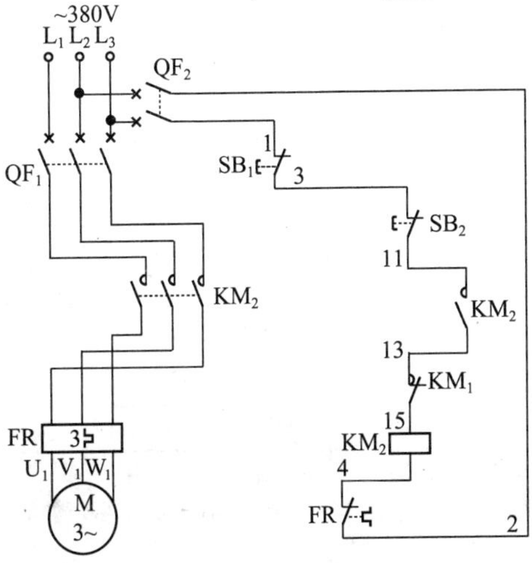

3. 电路接线图

图 2.86

接触器、按钮双互锁的可逆启停控制电路现场接线图

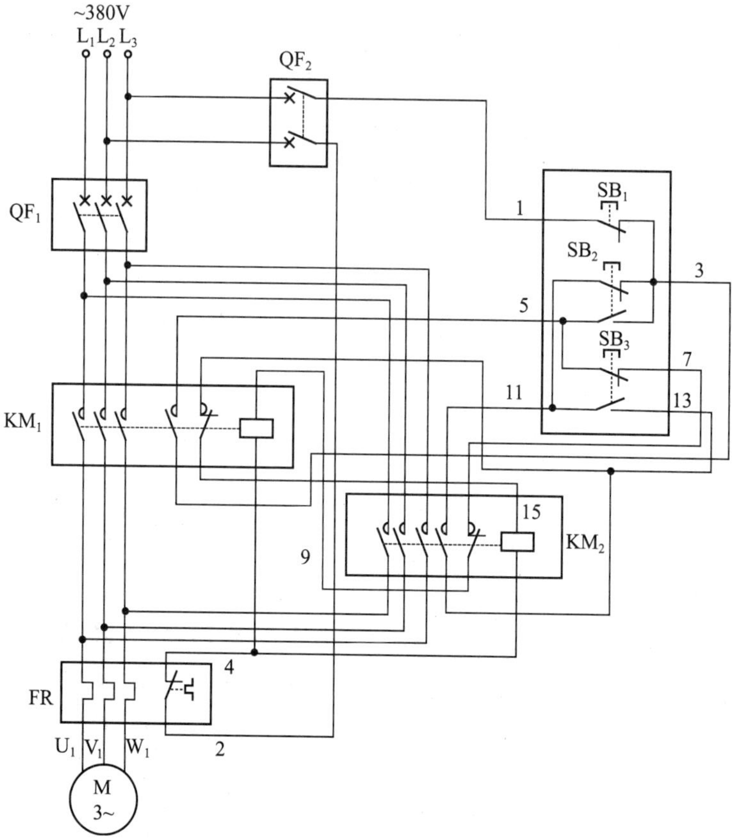

4. 按钮接线图

图 2.87

接触器、按钮双互锁的可逆启停控制电路按钮接线图

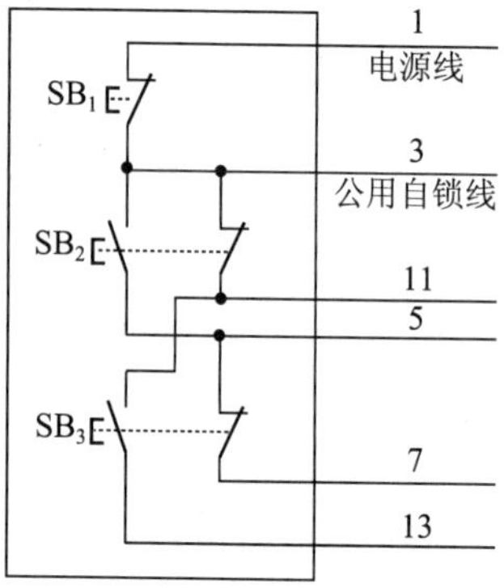

(a) 按钮实际接线

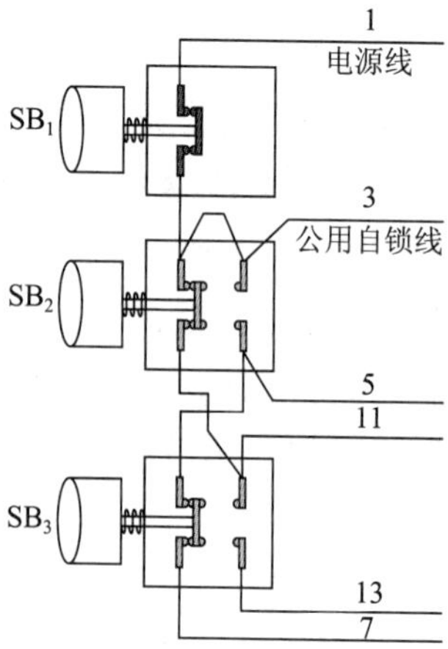

(b) 按钮实物接线

5. 电路布线图

从图 2.88 中可以看出，XT 为接线端子排，通过端子排 XT 来区分电气元件的安装位置，XT 的内侧为放置在配电箱内底板上的电气元件，XT 的外侧为外接或引至配电箱门面板上的电气元件。

从端子排 XT 上看，共有 12 个接线端子。其中，L_1、L_2、L_3 这 3 根线为由外引入至配电箱内的三相 380V 电源，并穿管引入；U_1、V_1、W_1 这 3 根线为电动机线，穿管接至电动机接线盒内的 U_1、V_1、W_1 上；1、3、5、7、11、13 这 6 根线为控制线，接至配电箱门面板上的按钮开关 SB_1、SB_2、SB_3 上。

图 2.88

接触器、按钮双互锁的可逆启停控制电路布线图

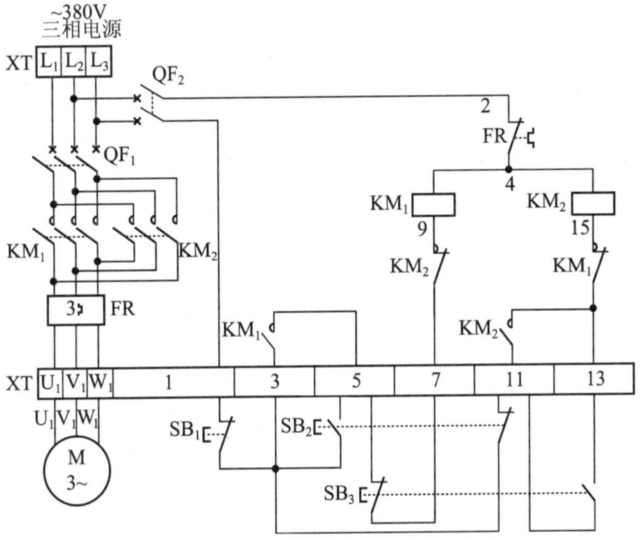

第3章

电动机制动控制电路

3.1 单向运转反接制动控制电路（一）

1. 电路原理图

图 3.1

单向运转反接制动控制电路（一）

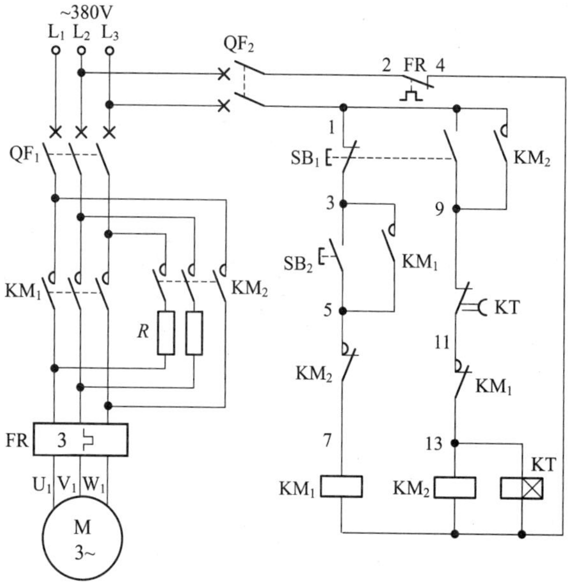

2. 工作过程分解

图 3.2

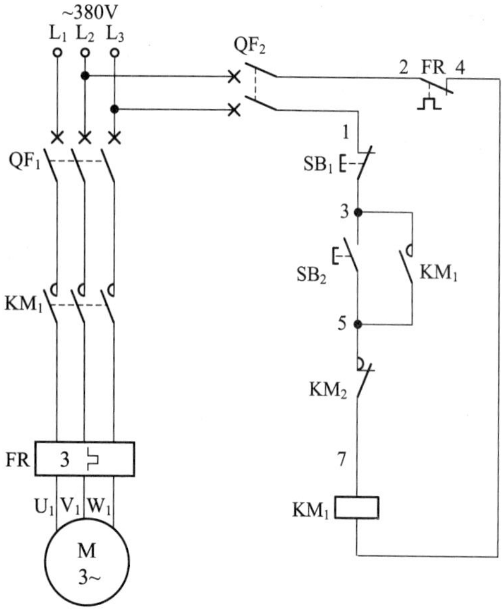

启动时，按下启动按钮 SB_2(3-5)，交流接触器 KM_1 线圈得电吸合且 KM_1 辅助常开触点 (3-5) 闭合，KM_1 三相主触点闭合，电动机得电启动运转。在交流接触器 KM_1 线圈得电吸合时，KM_1 串联在 KM_2 线圈回路中的辅助常闭触点 (11-13) 首先断开，起到互锁保护作用。

图 3.3

制动时，将停止按钮 SB_1 按到底，SB_1 的一组常闭触点 (1-3) 断开，切断了交流接触器 KM_1 线圈回路电源，KM_1 线圈断电释放，KM_1 三相主触点断开，电动机失电但仍靠惯性继续转动；同时 KM_1 辅助常闭触点 (11-13) 恢复常闭，为接通 KM_2 和 KT 线圈回路做准备。在按下停止按钮 SB_1 的同时，SB_1 的另一组常开触点 (1-9) 闭合，接通了交流接触器 KM_2 和得电延时时间继电器 KT 线圈回路电源，KM_2、KT 线圈得电吸合且 KM_2 辅助常开触点 (1-9) 闭合自锁，同时 KT 开始延时；这时 KM_2 三相主触点闭合，电动机绕组串联了不对称限流电阻器 R 后反转运转，电动机通入反接制动电源后转速骤降。经 KT 一段时间延时后，KT 得电延时断开的常闭触点 (9-11) 断开，切断交流接触器 KM_2 和得电延时时间继电器 KT 线圈回路电源，KM_2、KT 线圈均断电释放，KM_2 三相主触点断开，解除了通入电动机绕组内的反接制动电源，电动机反接制动过程结束。

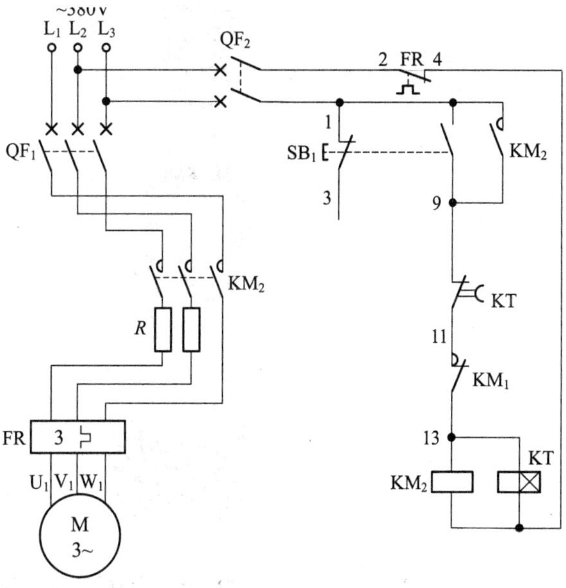

3. 电路中制动电阻器 R 的估算方法

当电源电压为 380V 时，若反接制动电流 $I_Z=\frac{1}{2}I_{st}$，则三相电路每相应串入的反接制动电阻为

$$R=1.5\times\frac{220}{I_{st}}\ (\Omega)$$

若反接制动电流 $I_Z' \leqslant I_{st}$，则每相串接电阻 R_Z' 的阻值可取为：

$$R_Z'=0.13\times\frac{220}{I_{st}}(\Omega)$$

如果反接制动只在两相中串接电阻，该电阻值应略大些，分别取上述电阻值的 1.5 倍。

反接制动电阻的功率为

$$P=(1/3\text{~}1/4)\ I_ZR\ (\text{W})$$

4. 电路接线图

图 3.4

单向运转反接制动控制电路（一）实物接线

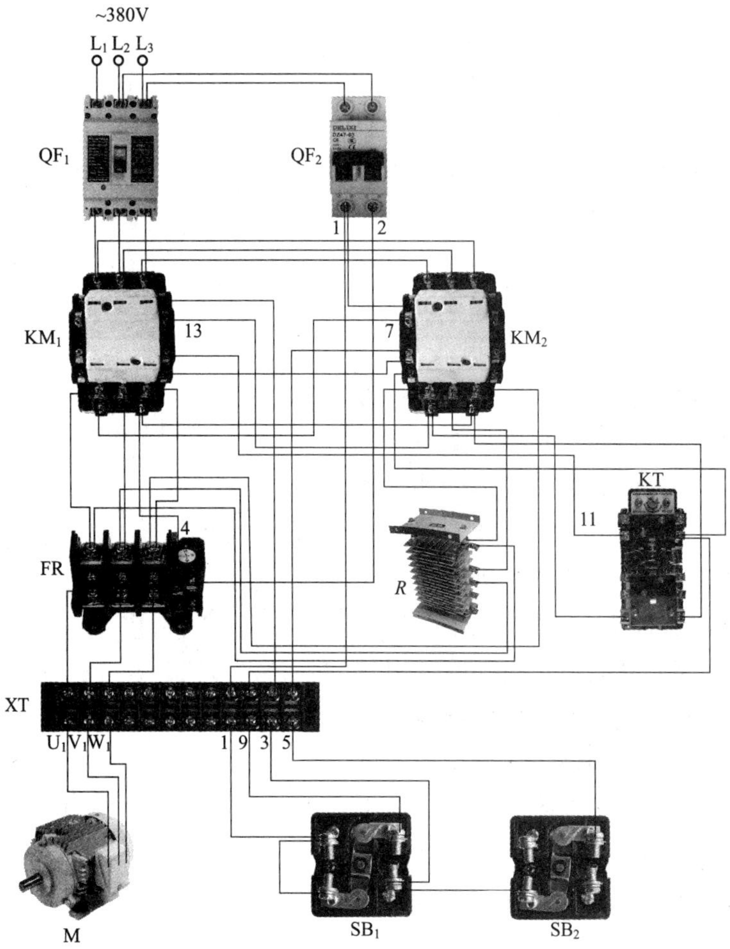

表 3.1 电工成套装置中的导线颜色

导线工作区域	导线颜色
保护导线	黄绿双色
动力电路中的中性线和中间线	浅蓝色
交、直流动力电路	黑色
交流控制电路	红色
直流控制电路	蓝色
与保护导线连接的控制电路	白色
与电网直线连接的联锁电路	橘黄色

5. 按钮接线图

图 3.5

单向运转反接制动控制电路（一）按钮接线图

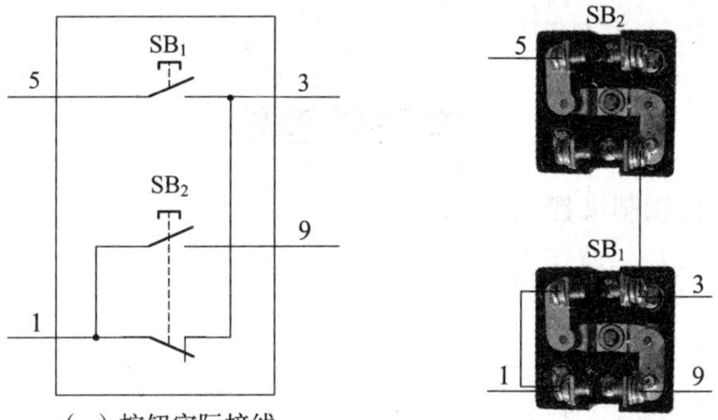

（a）按钮实际接线　　（b）按钮实物接线

6. 电路布线图

从图 3.6 中可以看出，XT 为接线端子排，通过端子排 XT 来区分电气元件的安装位置，XT 的内则为放置在配电箱内底板上的电气元件，XT 的外侧为外接或引至配电箱门面板上的电气元件。

从端子排 XT 上看，共有 10 个接线端子。其中，L_1、L_2、L_3 这 3 根线为由外引入至配电箱内的三相 380V 电源，并穿管引入；U_1、V_1、W_1 这 3 根线为电动机线，穿管接至电动机接线盒内的 U_1、V_1、W_1 上；1、3、5、9 这 4 根线为控制线，接至配电箱门面板上的按钮开关 SB_1、SB_2 上。

图 3.6

单向运转反接制动控制电路（一）布线图

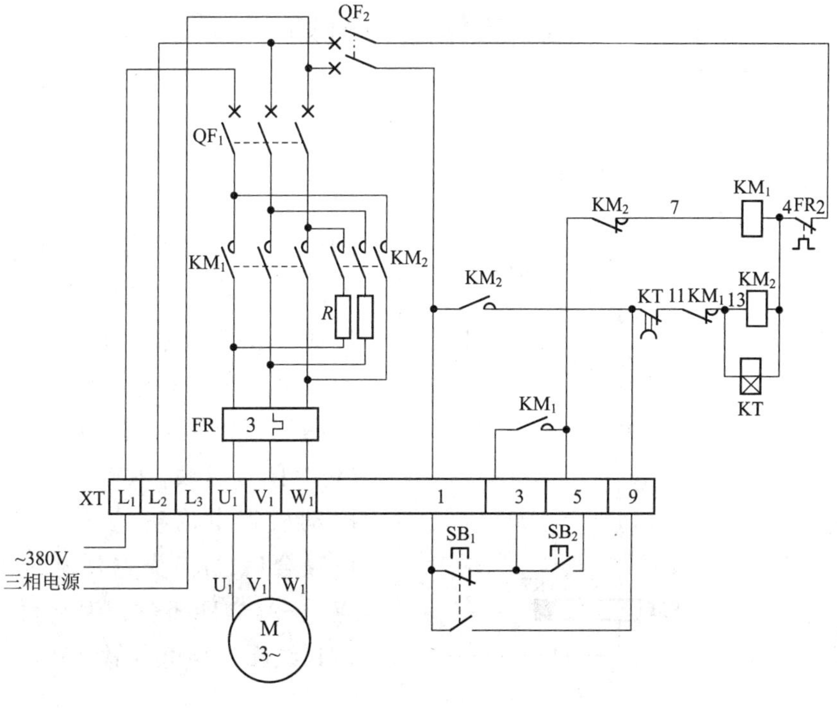

3.2　单向运转反接制动控制电路（二）

1. 电路原理图

图 3.7

单向运转反接制动控制电路（二）

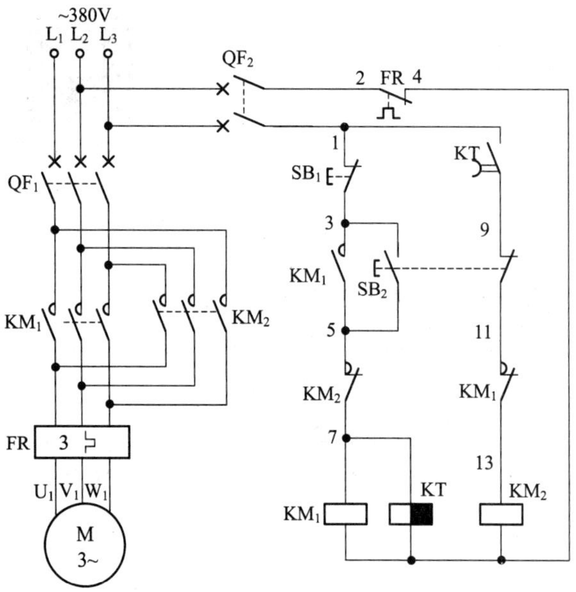

2. 工作过程分解

图 3.8

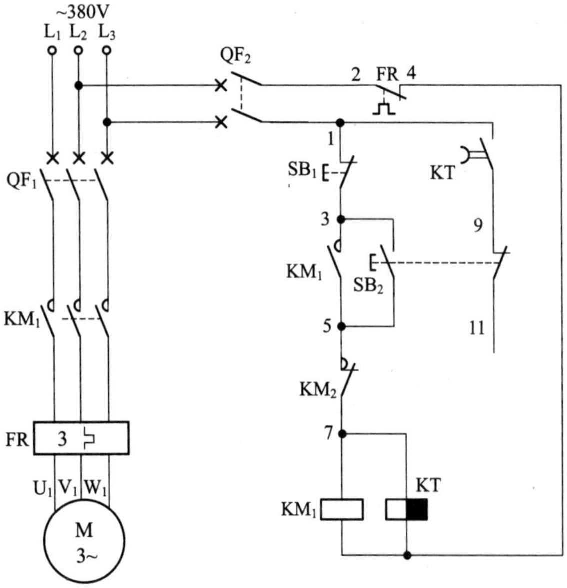

启动时，按下启动按钮 SB_2，SB_2 的一组常闭触点 (9-11) 断开，切断 KM_2 线圈回路电源，起到互锁保护作用；SB_2 的另一组常开触点 (3-5) 闭合，接通了交流接触器 KM_1 和失电延时时间继电器 KT 线圈回路电源，KM_1、KT 线圈均得电吸合且 KM_1 辅助常开触点 (3-5) 闭合自锁，KM_1 三相主触点闭合，电动机得电启动运转。在 KT 线圈得电吸合后，KT 失电延时断开的常开触点 (1-9) 立即闭合，为制动时延时切除 KM_2 线圈回路电源做准备。

图 3.9

制动时，按下停止按钮 SB_1(1–3)，交流接触器 KM_1 和失电延时时间继电器 KT 线圈断电释放，KT 开始延时；KM_1 三相主触点断开，电动机失电但仍靠惯性继续转动；此时 KM_1 辅助常闭触点 (11–13) 恢复常闭，使交流接触器 KM_2 线圈得电吸合，KM_2 三相主触点闭合，电动机通入反向电源后转速骤降，从而对电动机进行反接制动控制。经 KT 一段时间延时后，KT 失电延时断开的常开触点 (1–9) 断开，切断交流接触器 KM_2 线圈回路电源，KM_2 线圈断电释放，KM_2 三相主触点断开，解除了通入电动机绕组的反接制动电源，反接制动过程结束。

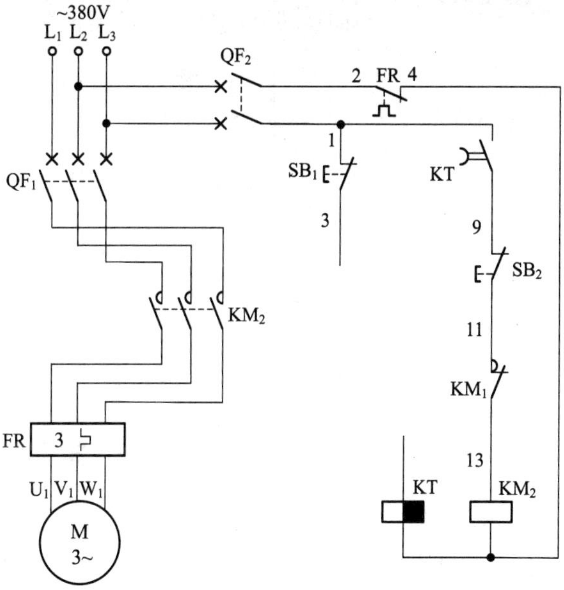

3. 电路接线图

图 3.10

单向运转反接制动控制电路（二）现场接线

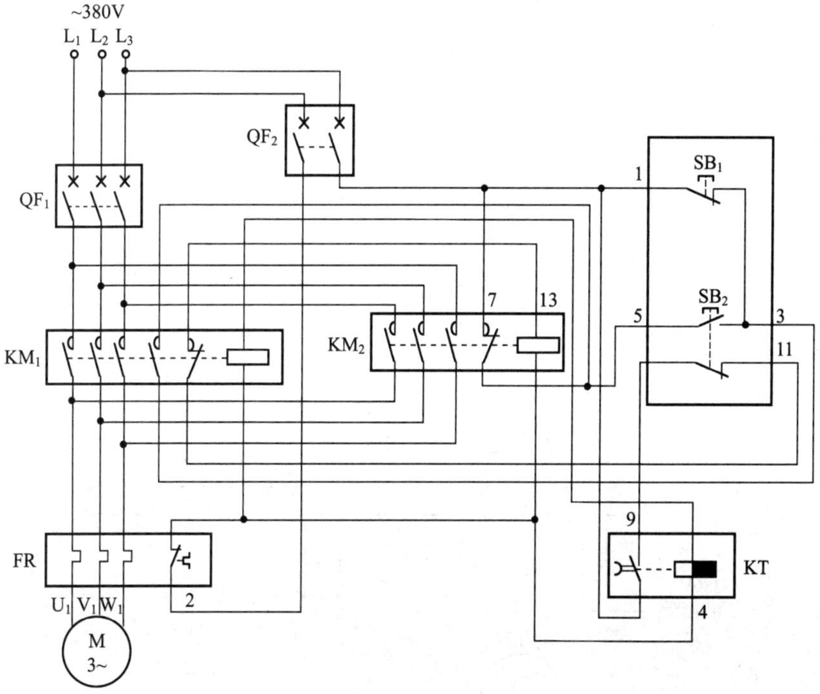

4. 按钮接线图

图 3.11

单向运转反接制动控制电路（二）按钮接线图

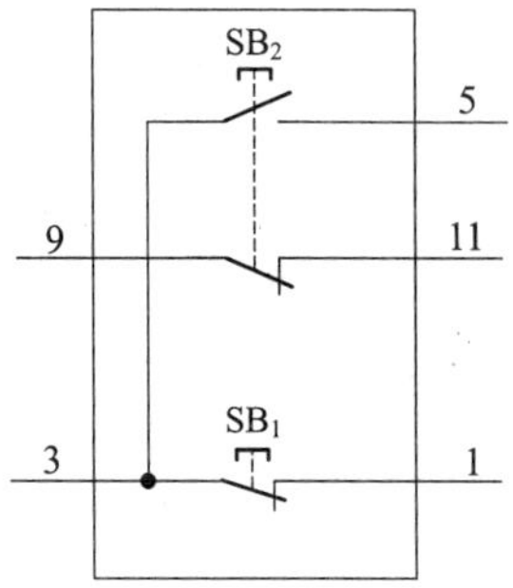

（a）按钮实际接线

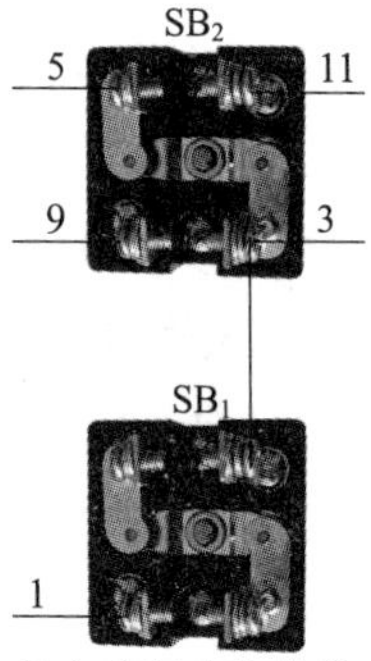

（b）按钮实物接线

5. 电路布线图

从图 3.12 中可以看出，XT 为接线端子排，通过端子排 XT 来区分电气元件的安装位置，XT 的内侧为放置在配电箱内底板上的电气元件，XT 的外侧为外接或引至配电箱门面板上的电气元件。

从端子排 XT 上看，共有 11 个接线端子。其中，L_1、L_2、L_3 这 3 根线为由外引入至配电箱内的三相 380V 电源，并穿管引入；U_1、V_1、W_1 这 3 根线为电动机线，穿管接至电动机接线盒内的 U_1、V_1、W_1 上；1、3、5、9、11 这 4 根线为控制线，接至配电箱门面板上的按钮开关 SB_1、SB_2 上。

图 3.12

单向运转反接制动控制电路（二）布线图

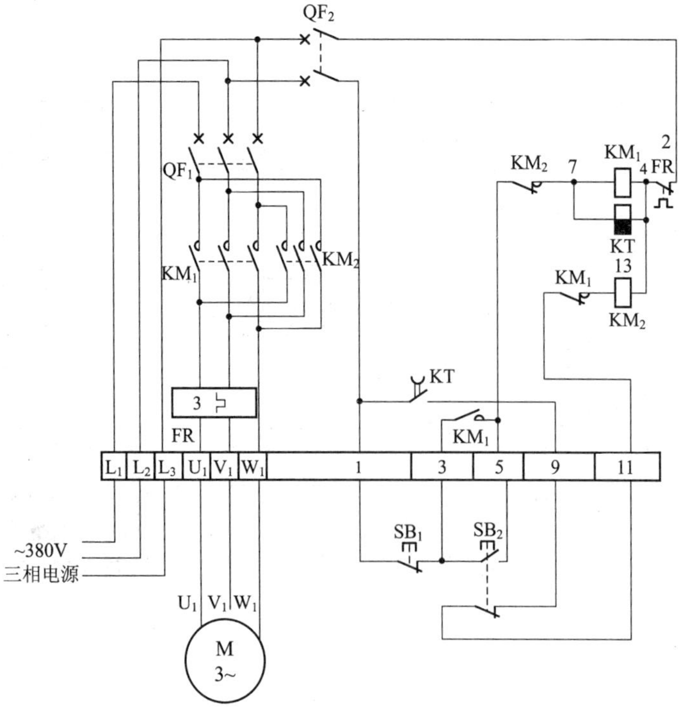

3.3 单向运转反接制动控制电路（三）

1. 电路原理图

图 3.13

单向运转反接制动控制电路（三）原理图

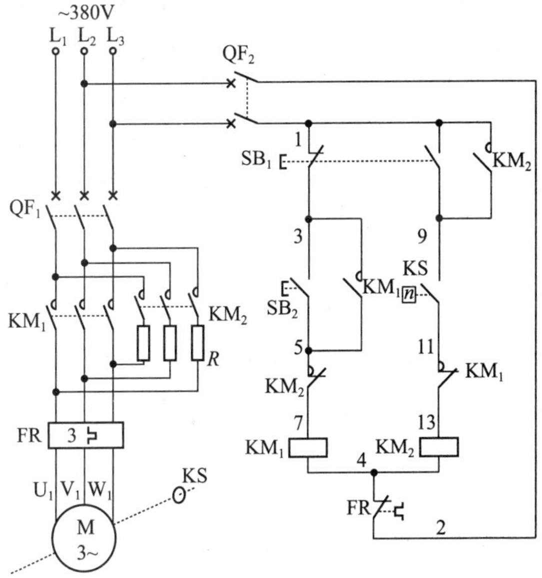

2. 工作过程分解

图 3.14

启动时，按下启动按钮 SB_2，其常开触点（3–5）闭合，接通交流接触器 KM_1 线圈回路电源，KM_1 线圈得电吸合，KM_1 辅助常闭触点（11–13）断开，起到互锁作用；KM_1 辅助常开触点（3–5）闭合自锁；KM_1 三相主触点闭合，电动机得电启动运转。当电动机的转速升至 120r/min 时，速度继电器 KS 常开触点（9–11）闭合，为反接制动做准备。

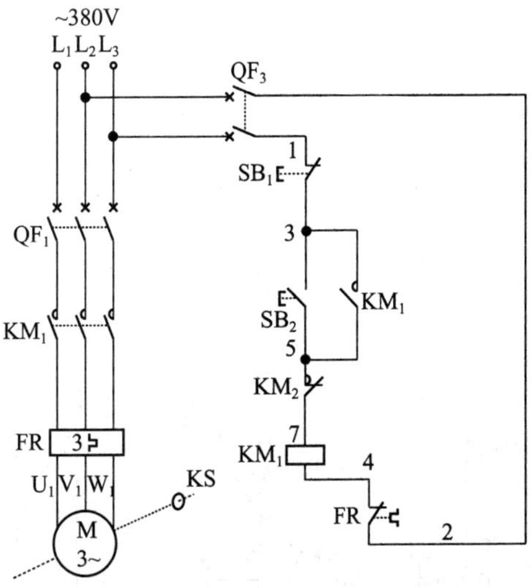

图 3.15

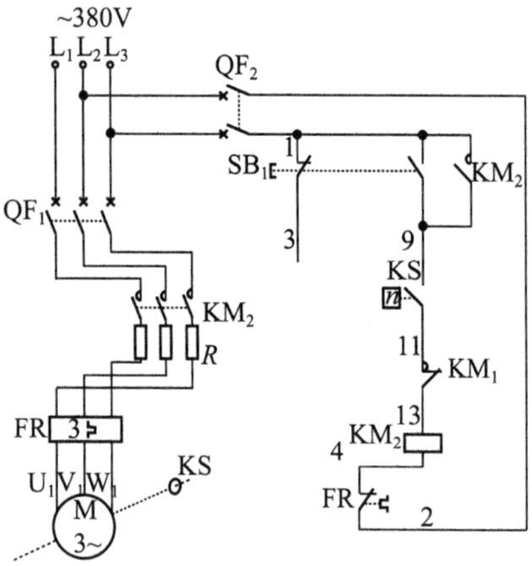

反接制动时，按下停止按钮 SB_1，其一组常闭触点（1–3）断开，KM_1 线圈断电释放，KM_1 辅助常开触点（3–5）断开，解除自锁；KM_1 三相主触点断开，电动机失电但仍靠惯性继续转动。KM_1 辅助常闭触点（11–13）闭合，为反接制动做准备。在按下停止按钮 SB_1 的同时，其另一组常开触点（1–9）闭合，KM_2 线圈得电吸合，KM_2 辅助常闭触点（5–7）断开，起互锁作用；KM_2 辅助常开触点（1–9）闭合自锁；KM_2 三相主触点闭合，串接电阻器 R 给电动机绕组中施加反向电源，电动机立即反向转动，电动机转速骤降。当电动机的转速降至 100r/min 时，速度继电器 KS 常开触点（9–11）断开，KM_2 线圈断电释放，KM_2 辅助常开触点（1–9）断开，解除自锁；KM_2 三相主触点断开，电动机失电，反接制动结束。

图 3.16

自由停机时，轻轻按下停止按钮 SB_1，其一组常闭触点（1–3）断开，切断交流接触器 KM_1 线圈回路电源，KM_1 线圈断电释放，KM_1 辅助常开触点（3–5）断开，解除自锁；KM_1 辅助常闭触点（11–13）闭合，解除互锁；KM_1 三相主触点断开，电动机失电但仍靠惯性继续转动，处于自由停机状态。

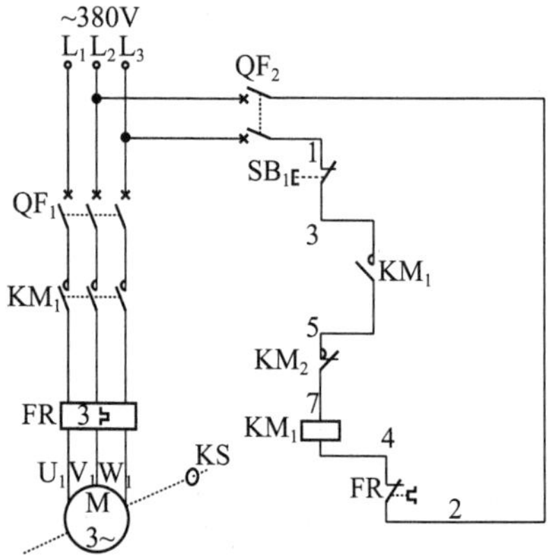

图 3.17

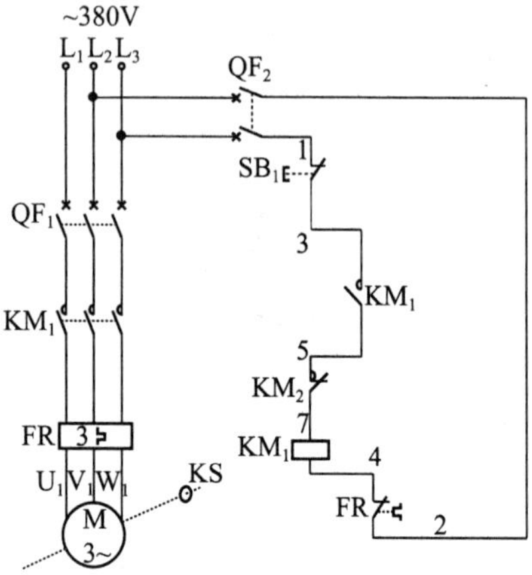

过载时，当电动机出现过载后，电动机电流必然增大，使过载保护热继电器 FR 热元件发热弯曲，推动其控制常闭触点（2–4）断开，切断交流接触器 KM_1 线圈回路电源，KM_1 线圈断电释放，KM_1 辅助常开触点（3–5）断开，解除自锁；KM_1 辅助常闭触点（11–13）闭合，解除互锁；KM_1 三相主触点断开，电动机失电，但仍靠惯性处于自由停机状态。

3. 电路原理图

图 3.18

单向运转反接制动控制电路（三）现场接线图

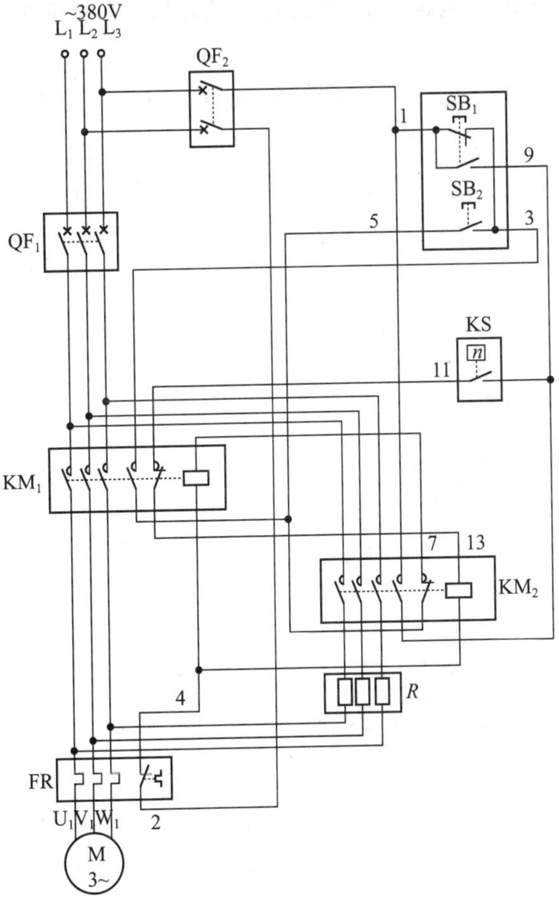

4. 按钮接线图

图 3.19

单向运转反接制动控制电路（三）按钮接线图

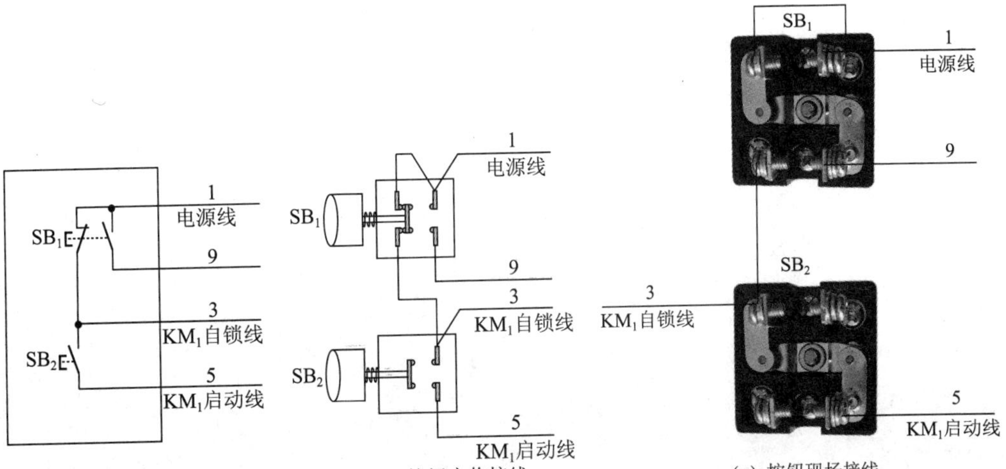

(a) 按钮实际接线　(b) 按钮实物接线　(c) 按钮现场接线

5. 电路布线图

从图 3.20 中可以看出，XT 为接线端子排，通过端子排 XT 来区分电气元件的安装位置，XT 的内侧为放置在配电箱内底板上的电气元件，XT 的外侧为外接或引至配电箱门面板上的电气元件。

从端子排 XT 上看，共有 11 个接线端子。其中，L_1、L_2、L_3 这 3 根线为由外引入至配电箱内的三相 380V 电源，并穿管引入；U_1、V_1、W_1 这 3 根线为电动机线，穿管接至电动机接线盒内的 U_1、V_1、W_1 上；1、3、5 这 3 根线为控制线，接至配电箱门面板上的按钮开关 SB_1、SB_2 上；9、11 这 2 根线为外接速度继电器控制线，穿管接至速度继电器 KS 上。

图 3.20

单向运转反接制动控制电路（三）布线图

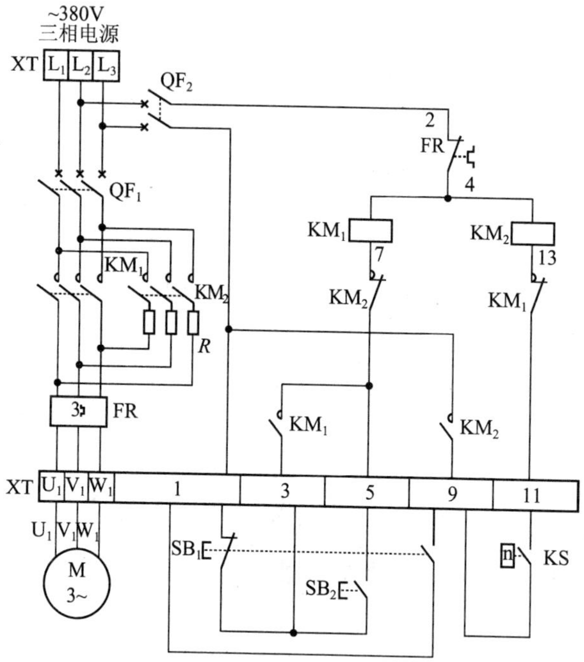

3.4 双向运转反接制动控制电路

1. 电路原理图

图 3.21

双向运转反接制动控制电路原理图

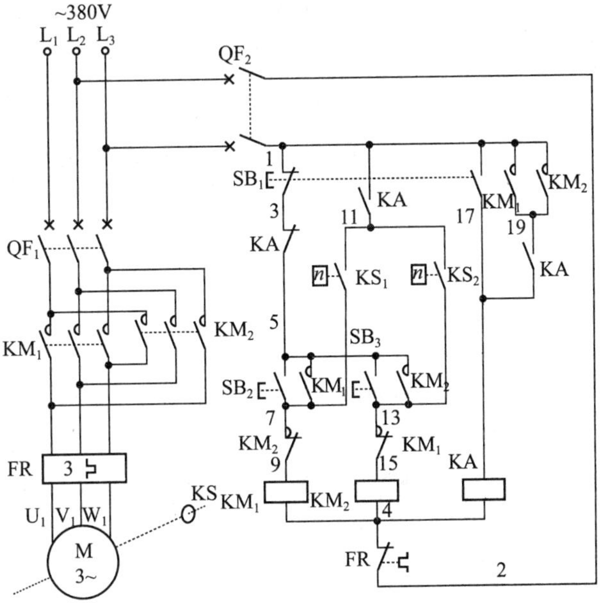

2. 工作过程分解

图 3.22

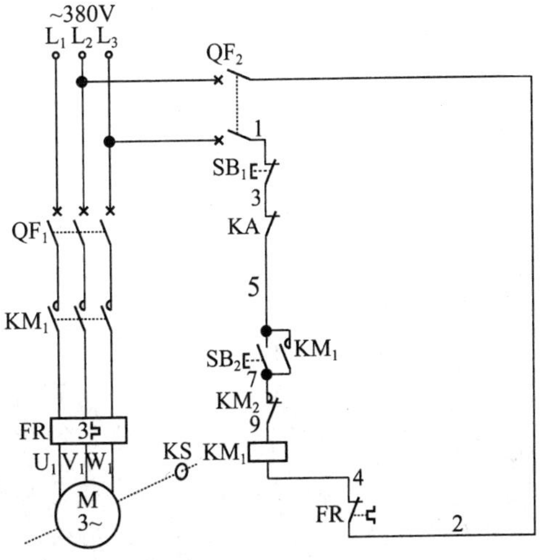

正转启动：按下正转启动按钮 SB_2，其常开触点（5–7）闭合，接通交流接触器 KM_1 线圈回路电源，KM_1 线圈得电吸合，KM_1 辅助常闭触点（13–15）断开，起互锁作用；KM_1 的一组辅助常开触点（5–7）闭合自锁；KM_1 的另一组常开触点（1–19）在正转启动过程中闭合无效；KM_1 三相主触点闭合，电动机得电正转启动运转，当电动机的转速大于 120r/min 时，速度继电器 KS 动作，为正转反接制动做准备。

图 3.23

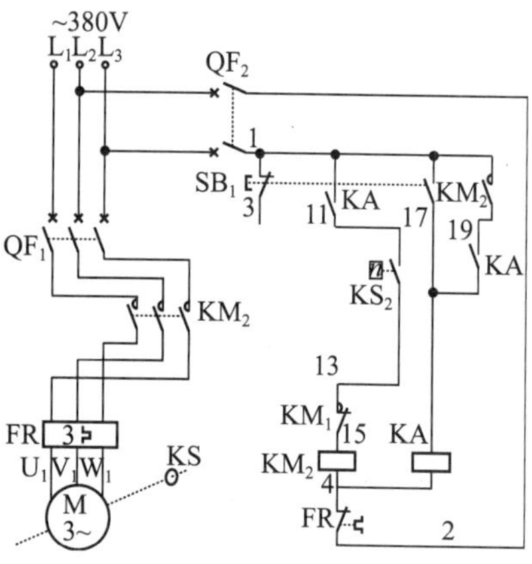

正转反接制动：需正转反接制动时，按下停止按钮 SB_1，交流接触器 KM_1 线圈断电释放，KM_1 三相主触点断开，电动机正转失电但仍靠惯性继续转动；与此同时，中间继电器 KA 线圈得电吸合且自锁，KA 常开触点（1–11）闭合，交流接触器 KM_2 线圈得电吸合，KM_2 三相主触点闭合，电动机得电反转运转，电动机反接制动，转速骤降。当电动机转速低至 100r/min 时，速度继电器 KS_2 常开触点（11–13）断开，KM_2、KA 线圈断电释放，KM_2 三相主触点断开，电动机反转电源被切除，正转反接制动结束。

图 3.24

正转自由停机：若需自由停机时，则轻轻按下停止按钮 SB_1，其常闭触点（1–3）断开，切断交流接触器 KM_1 线圈回路电源，KM_1 线圈断电释放，KM_1 的一组辅助常开触点（5–7）断开，解除自锁；KM_1 的另一组辅助常开触点（1–19）断开，恢复原始状态；KM_1 的一组常闭触点（13–15）闭合，解除互锁；KM_1 三相主触点断开，电动机失电处于正转自由停机状态。

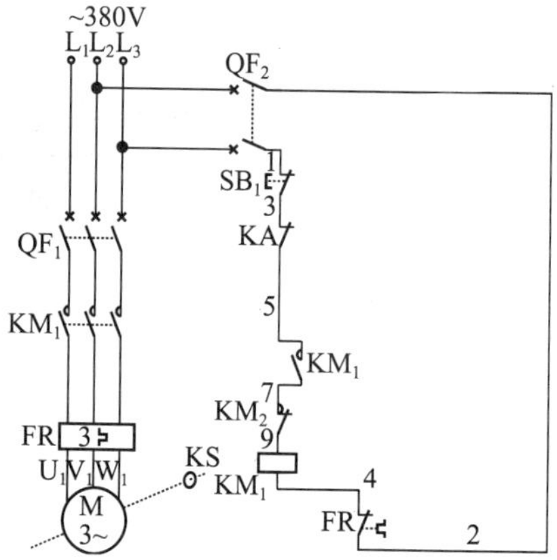

图 3.25

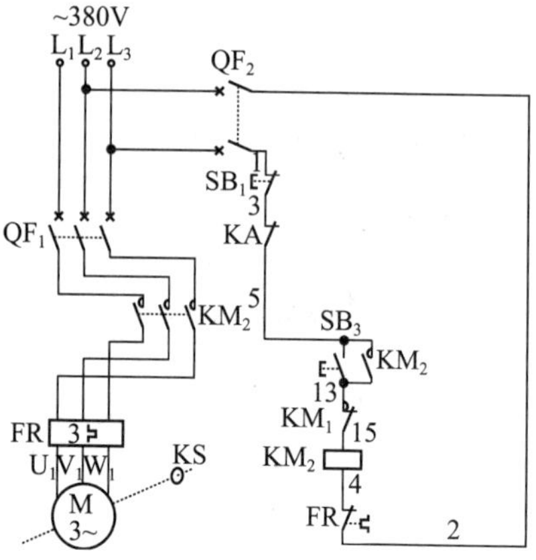

反转启动：按下反转启动按钮 SB_3，其常开触点（5–13）闭合，接通交流接触器 KM_2 线圈回路电源，KM_2 线圈得电吸合，KM_2 辅助常闭触点（7–9）断开，起互锁作用；KM_2 的一组辅助常开触点（5–13）闭合自锁；KM_2 的另一组常开触点（1–19）在反转启动过程中闭合无效；KM_2 三相主触点闭合，电动机得电反转启动运转，当电动机的转速大于 120r/min 时，速度继电器 KS 动作，为反转反接制动做准备。

图 3.26

反转反接制动：需反转反接制动时，按下停止按钮 SB_1，交流接触器 KM_2 线圈断电释放，KM_2 三相主触点断开，电动机反转失电但仍靠惯性继续转动；与此同时，中间继电器 KA 线圈得电吸合且自锁，KA 常开触点（1-11）闭合，交流接触器 KM_1 线圈得电吸合，KM_1 三相主触点闭合，电动机得电正转运转，电动机反接制动，转速骤降。当电动机转速低至 100r/min 时，速度继电器 KS_1 常开触点（7-11）断开，KM_1、KA 线圈断电释放，KM_1 三相主触点断开，电动机正转电源被切除，反转反接制动结束。

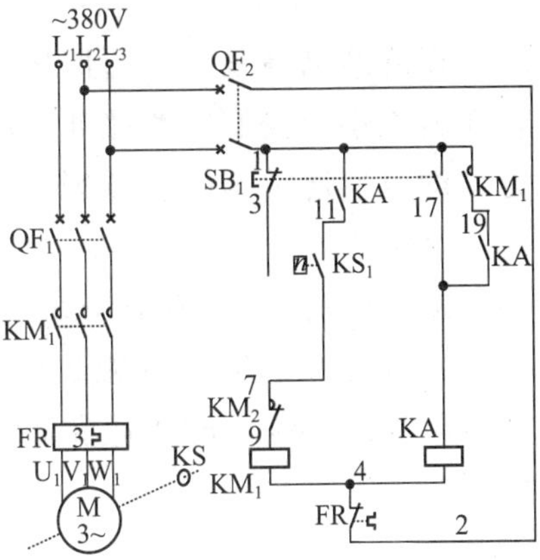

图 3.27

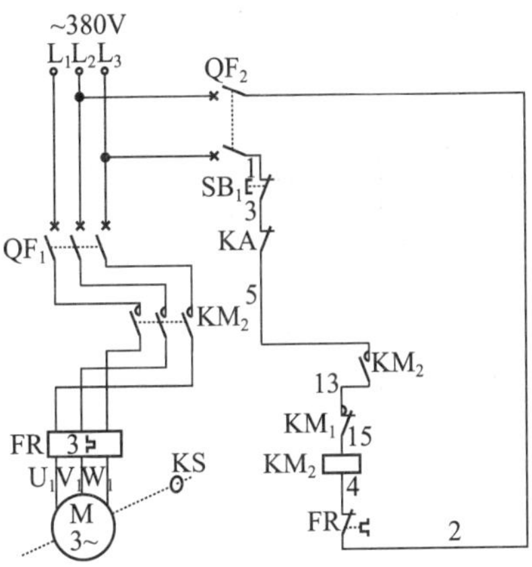

反转自由停机：若需自由停机时，则轻轻按下停止按钮 SB_1，其常闭触点（1-3）断开，切断交流接触器 KM_2 线圈回路电源，KM_2 线圈断电释放，KM_2 的一组辅助常开触点（5-13）断开，解除自锁；KM_2 的另一组辅助常开触点（1-19）断开，恢复原始状态；KM_2 的一组常闭触点（7-9）闭合，解除互锁；KM_2 三相主触点断开，电动机失电处于自由停机状态。

3. 速度继电器的主要技术参数

常用的速度继电器有 JY1 型和 JFZ0 型。JY1 型能在 3000r/min 以下可靠工作；JFZ0-1 型适用于 300 ~ 1000r/min，JFZ0-2 型适用于 1000 ~ 3600r/min；JFZ0 型有两对动合、动断触点。一般速度继电器转轴在 120r/min 左右即能动作，在 100r/min 以下触点复位。

JY1 型和 JFZ0 型速度继电器的主要技术参数见表 3.2。

表 3.2 JY1 型和 JFZ0 型速度继电器的主要技术参数

型号	触点容量		触点数量		额定工作转速（r/min）	允许操作频率（次 /h）
	额定电压（V）	额定电流（A）	正转时动作	反转时动作		
JY1 JFZ0	380	2	1 组转换触点	1 组转换触点	100~3600 300~3600	＜30

4. 速度继电器的连接

图 3.28

速度继电器是一种可以按照被控电动机转速的大小使控制电路接通或断开的电器。速度继电器通常与接触器配合，实现对电动机的反接制动。

速度继电器的转轴应与电动机同轴连接。安装接线时，正反向的触点不能接错，否则不能起到反接制动时接通和断开反向电源的作用。

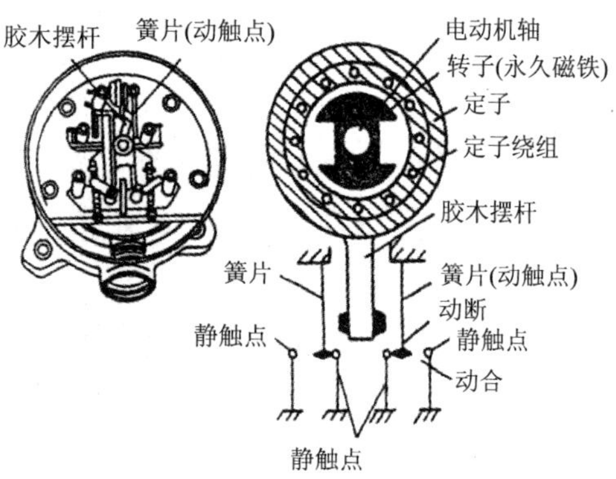

5. 电路接线图

图 3.29

双向运转反接制动控制电路现场接线图

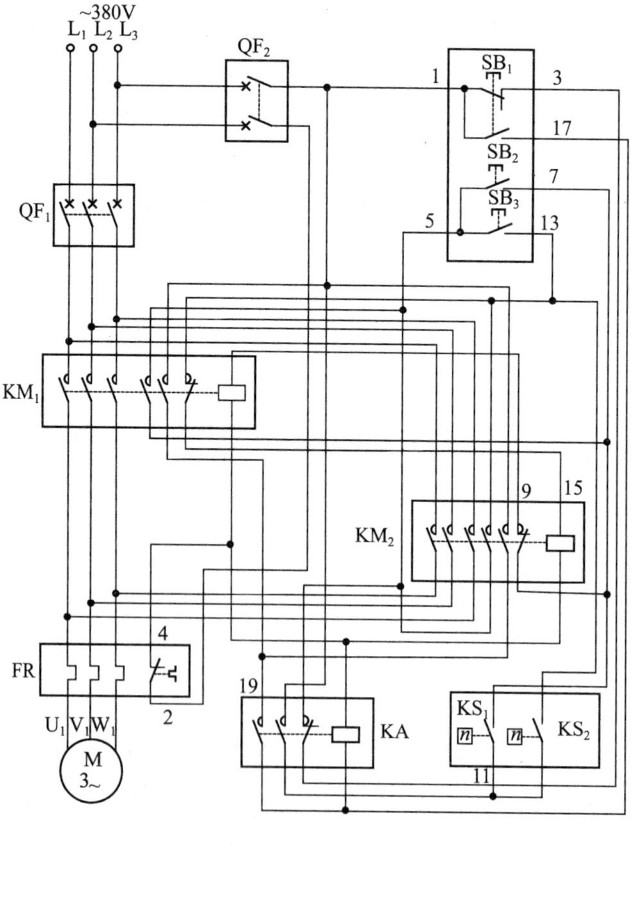

6. 按钮接线图

图 3.30 双向运转反接制动控制电路按钮接线图

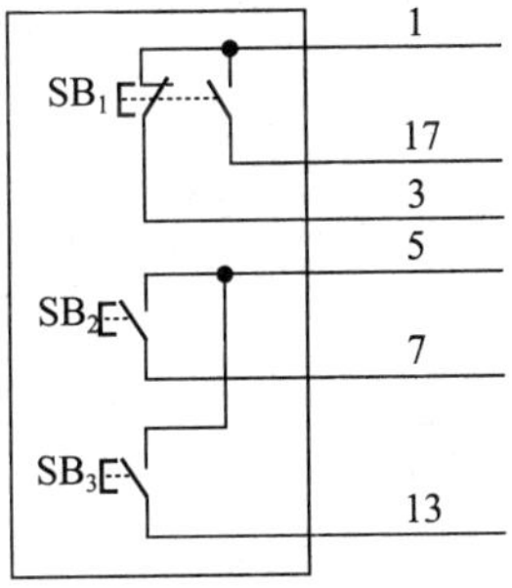

(a) 按钮实际接线

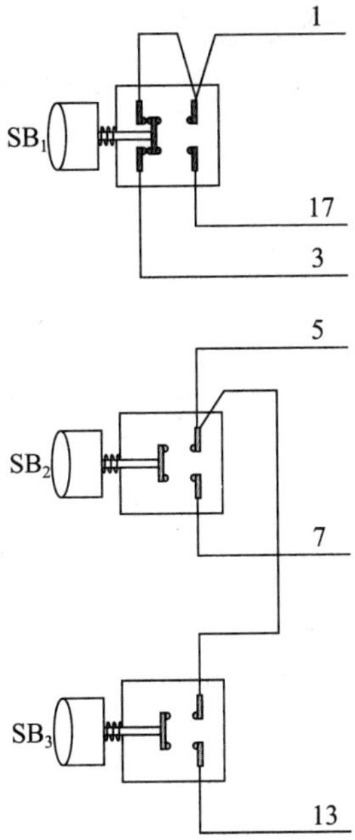

(b) 按钮实物接线

7. 电路布线图

从图 3.31 中可以看出，XT 为接线端子排，通过端子排 XT 来区分电气元件的安装位置，XT 的内侧为放置在配电箱内底板上的电气元件，XT 的外侧为外接或引至配电箱门面板上的电气元件。

从端子排 XT 上看，共有 13 个接线端子。其中，L_1、L_2、L_3 这 3 根线为由外引入至配电箱内的三相 380V 电源，并穿管引入；U_1、V_1、W_1 这 3 根线为电动机线，穿管接至电动机接线盒内的 U_1、V_1、W_1 上；1、3、5、7、11、13、17 这 7 根线为控制线，其中 1、3、5、7、13、17 接至配电箱门面板上的按钮开关 SB_1、SB_2、SB_3 上，7、11、13 这 3 根线为速度继电器控制线，穿管接至速度继电器上。

图 3.31

双向运转反接制动控制电路布线图

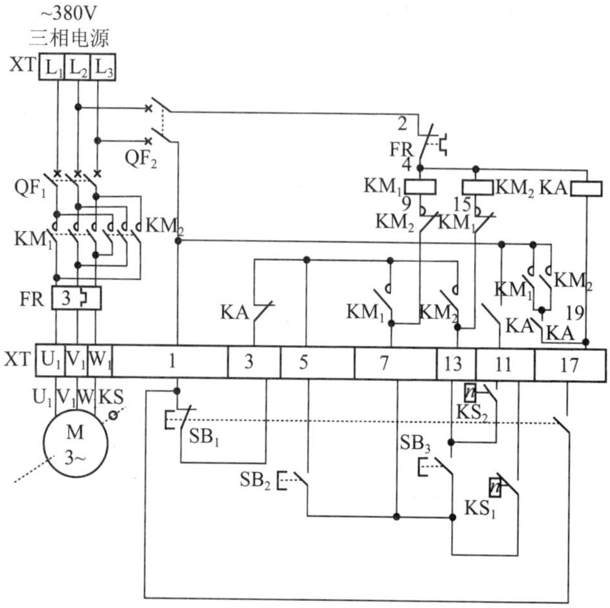

8. 中间继电器的选用

中间继电器的使用与接触器相似，但中间继电器的触头容量较小，一般不能在主电路中应用。中间继电器一般根据负载电流的类型、电压等级和触头数量来选择。

表 3.3 JZ7 系列中间继电器的主要技术参数

型号	触头额定电压（V）	触头额定电流（A）	触头数量		吸引线圈电压（V）		操作频率（次/h）	通电持续率（%）	电寿命（万次）
			常开	常闭	50Hz	60Hz			
JZ7-22	交流（50Hz 或 60Hz）380，直流 440	5	2	2	12，24，36，48，110，127，220，380，420，440，500	12，36，110，127，220，380，440	1200	40	100
JZ7-41			4	1					
JZ7-42			4	2					
JZ7-44			4	4					
JZ7-53			5	1 或 3					
JZ7-62			6	2					
JZ7-71			7	1					
JZ7-80			8	0					

3.5　可逆能耗制动控制电路

1. 电路原理图

图 3.32

可逆能耗制动控制电路原理图

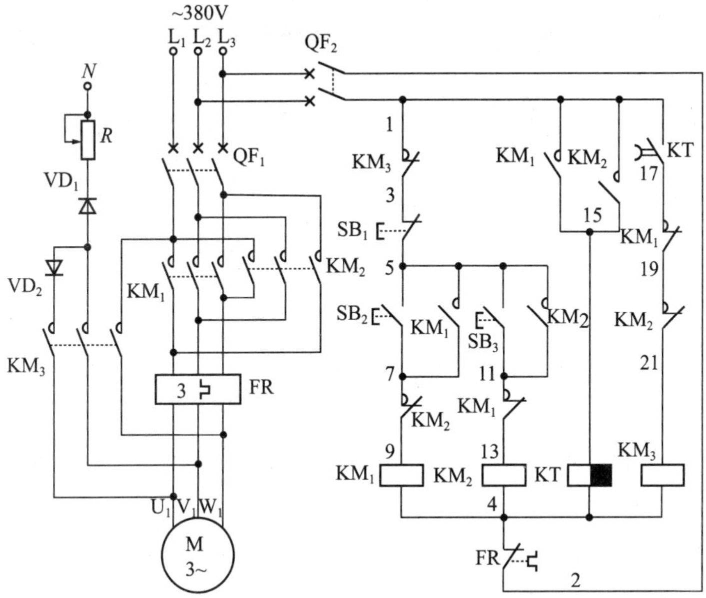

2. 工作过程分解

图 3.33

正转启动：按下正转启动按钮 SB$_2$，其常开触点（5–7）闭合，KM$_1$ 线圈得电吸合，KM$_1$ 辅助常闭触点（17–19）断开，起互锁作用；KM$_1$ 辅助常闭触点（11–13）断开，起互锁作用；KM$_1$ 辅助常开触点（5–7）闭合自锁；KM$_1$ 辅助常开触点（1–15）闭合，KT 线圈得电吸合，KT 失电延时断开的常开触点（1–17）立即闭合，为能耗制动自动切除做准备；KM$_1$ 三相主触点闭合，电动机得电正转启动运转。

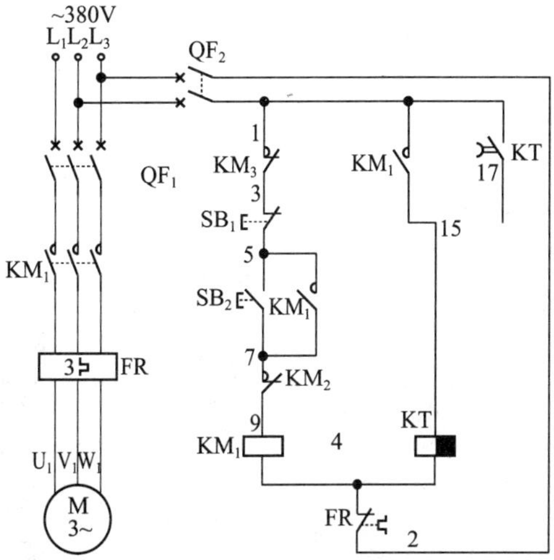

图 3.34

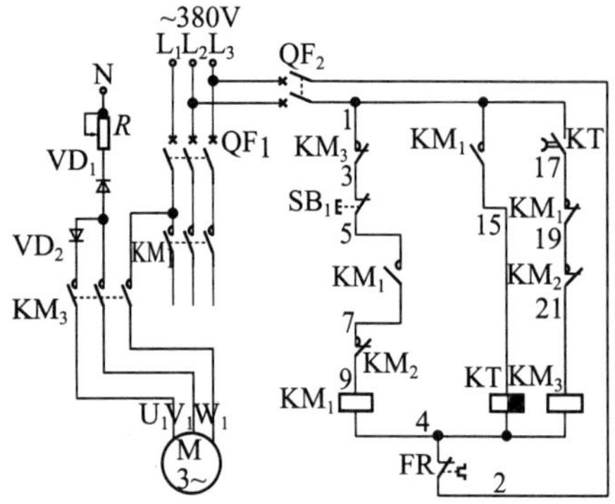

正转能耗制动：按下停止按钮 SB_1，其常闭触点（3–5）断开，KM_1 线圈断电释放，KM_1 三相主触点断开，电动机失电，仍靠惯性继续转动；KM_1 辅助常开触点（1–15）断开，失电延时时间继电器 KT 线圈断电释放，KT 开始延时；KM_1 的两组辅助常闭触点（11–13、17–19）均闭合，此时交流接触器 KM_3 线圈得电吸合，KM_3 三相主触点闭合，将直流电源通入电动机绕组中，使电动机迅速制动停止。经 KT 一段时间延时后，KT 失电延时断开的常开触点（1–17）断开，KM_3 线圈断电释放，KM_3 三相主触点断开，切断通入电动机绕组中的直流电源，电动机能耗制动结束。

图 3.35

反转启动：按下反转启动按钮 SB_3，其常开触点（5–11）闭合，KM_2 线圈得电吸合，KM_2 辅助常闭触点（19–21）断开，起互锁作用；KM_2 辅助常闭触点（7–9）断开，起互锁作用；KM_2 辅助常开触点（5–11）闭合自锁；KM_2 辅助常开触点（1–15）闭合，KT 线圈得电吸合，KT 失电延时断开的常开触点(1–17)立即闭合，为能耗制动自动切除做准备；KM_2 三相主触点闭合，电动机得电反转启动运转。

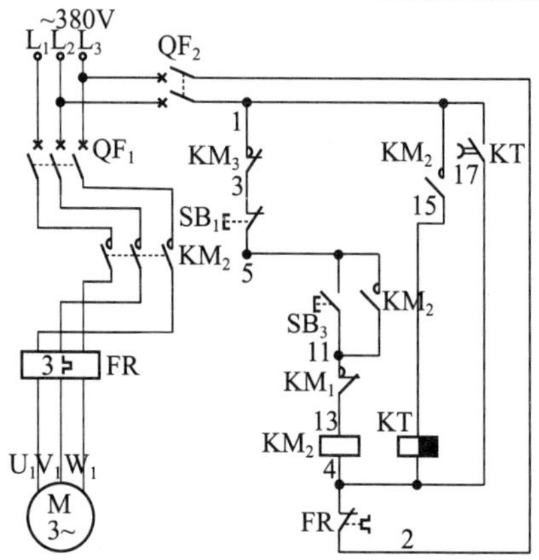

图 3.36

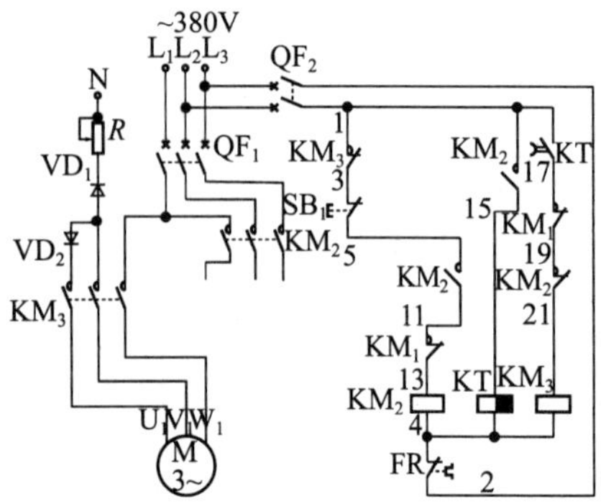

反转能耗制动：按下停止按钮 SB_1，其常闭触点（3–5）断开，KM_2 线圈断电释放，KM_2 三相主触点断开，电动机失电，仍靠惯性继续转动；KM_2 辅助常开触点（1–15）断开，失电延时时间继电器 KT 线圈断电释放，KT 开始延时；KM_2 的两组辅助常闭触点（7–9、19–21）均闭合，此时交流接触器 KM_3 线圈得电吸合，KM_3 三相主触点闭合，将直流电源通入电动机绕组中，使电动机迅速制动停止。经 KT 一段时间延时后，KT 失电延时断开的常开触点（1–17）断开，KM_3 线圈断电释放，KM_3 三相主触点断开，切断通入电动机绕组中的直流电源，电动机能耗制动结束。

3. 电路接线图

图 3.37

可逆能耗制动控制电路现场接线图

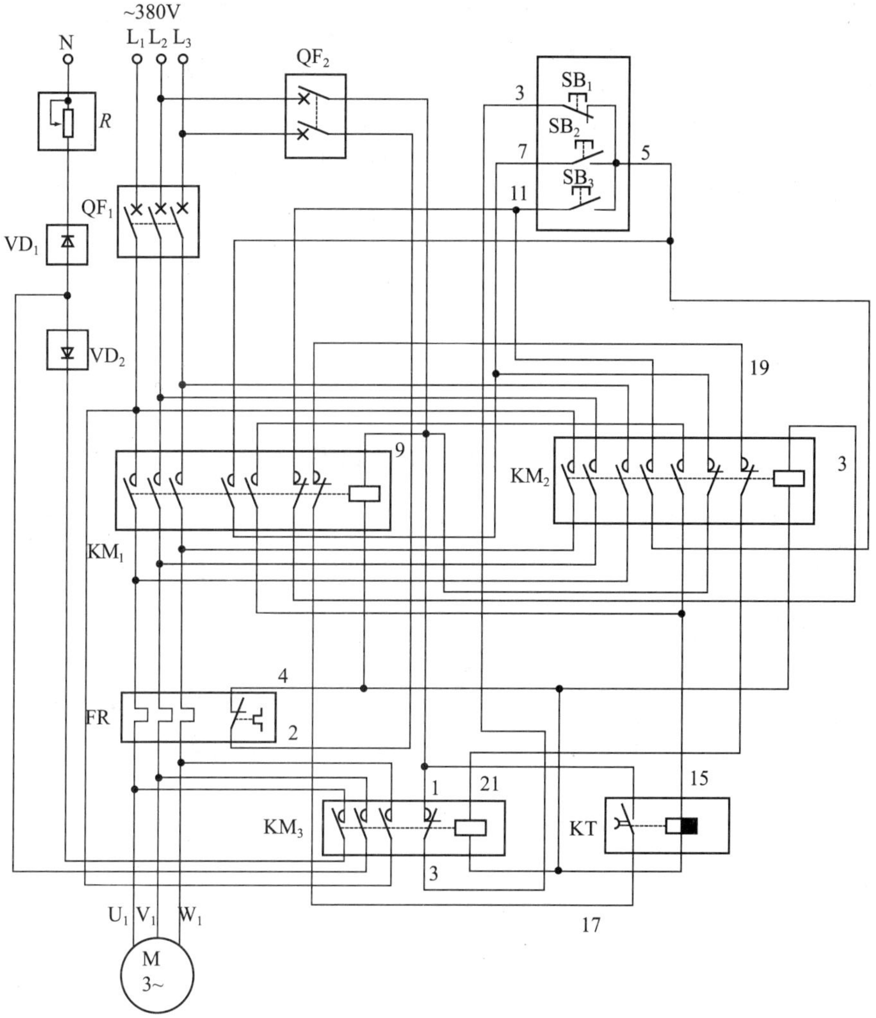

图 3.37 在现场接线时，应注意以下几点：

① 二极管 VD_1、VD_2 有正、负极之分，千万不可接错。

② 热继电器 FR 的控制触点为常闭触点，应接在热继电器接线端子 95、96 上。

③ 可调电阻器 *R* 的滑动端应先调至中间位置。

④ 失电延时时间继电器 KT 的一组失电延时断开的常开触点，容易出现接线错误，在接线时，最好先用万用表测其好坏，并将延时时间按要求设置好。

4. 按钮接线图

图 3.38

可逆能耗制动控制电路按钮实际接线图

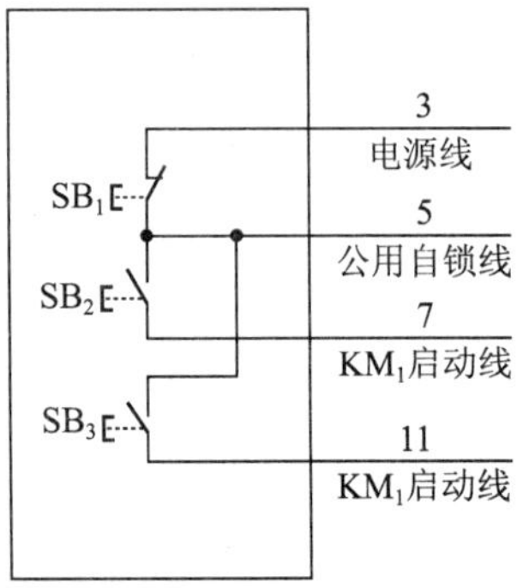

5. 电路布线图

从图 3.39 中可以看出，XT 为接线端子排，通过端子排 XT 来区分电气元件的安装位置，XT 的内侧为放置在配电箱内底板上的电气元件，XT 的外侧为外接或引至配电箱门面板上的电气元件。

从端子排 XT 上看，共有 11 个接线端子。其中，L_1、L_2、L_3、N 这 4 根线为由外引入至配电箱内的三相 380V 电源，并穿管引入；U_1、V_1、W_1 这 3 根线为电动机线，穿管接至电动机接线盒内的 U_1、V_1、W_1 上；3、5、7、11 这 4 根线为控制线，接至配电箱门面板上的按钮开关 SB_1、SB_2、SB_3 上。

图 3.39

可逆能耗制动控制电路布线图

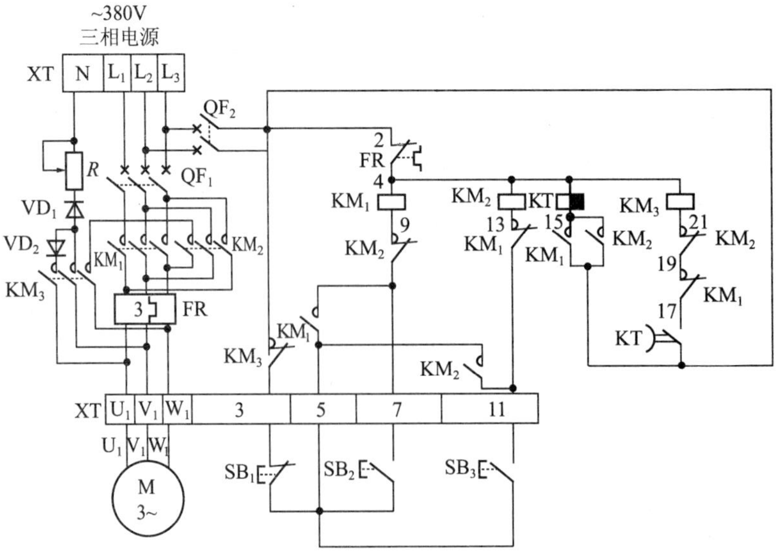

3.6　单管单向能耗制动手动控制电路

1. 电路原理图

图 3.40

单管单向能耗制动手动控制电路

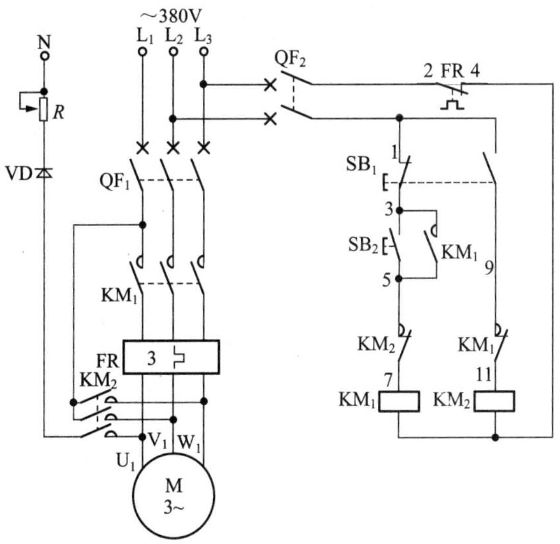

2. 工作过程分解

图 3.41

启动时，按下启动按钮 SB_2（3-5），交流接触器 KM_1 线圈得电吸合且 KM_1 辅助常开触点（3-5）闭合自锁，KM_1 辅助常闭触点（9-11）断开，起互锁作用，KM_1 三相主触点闭合，电动机得电启动运转。

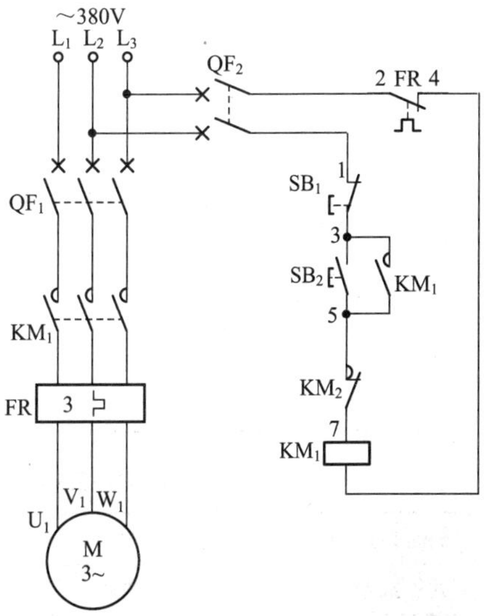

图 3.42

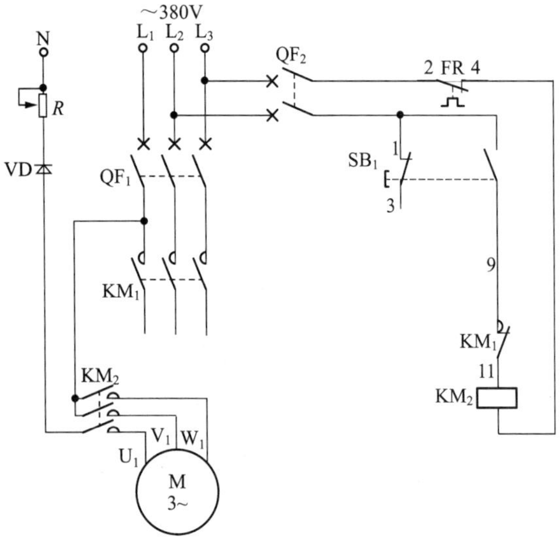

制动时，将停止按钮 SB_1 按到底不放手，SB_1 的一组常闭触点（1-3）断开，切断交流接触器 KM_1 线圈回路电源，KM_1 线圈断电释放，KM_1 三相主触点断开，电动机失电但仍靠惯性继续运转。与此同时，KM_1 辅助常闭触点（9-11）恢复常闭，为交流接触器 KM_2 线圈得电吸合做准备。在将停止按钮 SB_1 按到底的同时，SB_1 的另一组常开触点（1-9）闭合，接通了交流接触器 KM_2 线圈回路电源，KM_2 线圈得电吸合，KM_2 辅助常闭触点（5-7）断开，起互锁作用；KM_2 三相主触点闭合，将能耗制动直流电源通入电动机绕组内，使其产生一静止磁场，使电动机的转速骤降，对电动机进行能耗制动控制。松开停止按钮 SB_1，SB_1 常开触点（1-9）断开，切断交流接触器 KM_2 线圈回路电源，KM_2 线圈断电释放，KM_2 三相主触点断开，切断通入电动机绕组内的直流电源，能耗制动结束。也就是说，按住停止按钮 SB_1 的时间即能耗制动时间。

3. 按钮开关内部结构

铜芯塑料绝缘导线常温明敷安全载流量见表 3.4。

常用三芯聚氯乙烯铜芯绝缘电力电缆常温明敷安全载流量见表 3.5。

表 3.4 铜芯塑料绝缘导线常温明敷安全载流量

截面 /mm²	1	1.5	2.5	4	6	10	16
载流量 /A	15	19	27	34	45	63	85
截面 /mm²	35	50	70	95	120	150	185
载流量 /A	138	175	217	265	302	345	405

表 3.5 常用三芯聚氯乙烯铜芯绝缘电力电缆常温明敷安全载流量

截面 /mm²	2.5	4	6	10	16	25	35	50
载流量 /A	19	25	33	47	64	84	101	127
截面 /mm²	95	120	150	185	240	300	—	—
载流量 /A	191	223	260	302	360	403	—	—

4. 电路接线图

图 3.43

单管单向能耗制动手动控制电路现场接线图

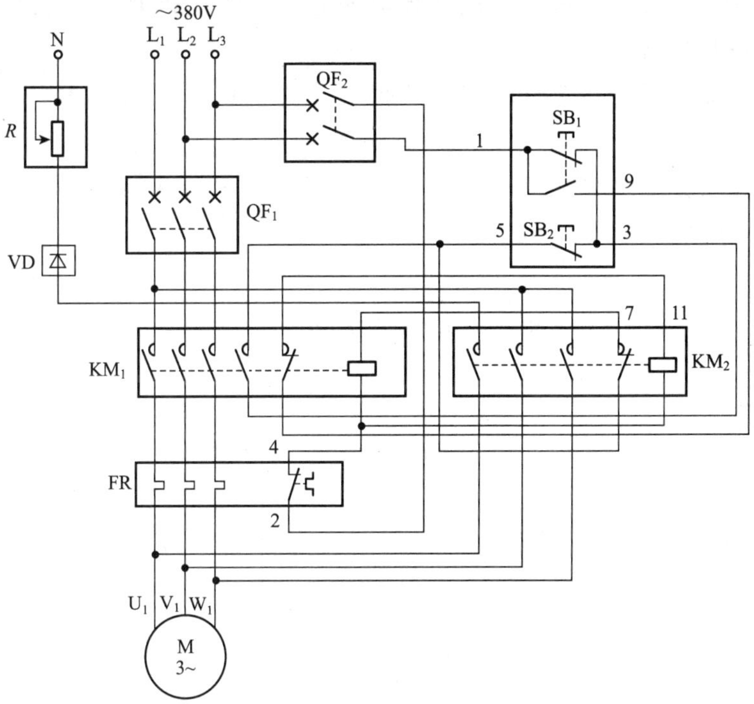

5. 按钮接线图

图 3.44

单管单向能耗制动手动控制电路按钮接线图

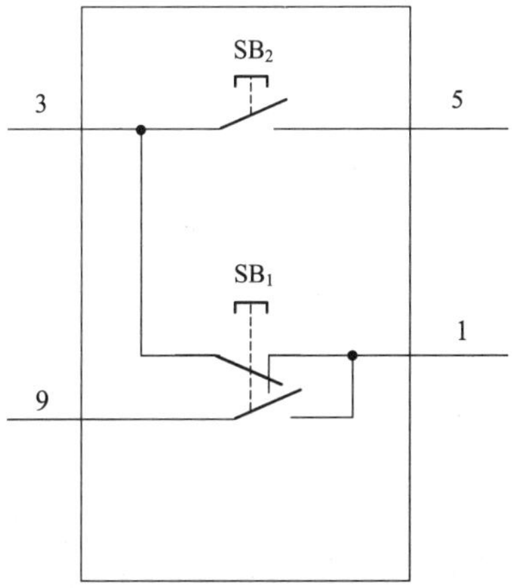

（a）按钮实际接线

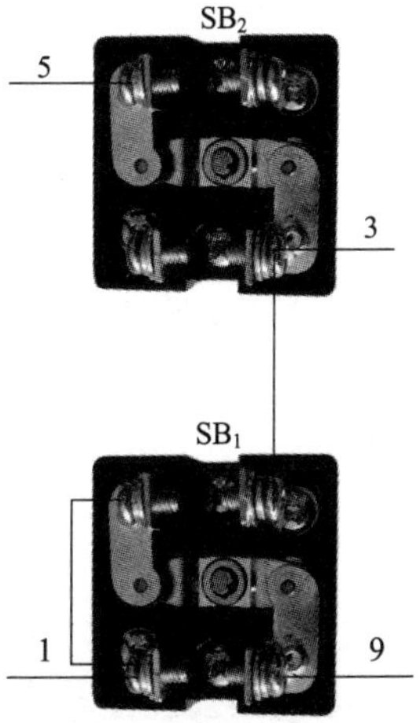

（b）按钮现场接线

6. 电路布线图

从图 3.45 中可以看出，XT 为接线端子排，通过端子排 XT 来区分电气元件的安装位置，XT 的上方为放置在配电箱内底板上的电气元件，XT 的下方为外接或引至配电箱门面板上的电气元件。

从端子排 XT 上看，共有 11 个接线端子。其中，L_1、L_2、L_3、N 这 4 根线为由外引入至配电箱内的三相 380V 电源，并穿管引入；U_1、V_1、W_1 这 3 根线为电动机线，穿管接至电动机接线盒内的 U_1、V_1、W_1 上；1、3、5、9 这 4 根线为控制线，接至配电箱门面板上的按钮开关 SB_1、SB_2 上。

图 3.45

单管单向能耗制动手动控制电路布线图

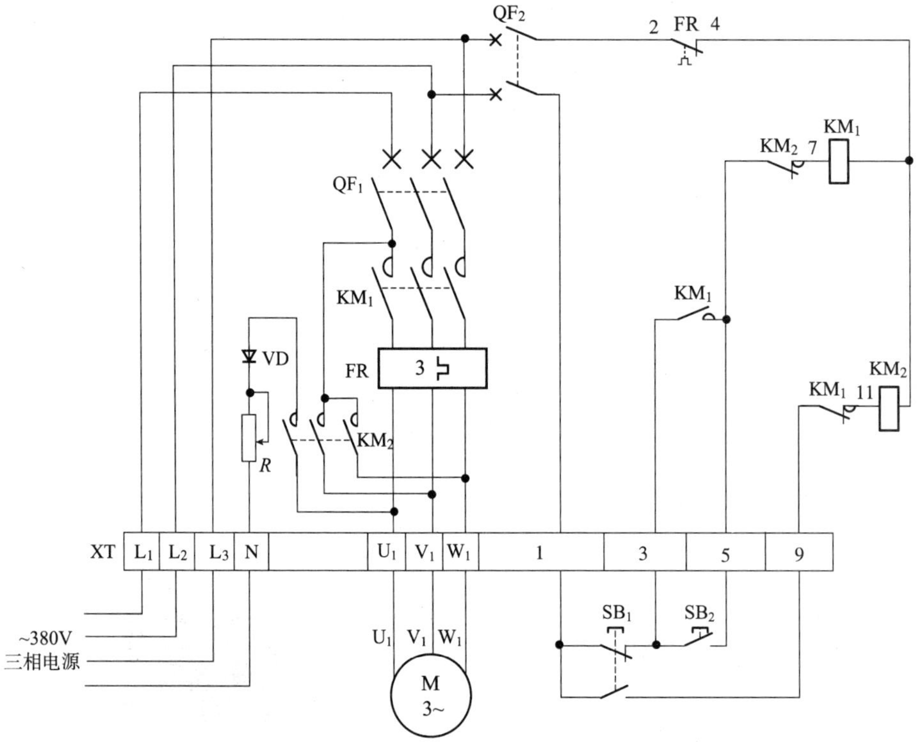

3.7　单管双向能耗制动手动控制电路

1. 电路原理图

图 3.46

单管双向能耗制动手动控制电路

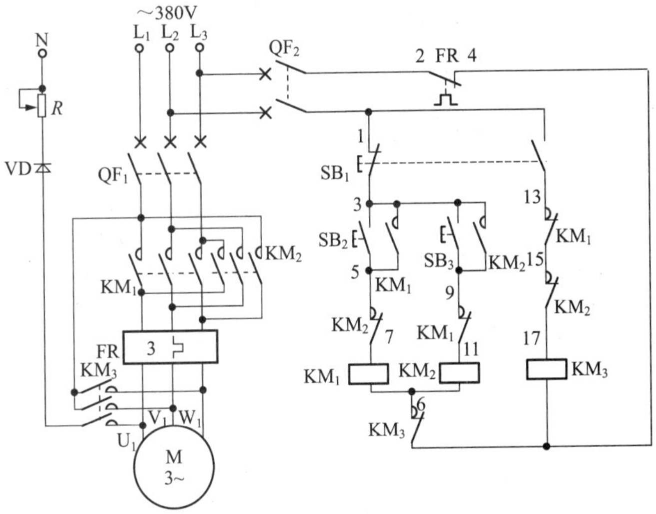

2. 工作过程分解

图 3.47

正转启动时，按下正转启动按钮SB_2(3-5)，交流接触器KM_1线圈得电吸合且KM_1辅助常开触点（3-5）闭合自锁，KM_1三相主触点闭合，电动机得电正转启动运转。

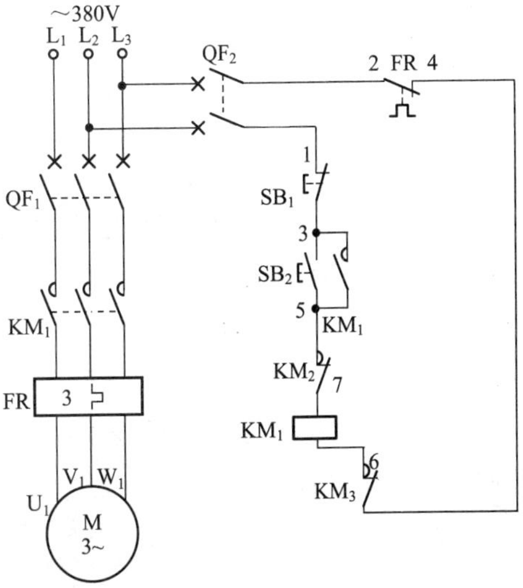

图 3.48

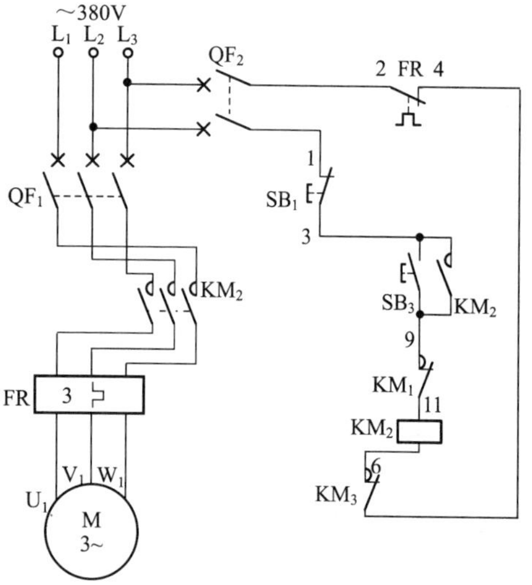

反转启动时，按下反转启动按钮SB_3(3-9)，交流接触器KM_2线圈得电吸合且KM_2辅助常开触点（3-9）闭合自锁，KM_2三相主触点闭合，电动机得电反转启动运转。

图 3.49

能耗制动时，按下停止按钮SB_1，SB_1的一组常闭触点（1-3）断开，切断正转或反转交流接触器KM_1或KM_2线圈回路电源，KM_1或KM_2线圈断电释放，KM_1或KM_2各自的三相主触点断开，电动机失电但仍靠惯性继续转动。与此同时，SB_1的另一组常开触点（1-13）闭合，使交流接触器KM_3线圈得电吸合，KM_3三相主触点闭合，将经单管VD整流后的直流电源通入电动机绕组内，使其产生一静止磁场，电动机被迅速制动停止。按住停止按钮SB_1的时间即能耗制动的手动操作时间。

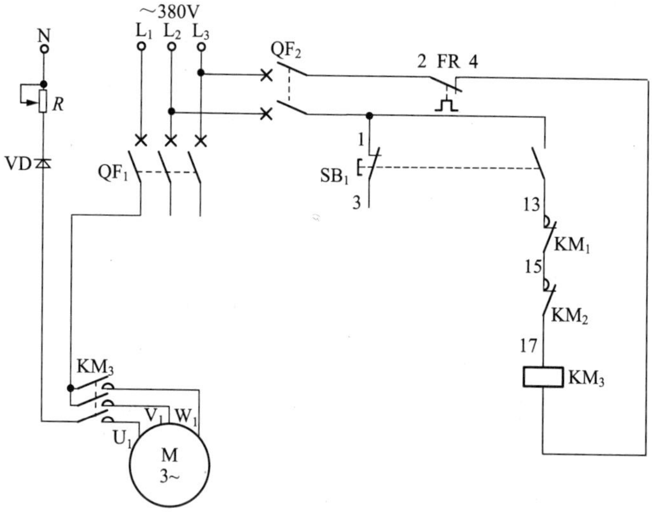

3. 电路接线图

图 3.50

单管双向能耗制动手动控制电路现场接线

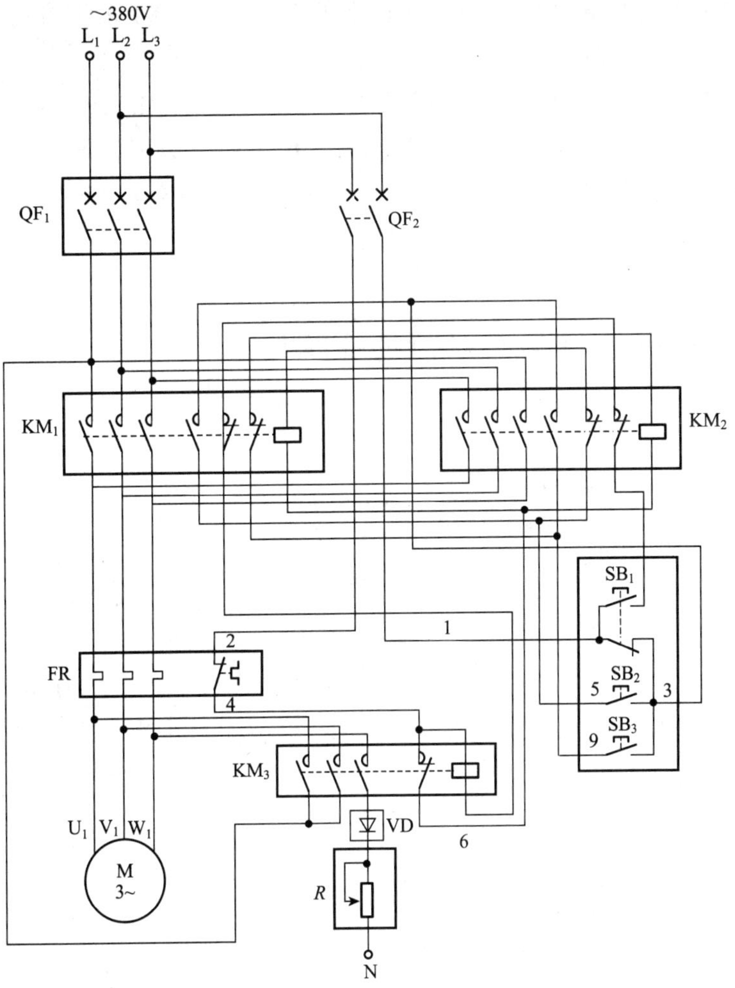

4. 按钮接线图

图 3.51

单管双向能耗制动手动控制电路按钮实际接线图

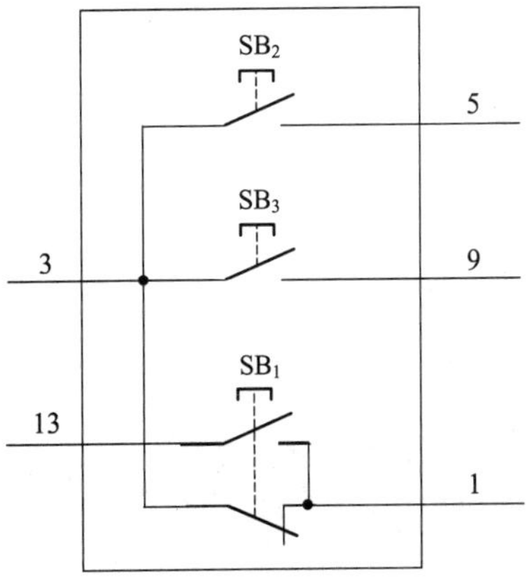

5. 电路布线图

从图 3.52 中可以看出，XT 为接线端子排，通过端子排 XT 来区分电气元件的安装位置，XT 的上方为放置在配电箱内底板上的电气元件，XT 的下方为外接或引至配电箱门面板上的电气元件。

从端子排 XT 上看，共有 11 个接线端子。其中，L_1、L_2、L_3 这 3 根线为由外引入至配电箱内的三相 380V 电源，并穿管引入；U_1、V_1、W_1 这 3 根线为电动机线，穿管接至电动机接线盒内的 U_1、V_1、W_1 上；1、3、5、9、13 这 5 根线为控制线，接至配电箱门面板上的按钮开关 SB_1、SB_2、SB_3 上。

图 3.52

单管双向能耗制动手动控制电路布线图

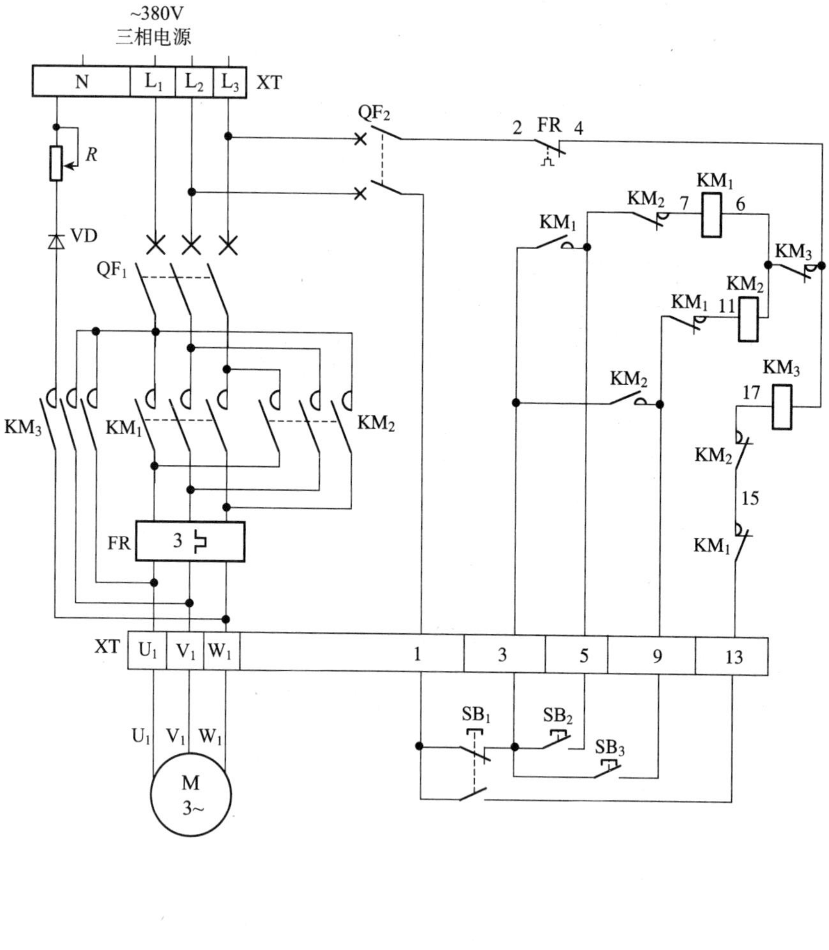

3.8 单管整流能耗制动控制电路

1. 电路原理图

图 3.53

单管整流能耗制动控制电路原理图

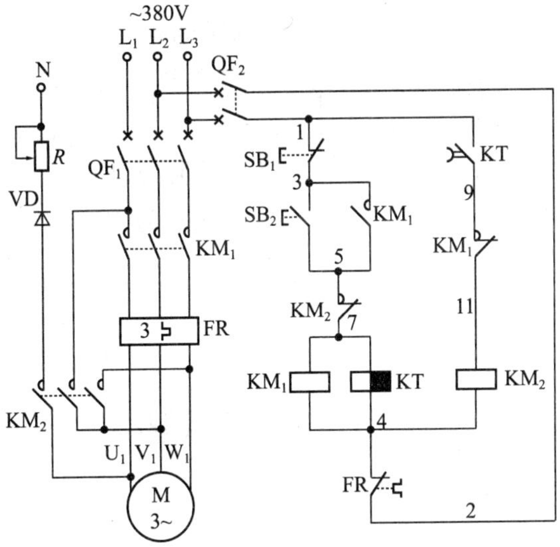

2. 工作过程分解

图 3.54

启动时，按下启动按钮 SB_2，其常开触点（3-5）闭合，接通交流接触器 KM_1 和失电延时时间继电器 KT 线圈回路电源，KM_1 和 KT 线圈得电吸合，KM_1 辅助常闭触点（9-11）断开，解除互锁；KM_1 辅助常开触点（3-5）闭合自锁；KT 失电延时断开的常开触点（1-9）立即闭合，为能耗制动时，延时切断制动回路做准备；KM_1 三相主触点闭合，电动机得电启动运转。

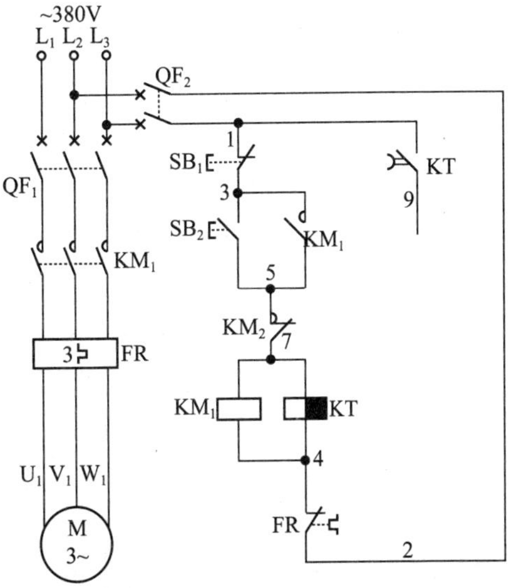

图 3.55

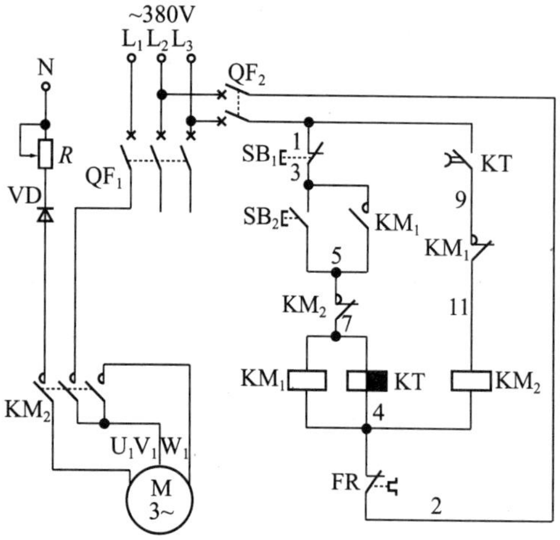

能耗制动时，按下停止按钮 SB_1，其常闭触点（1–3）断开，KM_1 和 KT 线圈断电释放，KT 开始延时。KM_1 辅助常开触点（3–5）断开，解除自锁；KM_1 三相主触点断开，电动机失电停止运转。与此同时，KM_1 辅助常闭触点（9–11）闭合，KM_2 线圈得电吸合，KM_2 辅助常闭触点（5–7）断开，起互锁作用；KM_2 三相主触点闭合，将直流电源接入电动机绕组中，产生一静止磁场，电动机能耗制动，转速骤降迅速停止下来。经 KT 一段时间延时后（通常为 1~3s），KT 失电延时断开的常开触点（1–9）断开，切断交流接触器 KM_2 线圈回路电源，KM_2 线圈断电释放，KM_2 三相主触点断开，能耗制动电源解除，制动过程结束。

3. 电路接线图

图 3.56

单管整流能耗制动控制电路现场接线图

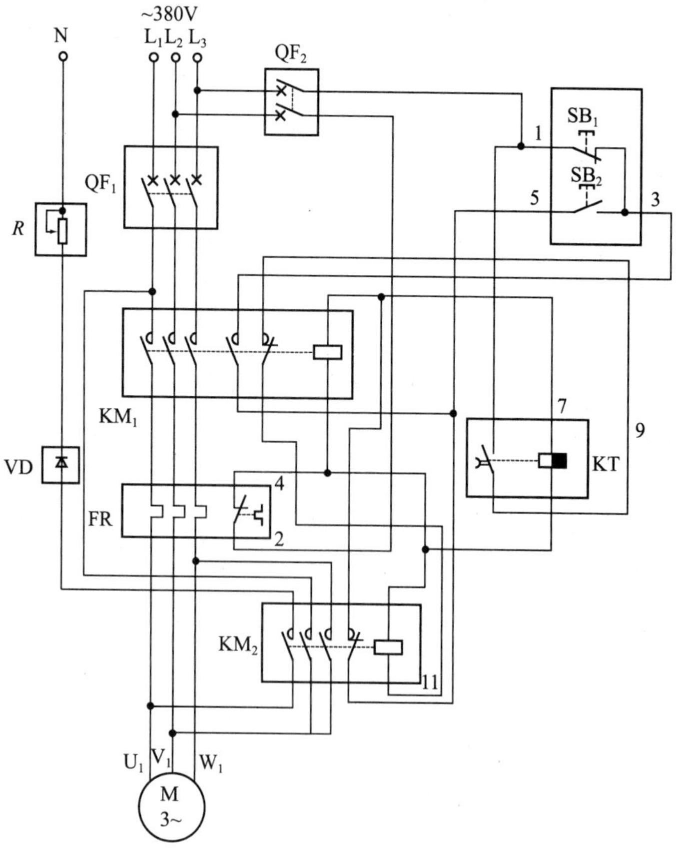

4. 按钮接线图

图 3.57

单管整流能耗制动控制电路按钮接线图

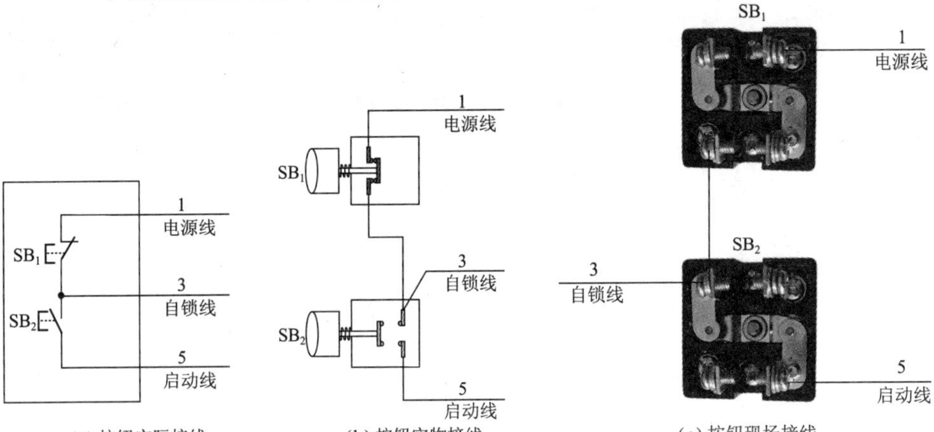

5. 电路布线图

从图 3.58 中可以看出，XT 为接线端子排，通过端子排 XT 来区分电气元件的安装位置，XT 的内侧为放置在配电箱内底板上的电气元件，XT 的外侧为外接或引至配电箱门面板上的电气元件。

从端子排 XT 上看，共有 10 个接线端子。其中，L_1、L_2、L_3、N 这 4 根线为由外引入至配电箱内的三相 380V 电源，并穿管引入；U_1、V_1、W_1 这 3 根线为电动机线，穿管接至电动机接线盒内的 U_1、V_1、W_1 上；1、3、5 这 3 根线为控制线，接至配电箱门面板上的按钮开关 SB_1、SB_2 上。

图 3.58

单管整流能耗制动控制电路布线图

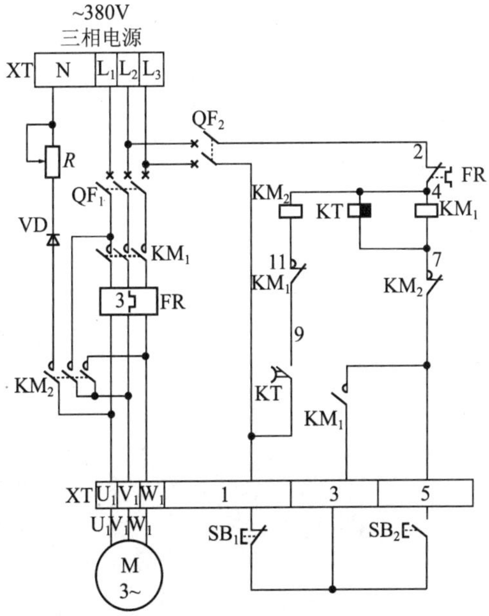

3.9 半波整流单向能耗制动控制电路

1. 电路原理图

图 3.59

半波整流单向能耗制动控制电路原理图

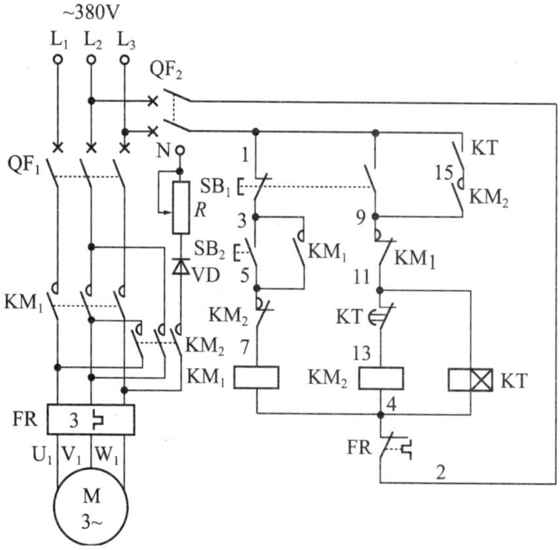

2. 工作过程分解

图 3.60

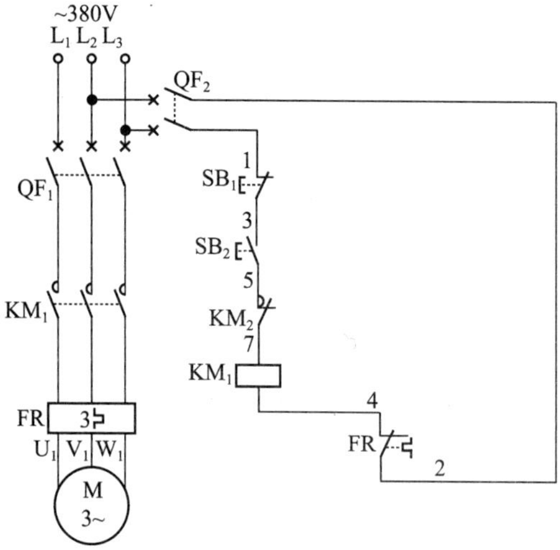

电动机启动时，按下启动按钮 SB_2（3-5），交流接触器 KM_1 线圈得电吸合，KM_1 三相主触点闭合，电动机得电启动运转。

图 3.61

电动机运转时，在交流接触器 KM_1 线圈得电吸合后，KM_1 并联在启动按钮 SB_2（3–5）上的辅助常开触点（3–5）闭合自锁，这样，交流接触器 KM_1 线圈就会通过 KM_1 辅助常开自锁触点（3–5）形成自锁回路，使交流接触器 KM_1 线圈一直吸合着，那么 KM_1 三相主触点就会一直闭合着，电动机就会得电正常运转了。

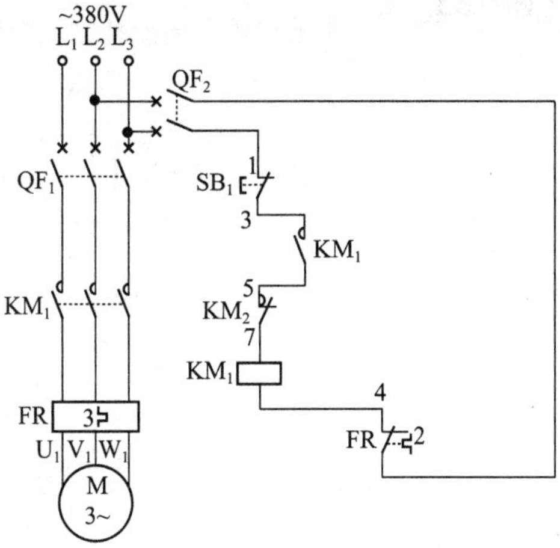

图 3.62

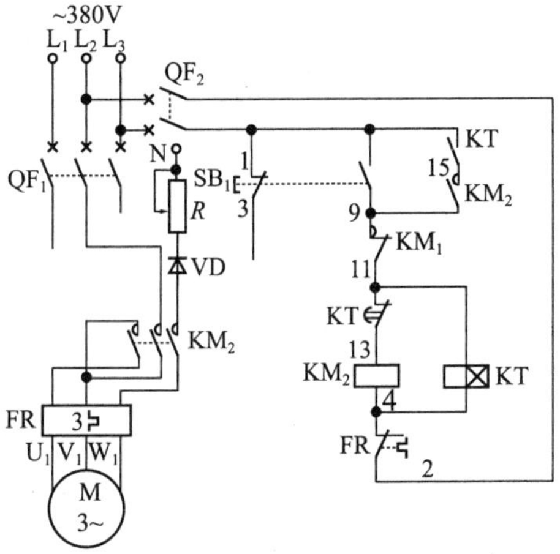

能耗制动时，按下停止按钮 SB_1，其常闭触点（1–3）断开，交流接触器 KM_1 线圈断电释放，KM_1 三相主触点断开，电动机失电但仍靠惯性继续转动。SB_1 常开触点（1–9）闭合，交流接触器 KM_2 和得电延时时间继电器 KT 线圈同时得电吸合且自锁，KT 开始延时；KM_2 三相主触点闭合，电动机绕组通入能耗制动电源，转速骤降。经 KT 一段时间延时后，KT 得电延时断开的常闭触点（11–13）断开，KM_2、KT 线圈断电释放，KM_2 三相主触点断开，切除能耗制动电源，电动机能耗制动结束。

3. 能耗制动经验公式

这种制动电路简单、实用、可靠，安装容易，成本低，适用于 10kW 以下电动机且对制动要求不高的场合。

能耗制动经验公式如下所示：

① 直流制动电压 U_d：

$U_d=I_dR$（V）

② 直流制动电流 I_d：

$I_d=1.5I_n$（A）

或

$I_d=(3.5\sim4)I_0$（A）

式中，I_0 为被制动的电动机空载时的线电流（A）；I_n 为被制动的电动机额定工作电流（A）；R 为加在 U_d 的定子绕组两端的冷态电阻值（Ω）。

4. 电路接线图

图 3.63

半波整流单向能耗制动控制电路现场接线图

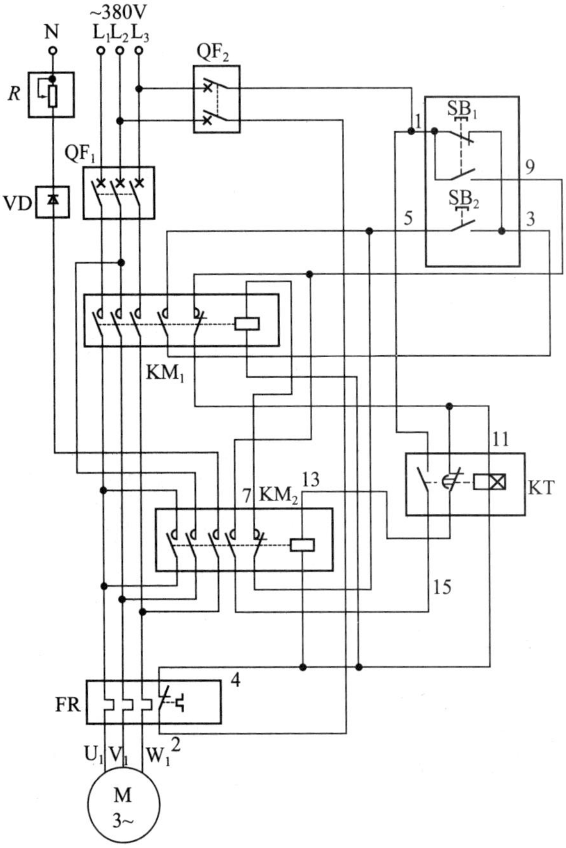

5. 按钮接线图

图 3.64

半波整流单向能耗制动控制电路按钮接线图

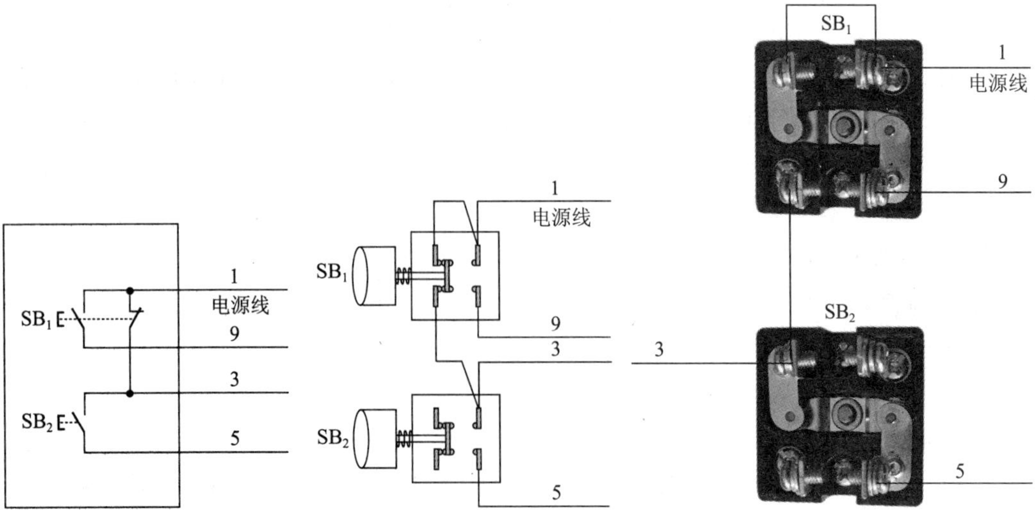

(a) 按钮实际接线　　(b) 按钮实物接线　　(c) 按钮现场接线

6. 电路布线图

从图 3.65 中可以看出，XT 为接线端子排，通过端子排 XT 来区分电气元件的安装位置，XT 的内侧为放置在配电箱内底板上的电气元件，XT 的外侧为外接或引至配电箱门面板上的电气元件。

从端子排 XT 上看，共有 11 个接线端子。其中，L_1、L_2、L_3、N 这 4 根线为由外引入至配电箱内的三相 380V 电源，并穿管引入；U_1、V_1、W_1 这 3 根线为电动机线，穿管接至电动机接线盒内的 U_1、V_1、W_1 上；1、3、5、9 这 4 根线为控制线，接至配电箱门面板上的按钮开关 SB_1、SB_2 上。

图 3.65

半波整流单向能耗制动控制电路布线图

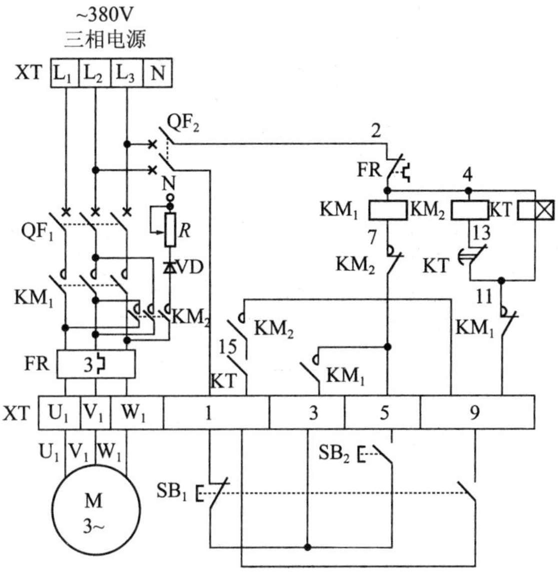

3.10 半波整流可逆能耗制动控制电路

1. 电路原理图

图 3.66

半波整流可逆能耗制动控制电路原理图

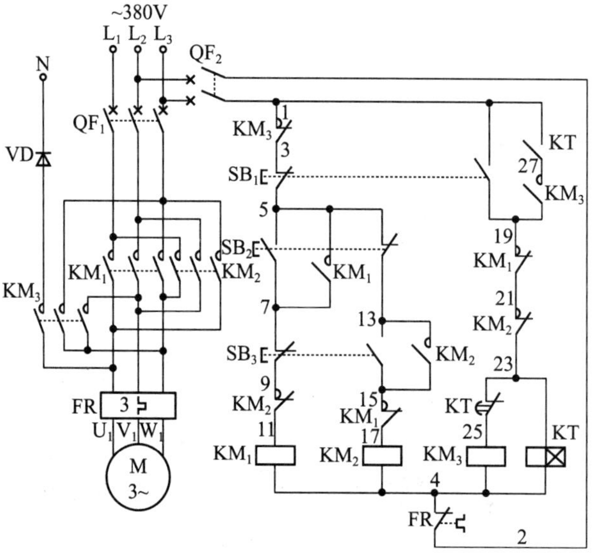

2. 工作过程分解

图 3.67

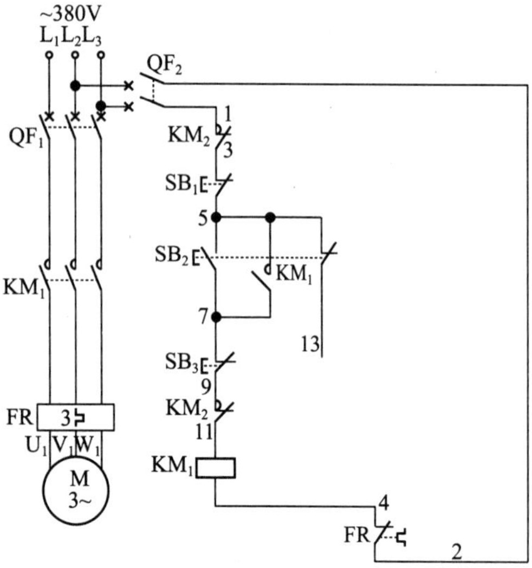

正转启动：按下正转启动按钮 SB_2，其常闭触点（5-13）断开，起互锁作用；其常开触点（5-7）闭合，接通交流接触器 KM_1 线圈回路电源，KM_1 线圈得电吸合，KM_1 的一组辅助常闭触点（15-17）断开，对 KM_2 线圈回路进行互锁；KM_1 的另一组辅助常闭触点（19-21）断开，对 KM_3 及 KT 线圈回路进行互锁；KM_1 辅助常开触点（5-7）闭合自锁，KM_1 三相主触点闭合，电动机得电正转启动运转。

图 3.68

正转能耗制动：按下停止按钮 SB_1，其常闭触点（3–5）断开，交流接触器 KM_1 线圈断电释放，KM_1 三相主触点断开，电动机正转失电但仍靠惯性继续转动；与此同时，SB_1 常开触点（1–19）闭合，交流接触器 KM_3 和得电延时时间继电器 KT 线圈得电吸合且自锁，KT 开始延时；KM_3 三相主触点闭合，电动机绕组通入能耗制动电源，转速骤降。经 KT 一段时间延时后，KT 得电延时断开的常闭触点（23–25）断开，KM_3、KT 线圈断电释放，KM_3 三相主触点断开，切除能耗制动电源，电动机正转能耗制动结束。

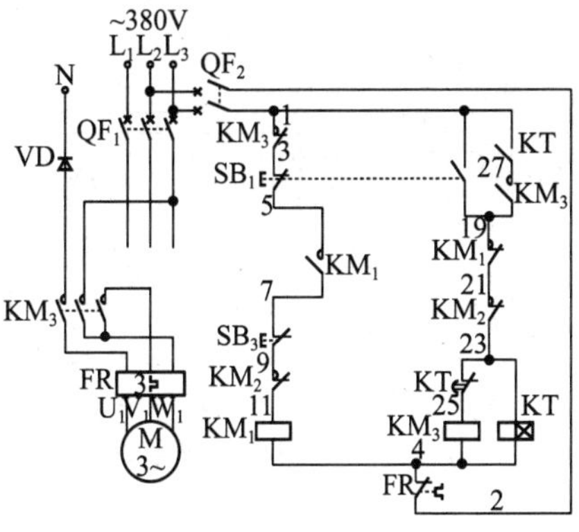

图 3.69

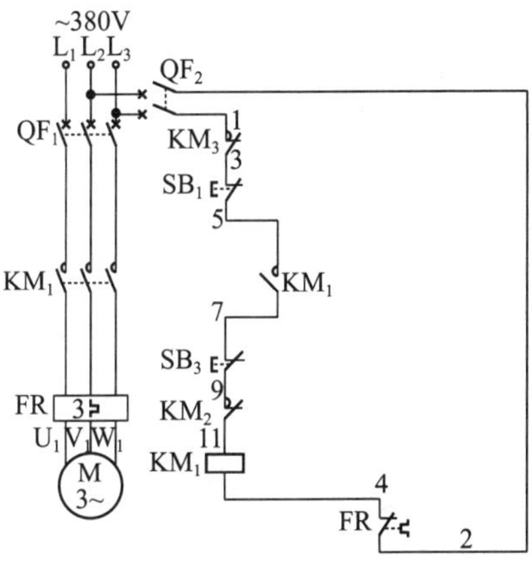

正转自由停机：轻轻按下停止按钮 SB_1，其常闭触点（3–5）断开，切断交流接触器 KM_1 线圈回路电源，KM_1 线圈断电释放，KM_1 辅助常开触点（5–7）断开，解除自锁；KM_1 三相主触点断开，电动机正转失电但仍靠惯性继续转动一会儿才慢慢停止下来，为自由停机状态。在 KM_1 线圈断电释放后，KM_1 的一组辅助常闭触点（15–17）闭合，解除对 KM_2 线圈回路的互锁；KM_1 的另一组辅助常闭触点（19–21）闭合，解除对 KM_3 和 KT 线圈回路的互锁。

图 3.70

反转启动：按下反转启动按钮 SB_3，其常闭触点（7–9）断开，起互锁作用；其常开触点（13–15）闭合，接通交流接触器 KM_2 线圈回路电源，KM_2 线圈得电吸合，KM_2 的一组辅助常闭触点（9–11）断开，对 KM_1 线圈回路进行互锁；KM_2 的另一组辅助常闭触点（21–23）断开，对 KM_3 及 KT 线圈回路进行互锁；KM_2 辅助常开触点（13–15）闭合自锁，KM_2 三相主触点闭合，电动机得电反转启动运转。

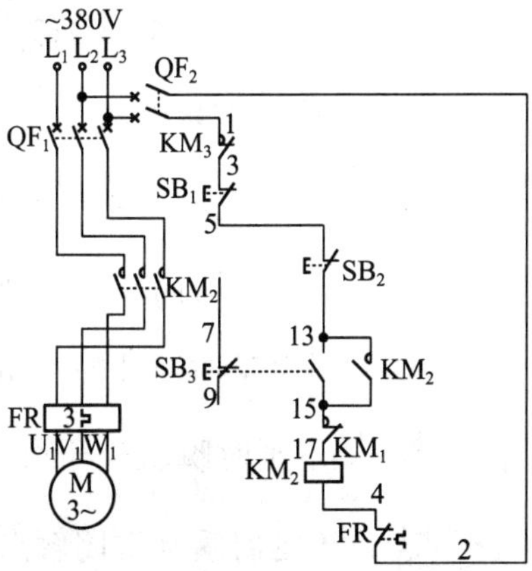

图 3.71

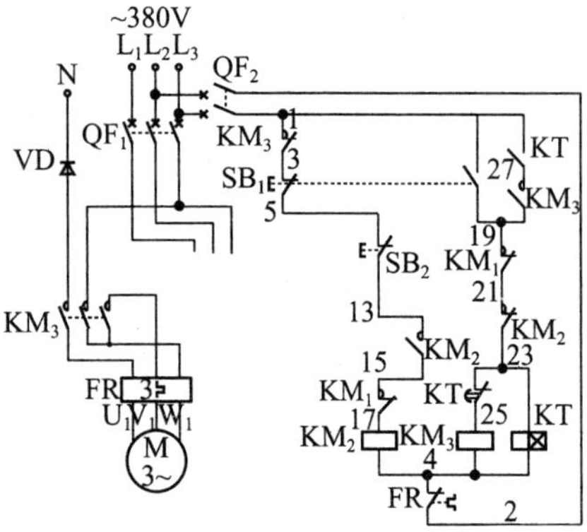

反转能耗制动：按下停止按钮 SB_1，其常闭触点（3–5）断开，交流接触器 KM_2 线圈断电释放，KM_2 三相主触点断开，电动机反转失电但仍靠惯性继续转动；与此同时，SB_1 常开触点（1–19）闭合，交流接触器 KM_3 和得电延时时间继电器 KT 线圈得电吸合且自锁，KT 开始延时；KM_3 三相主触点闭合，电动机绕组通入能耗制动电源，转速骤降。经 KT 一段时间延时后，KT 得电延时断开的常闭触点（23–25）断开，KM_3、KT 线圈断电释放，KM_3 三相主触点断开，切除能耗制动电源，电动机反转能耗制动结束。

图 3.72

反转自由停机：轻轻按下停止按钮 SB_1，其常闭触点（3–5）断开，切断交流接触器 KM_2 线圈回路电源，KM_2 线圈断电释放，KM_2 辅助常开触点（13–15）断开，解除自锁；KM_2 三相主触点断开，电动机反转失电但仍靠惯性继续转动一会儿才慢慢停止下来，为自由停机状态。在 KM_2 线圈断电释放后，KM_2 的一组辅助常闭触点（9–11）闭合，解除对 KM_1 线圈回路的互锁；KM_2 的另一组辅助常闭触点（21–23）闭合，解除对 KM_3 和 KT 线圈回路的互锁。

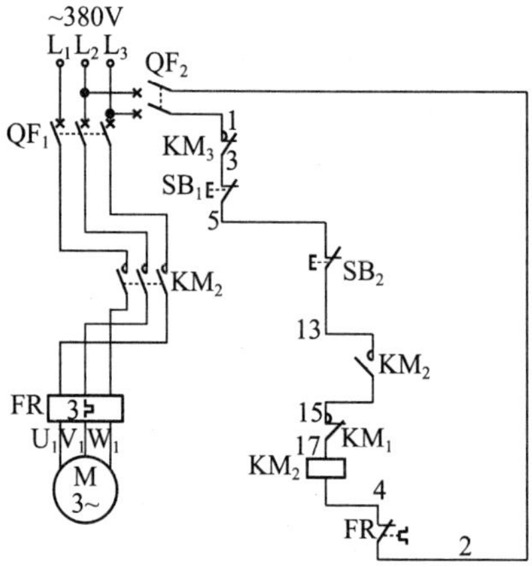

3. 得电延时时间继电器的电气符号

顺便介绍一下本电路中的得电延时时间继电器 KT 相关的电气符号方面的知识。

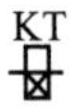

得电延时时间继电器线圈。

得电延时闭合的常开触点。

得电延时断开的常闭触点。

不延时瞬动常开触点。

不延时瞬动常闭触点。

4. 电路接线图

图 3.73 半波整流可逆能耗制动控制电路现场接线图

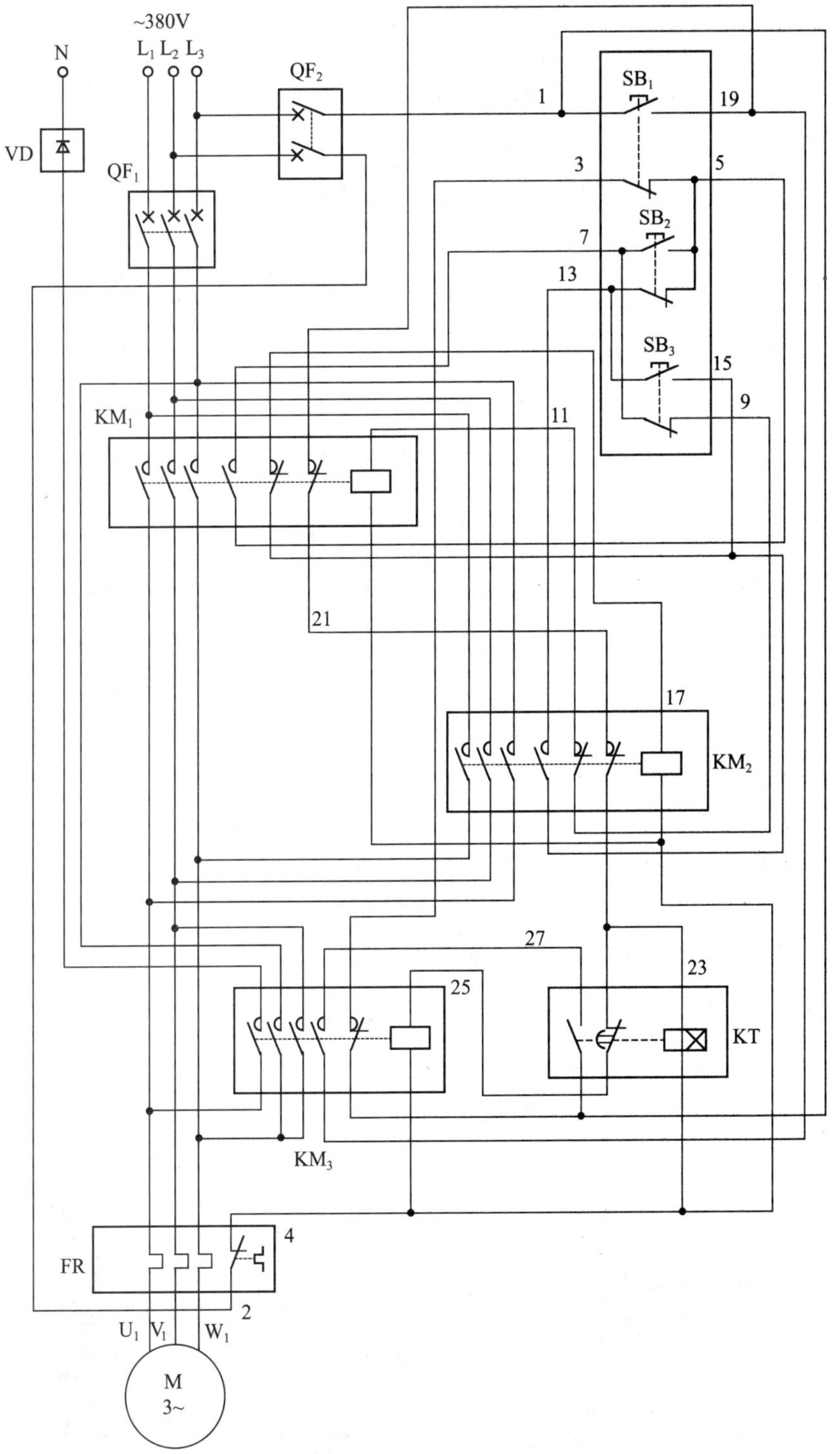

5. 按钮接线图

图 3.74

半波整流可逆能耗制动控制电路按钮接线图

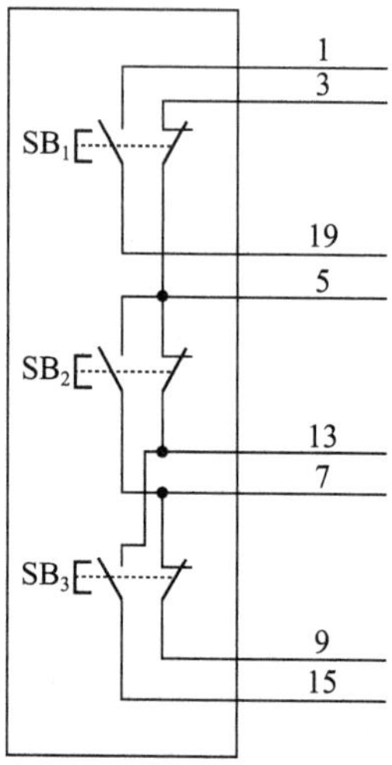

6. 电路布线图

从图 3.75 中可以看出，XT 为接线端子排，通过端子排 XT 来区分电气元件的安装位置，XT 的内侧为放置在配电箱内底板上的电气元件，XT 的外侧为外接或引至配电箱门面板上的电气元件。

从端子排 XT 上看，共有 15 个接线端子。其中，L_1、L_2、L_3、N 这 4 根线为由外引入至配电箱内的三相 380V 电源，并穿管引入；U_1、V_1、W_1 这 3 根线为电动机线，穿管接至电动机接线盒内的 U_1、V_1、W_1 上；1、3、5、7、9、13、15、19 这 8 根线为控制线，接至配电箱门面板上的按钮开关 SB_1、SB_2、SB_3 上。

图 3.75

半波整流可逆能耗制动控制电路布线图

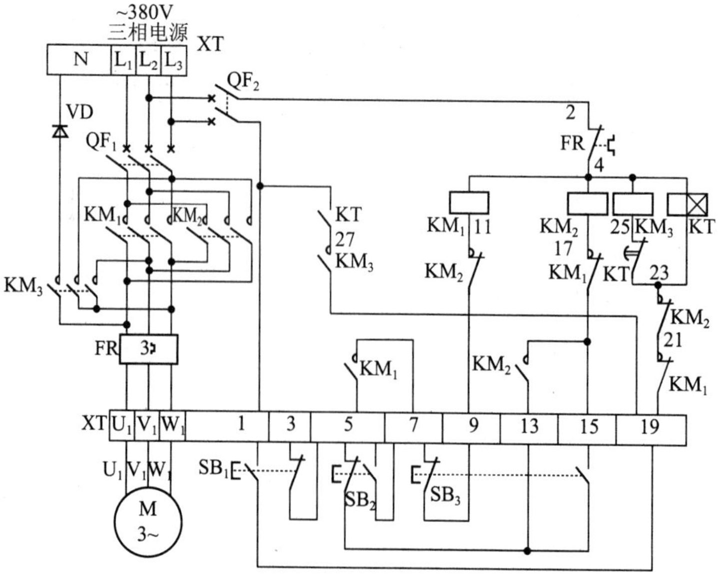

3.11 全波整流单向能耗制动控制电路

1. 电路原理图

图 3.76

全波整流单向能耗制动控制电路原理图

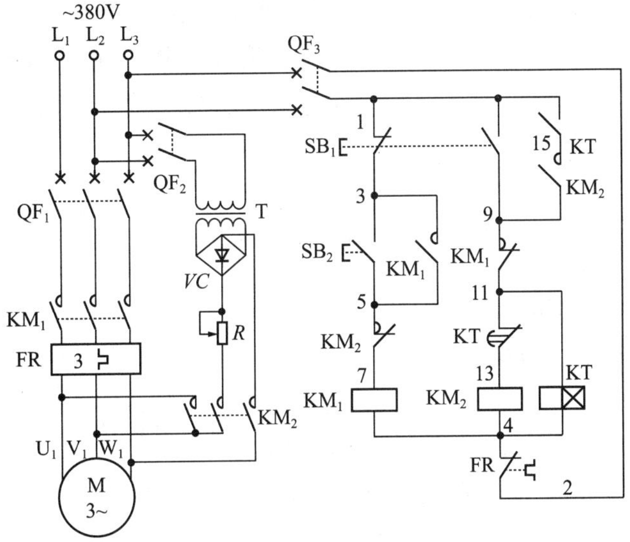

2. 工作过程分解

图 3.77

启动：按下启动按钮 SB_2，其常开触点（3-5）闭合，接通交流接触器 KM_1 线圈回路电源，KM_1 线圈得电吸合，KM_1 辅助常闭触点（9-11）断开，起互锁 KM_2 和 KT 线圈回路的作用；KM_1 辅助常开触点（3-5）闭合自锁，KM_1 三相主触点闭合，电动机得电启动运转。

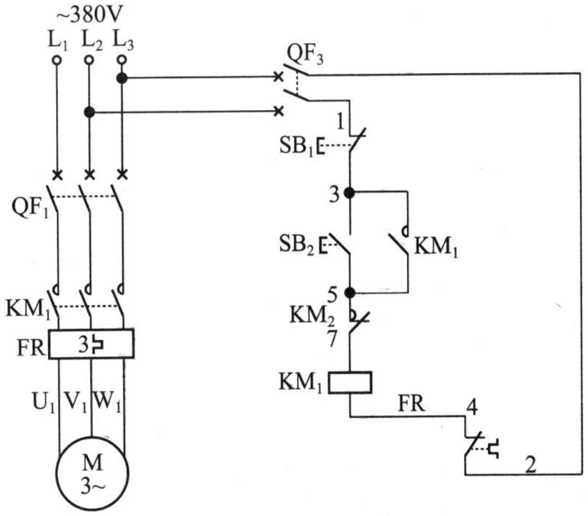

图 3.78

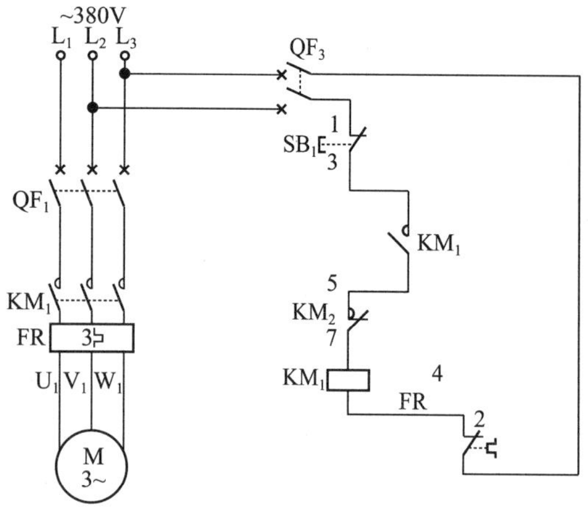

自由停机：轻轻按下停止按钮 SB_1，其常闭触点（1–3）断开，切断交流接触器 KM_1 线圈回路电源，KM_1 线圈断电释放，KM_1 辅助常开触点（3–5）断开，解除自锁；KM_1 辅助常闭触点（9–11）闭合，解除对 KM_2 和 KT 线圈的互锁作用，KM_1 三相主触点断开，电动机失电但仍靠惯性继续转动一会儿，处于自由停机状态。

图 3.79

能耗制动：按下停止按钮 SB_1，其常闭触点（1–3）断开交流接触器 KM_1 线圈断电释放，KM_1 三相主触点断开，电动机失电但仍靠惯性继续转动；与此同时，SB_1 常开触点（1–9）闭合，交流接触器 KM_2 和得电延时时间继电器 KT 线圈得电吸合且自锁，KT 开始延时；KM_2 三相主触点闭合，电动机通入能耗制动电源，转速骤降；经 KT 一段时间延时后，KT 得电延时断开的常闭触点（11–13）断开，KM_2、KT 线圈断电释放，KM_2 三相主触点断开，切断能耗制动电源，电动机能耗制动结束。

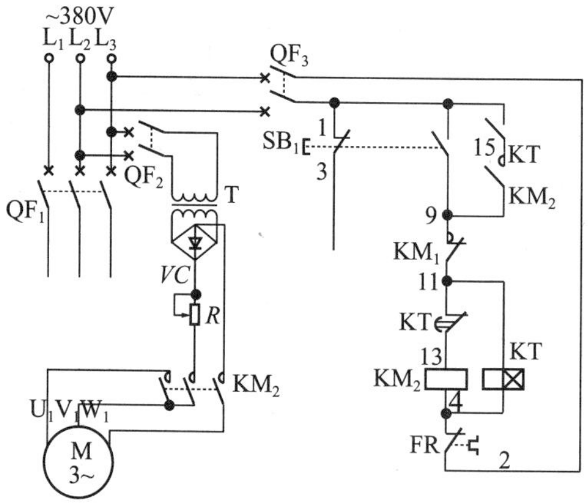

3. 变压器数据计算

这种制动电路简单，适用于 10kW 以下电动机且对制动要求不高的场合。

单相桥式全波整流时，能耗制动所需要的降压变压器二次侧交流电压和交流电流为

$$U_2=U_Z/0.9$$

$$I_2=I_Z/0.9$$

变压器的容量为

$$S=I_2U_2\ (\mathrm{V \cdot A})$$

式中，U_Z 为直流电压（V）；I_Z 为直流电流（A）；I_2 为变压器二次侧交流电流（A）；U_2 为变压器二次侧交流电压（V）；S 为变压器容量（V · A）。

4. 电路接线图

图 3.80

全波整流单向能耗制动控制电路现场接线图

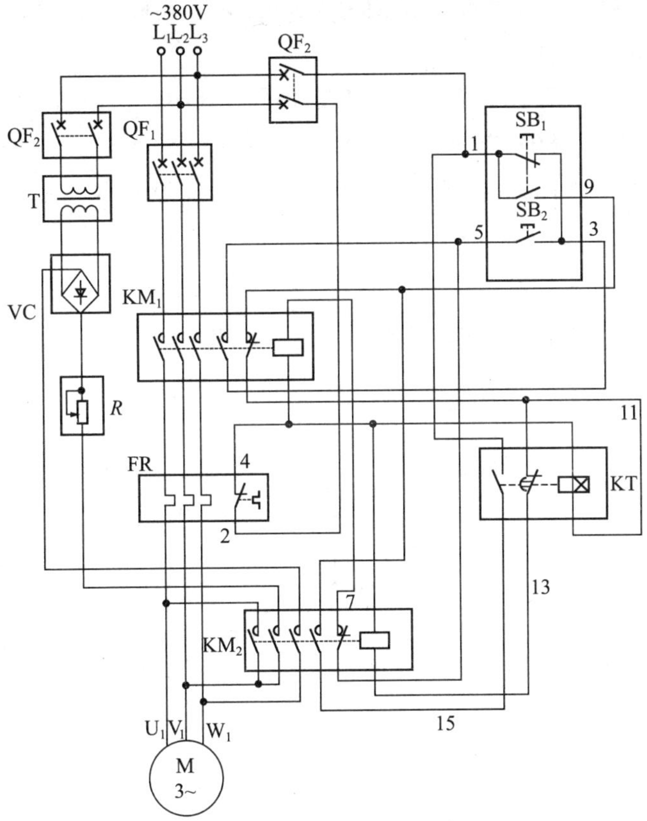

5. 按钮接线图

图 3.81

全波整流单向能耗制动控制电路按钮接线图

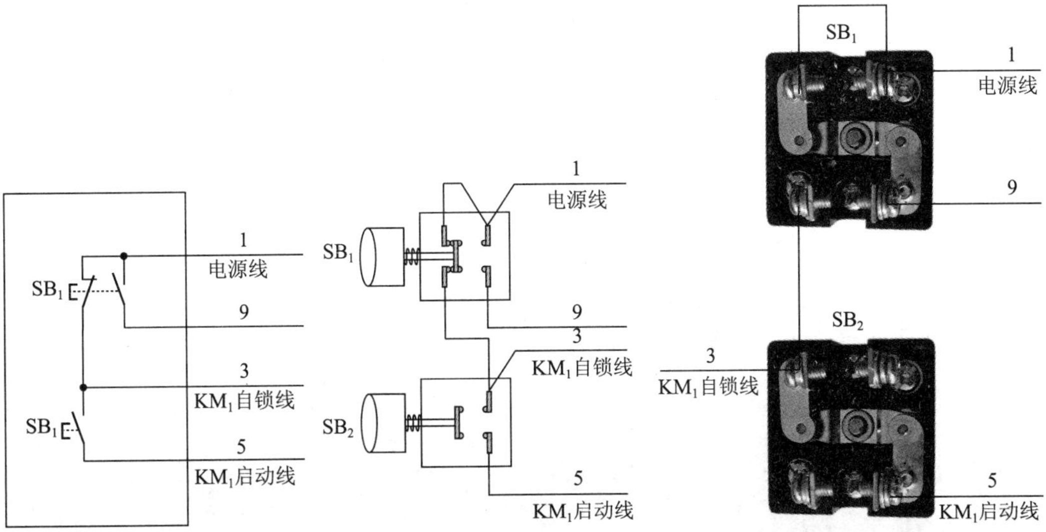

(a) 按钮实际接线　(b) 按钮实物接线　(c) 按钮现场接线

6. 电路布线图

从图 3.82 中可以看出，XT 为接线端子排，通过端子排 XT 来区分电气元件的安装位置，XT 的内侧为放置在配电箱内底板上的电气元件，XT 的外侧为外接或引至配电箱门面板上的电气元件。

从端子排 XT 上看，共有 10 个接线端子。其中，L_1、L_2、L_3 这 3 根线为由外引入至配电箱内的三相 380V 电源，并穿管引入；U_1、V_1、W_1 这 3 根线为电动机线，穿管接至电动机接线盒内的 U_1、V_1、W_1 上；1、3、5、9 这 4 根线为控制线，接至配电箱门面板上的按钮开关 SB_1、SB_2 上。

图 3.82

全波整流单向能耗制动控制电路布线图

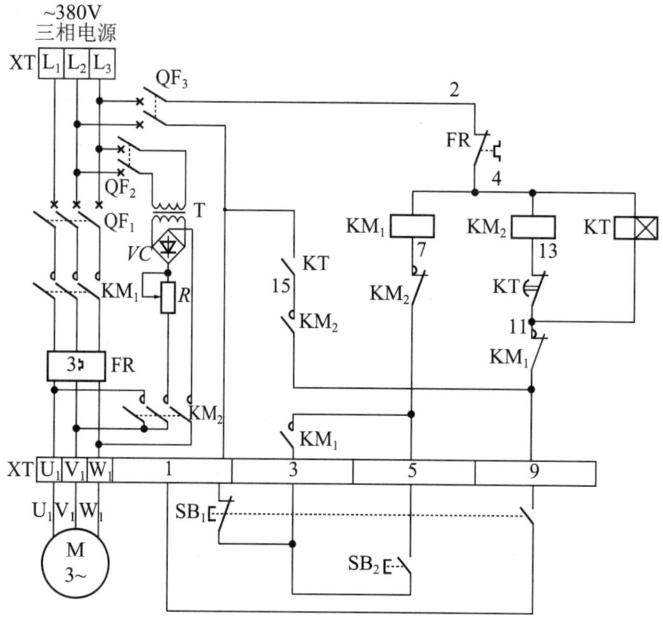

3.12 全波整流可逆能耗制动控制电路

1. 电路原理图

图 3.83

全波整流可逆能耗制动控制电路原理图

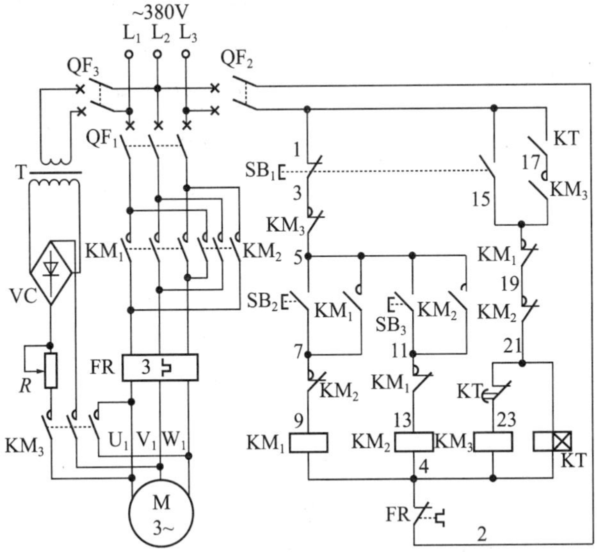

2. 工作过程分解

图 3.84

正转启动：按下正转启动按钮 SB_2，其常开触点（5–7）闭合，接通交流接触器 KM_1 线圈回路电源，KM_1 线圈得电吸合，KM_1 的一组辅助常闭触点（11–13）断开，起互锁 KM_2 线圈回路的作用；KM_1 的另一组辅助常闭触点（15–19）断开，起互锁 KM_3 及 KT 线圈回路的作用；KM_1 的一组辅助常开触点（5–7）闭合自锁；KM_1 三相主触点闭合，电动机得电正转启动运转。

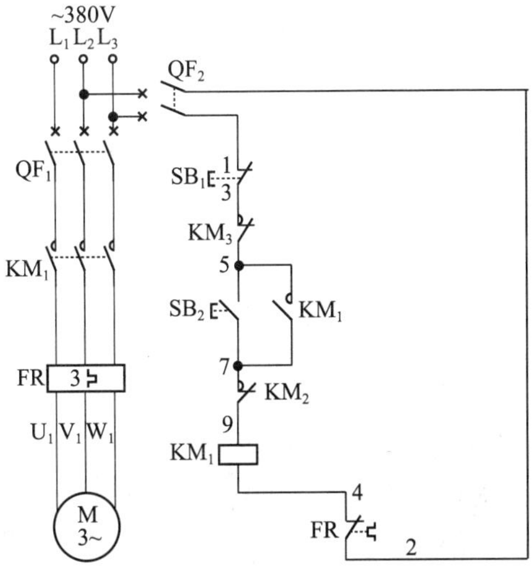

图 3.85

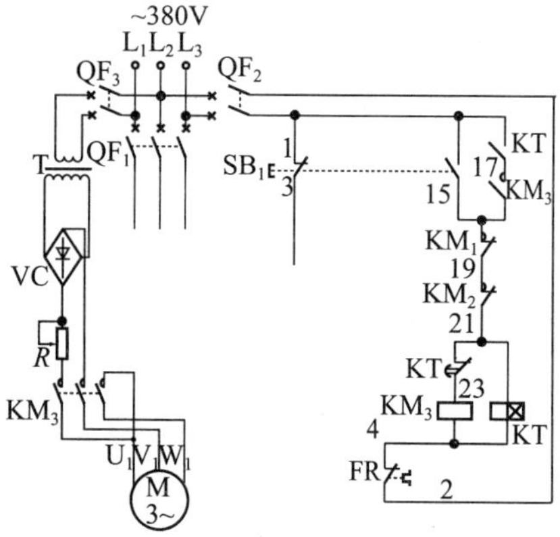

正转能耗制动：按下停止按钮 SB_1，其常闭触点（1–3）断开，交流接触器 KM_1 线圈断电释放，KM_1 三相主触点断开，电动机正转失电但仍靠惯性继续转动；与此同时，交流接触器 KM_3 和得电延时时间继电器 KT 线圈得电吸合且自锁，KT 开始延时；KM_3 三相主触点闭合，电动机通入能耗制动电源，转速骤降，进行能耗制动。经 KT 一段时间延时后，KT 得电延时断开的常闭触点（21–23）断开，KM_3、KT 线圈断电释放，KM_3 三相主触点断开，切除能耗制动电源，电动机正转能耗制动结束。

图 3.86

正转自由停机时：轻轻按下停止按钮 SB_1，其一组常闭触点（1–3）断开，切断交流接触器 KM_1 线圈回路电源，KM_1 线圈断电释放，KM_1 的一组辅助常开触点（5–7）断开，解除自锁；KM_1 的一组辅助常闭触点（11–13）闭合，解除对 KM_2 线圈回路的互锁作用；KM_1 的另一组辅助常闭触点（15–19）闭合，解除对 KM_3 及 KT 线圈回路的互锁作用；KM_1 三相主触点断开，电动机正转失电，仍靠惯性继续转动，处于正转自由停机状态。

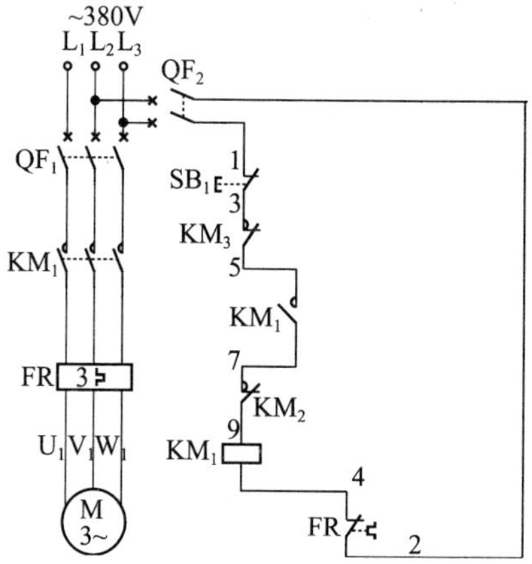

图 3.87

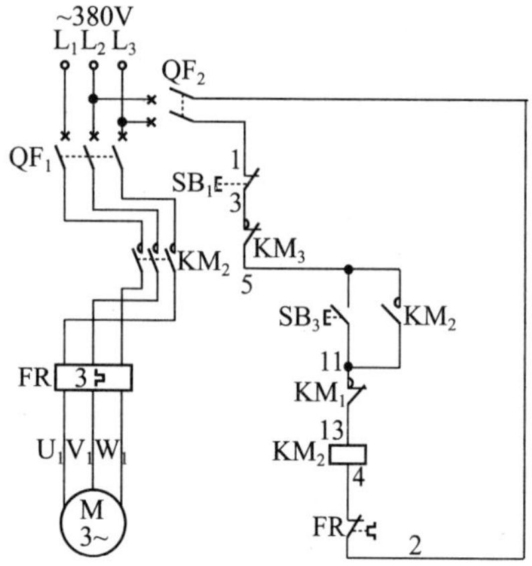

反转启动：按下反转启动按钮 SB_3，其常开触点（5–11）闭合，接通交流接触器 KM_2 线圈回路电源，KM_2 线圈得电吸合，KM_2 的一组辅助常闭触点（7–9）断开，起互锁 KM_1 线圈回路的作用；KM_2 的另一组辅助常闭触点（19–21）断开，起互锁 KM_3 及 KT 线圈回路的作用；KM_2 的一组辅助常开触点（5–11）闭合自锁；KM_2 三相主触点闭合，电动机得电反转启动运转。

图 3.88

反转能耗制动：按下停止按钮 SB_1，其常闭触点（1-3）断开，交流接触器 KM_2 线圈断电释放，KM_2 三相主触点断开，电动机反转失电但仍靠惯性继续转动；与此同时，交流接触器 KM_3 和得电延时时间继电器 KT 线圈得电吸合且自锁，KT 开始延时；KM_3 三相主触点闭合，电动机通入能耗制动电源，转速骤降，进行能耗制动。经 KT 一段时间延时后，KT 得电延时断开的常闭触点（21-23）断开，KM_3、KT 线圈断电释放，KM_3 三相主触点断开，切除能耗制动电源，电动机反转能耗制动结束。

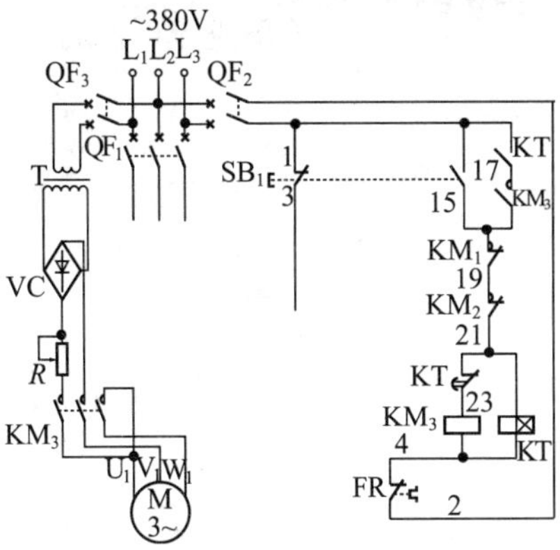

图 3.89

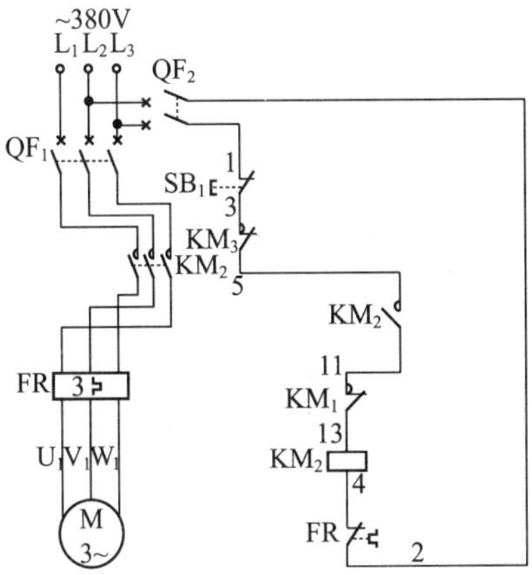

反转自由停机：轻轻按下停止按钮 SB_1，其一组常闭触点（1-3）断开，切断交流接触器 KM_2 线圈回路电源，KM_2 线圈断电释放，KM_2 的一组辅助常开触点（5-11）断开，解除自锁；KM_2 的一组辅助常闭触点(7-9)闭合，解除对 KM_1 线圈回路的互锁作用；KM_2 的另一组辅助常闭触点（19-21）闭合，解除对 KM_3 及 KT 线圈回路的互锁作用；KM_2 三相主触点断开，电动机反转失电，仍靠惯性继续转动，处于反转自由停机状态。

3. DZ47 系列小型断路器技术数据

电路中 QF_1、QF_2、QF_3 为断路器，为便于学习，表 3.6 给出了 DZ47 系列小型断路器技术数据，供读者选用时参考。

表 3.6　DZ47 系列小型断路器技术数据

断路器脱扣类型	B 型	C 型	D 型
断路器额定电流 /A	1、3、6、10、16、20、25、32、40、50、63	1、3、6、10、16、20、25、32、40、50、63	1、3、6、10、16、20、25、32、40、50、63
极数	1、2、3、4	1、2、3、4	1、2、3、4
电压 /V	1 极 230/400，2、3、4 极 400	1 极 230/400，2、3、4 极 400	1 极 230/400，2、3、4 极 400
分断能力	1、3、6、10、16、20、25、32、40 为 6kA 50、63 为 4.5kA	1、3、6、10、16、20、25、32、40 为 6kA 50、63 为 4.5kA	4.5kA

4. 电路接线图

图 3.90

全波整流可逆能耗制动控制电路现场接线图

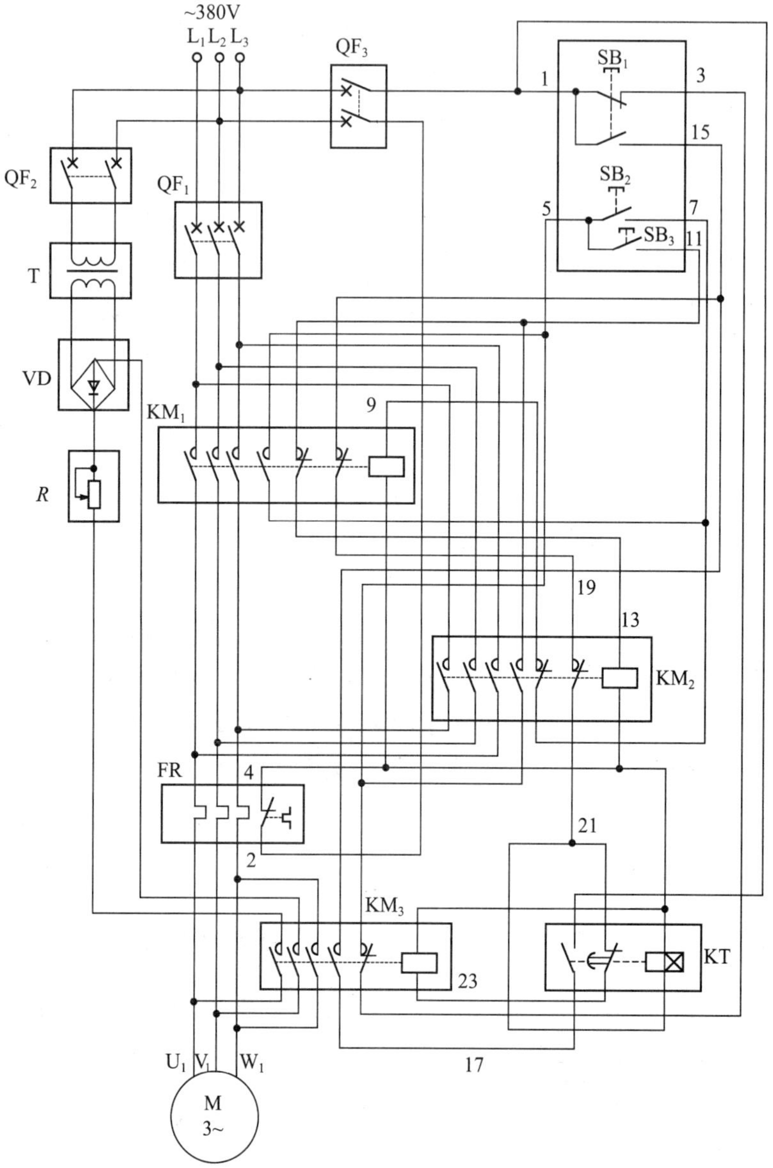

5. 按钮接线图

图 3.91

全波整流可逆能耗制动控制电路按钮接线图

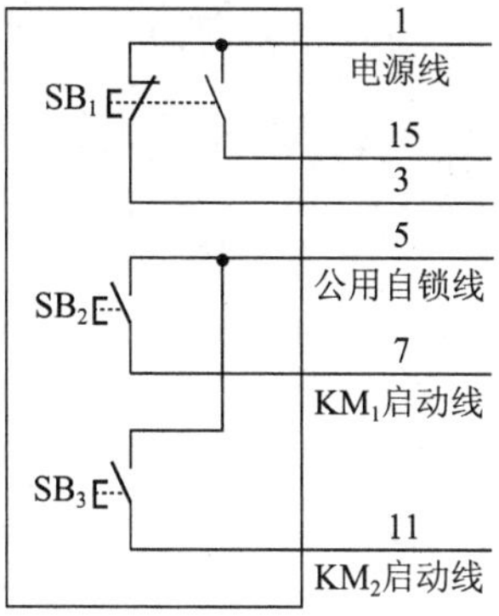

6. 电路布线图

从图 3.92 中可以看出，XT 为接线端子排，通过端子排 XT 来区分电气元件的安装位置，XT 的内侧为放置在配电箱内底板上的电气元件，XT 的外侧为外接或引至配电箱门面板上的电气元件。

从端子排 XT 上看，共有 12 个接线端子。其中，L_1、L_2、L_3 这 3 根线为由外引入至配电箱内的三相 380V 电源，并穿管引入；U_1、V_1、W_1 这 3 根线为电动机线，穿管接至电动机接线盒内的 U_1、V_1、W_1 上；1、3、5、7、11、15 这 6 根线为控制线，接至配电箱门面板上的按钮开关 SB_1、SB_2、SB_3 上。

图 3.92

全波整流可逆能耗制动控制电路布线图

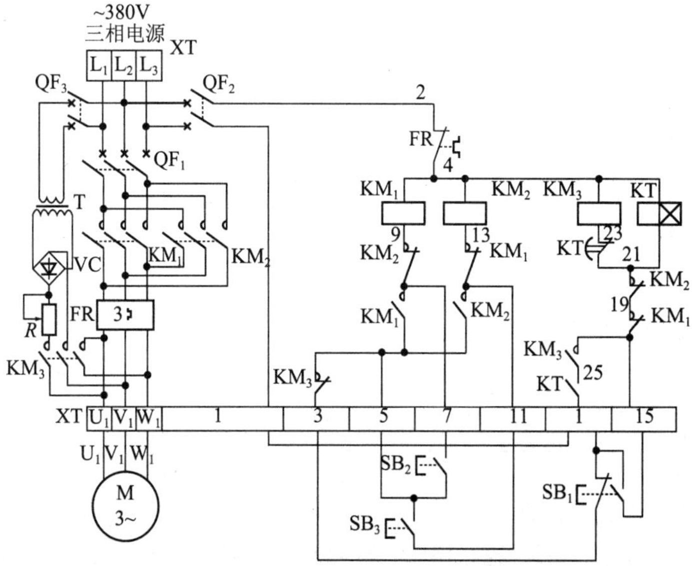

3.13 电磁抱闸制动控制电路（一）

1. 电路原理图

图 3.93

电磁抱闸制动控制电路（一）原理图

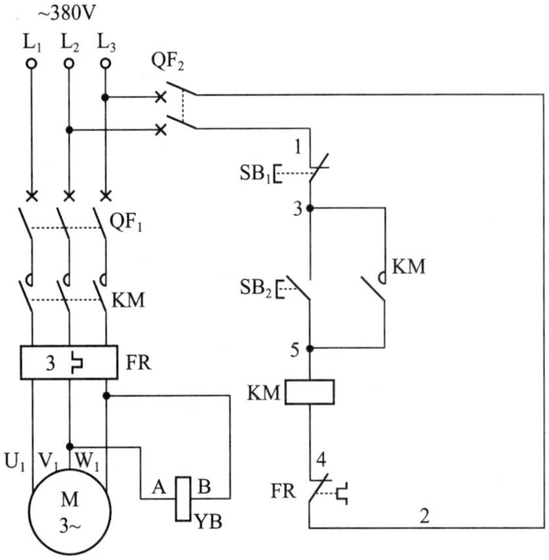

2. 工作过程分解

图 3.94

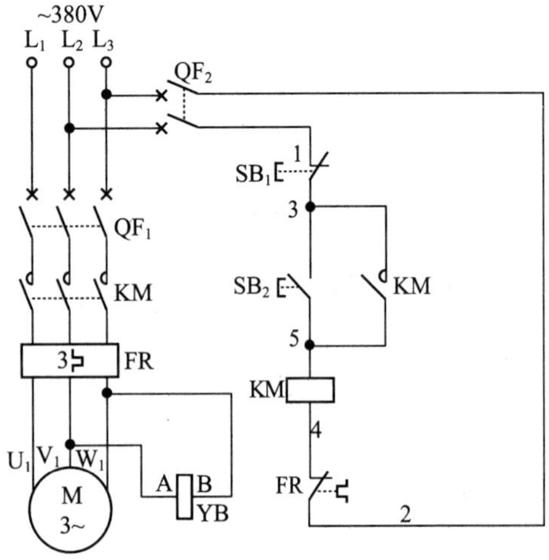

启动时，按下启动按钮 SB_2，其常开触点（3-5）闭合，接通交流接触器 KM 线圈回路电源，KM 线圈得电吸合，KM 辅助常开触点（3-5）闭合自锁，KM 三相主触点闭合，电磁抱闸 YB 线圈也同时通电吸合，抱闸机械部分将电动机转轴松开，电动机得电启动运转。

图 3.95

停止时，按下停止按钮 SB_1，其常闭触点（1–3）断开，切断交流接触器 KM 线圈回路电源，KM 线圈断电释放，KM 辅助常开触点（3–5）断开，解除自锁；KM 三相主触点断开，电动机及电磁抱闸 YB 线圈均失电，电动机停止运转，电磁抱闸的机械部分将电动机转轴抱住进行制动。

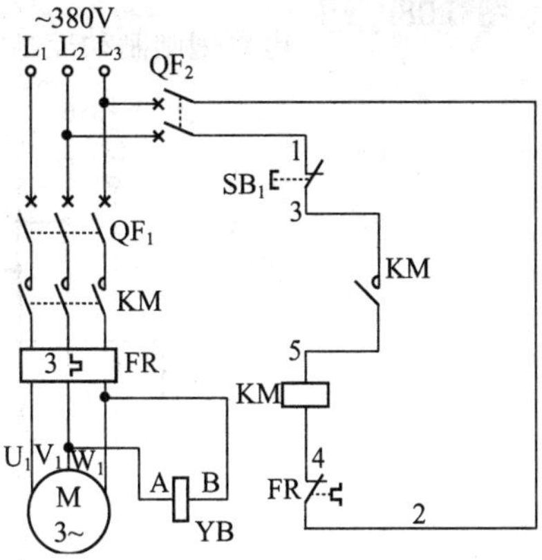

图 3.96

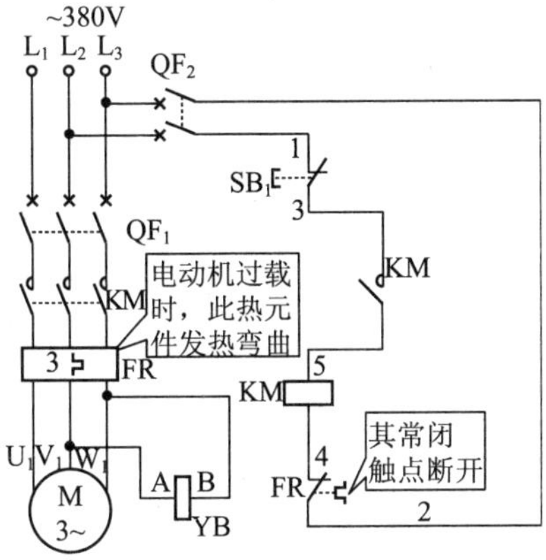

电动机过载时，电动机电流必然增大，使热继电器 FR 热元件发热弯曲，推动其控制常闭触点（2–4）断开，切断交流接触器 KM 线圈回路电源，KM 线圈断电释放，KM 辅助常开触点（3–5）断开，解除自锁；KM 三相主触点断开，电动机失电停止运转，同时电磁抱闸 YB 线圈失电，其机械部分抱住电动机转轴进行制动。

3. 电磁抱闸的外形及结构

图 3.97

电磁抱闸外形及结构

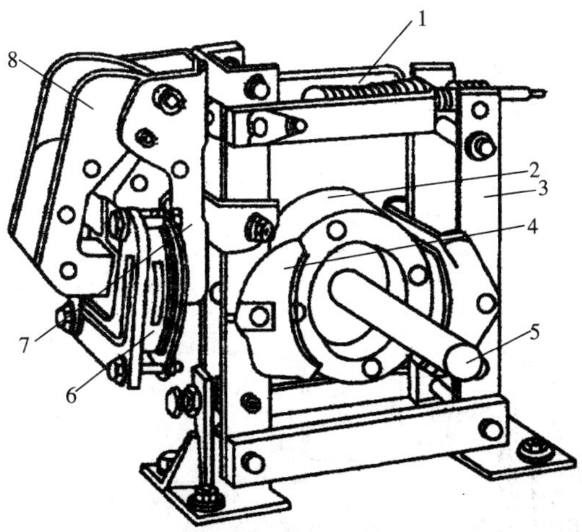

1-弹簧；2-闸轮；3-杠杆；4-闸瓦；5-轴；6-线圈；7-铁芯；8-衔铁

4. 电路接线图

图 3.98

电磁抱闸制动控制电路（一）现场接线图

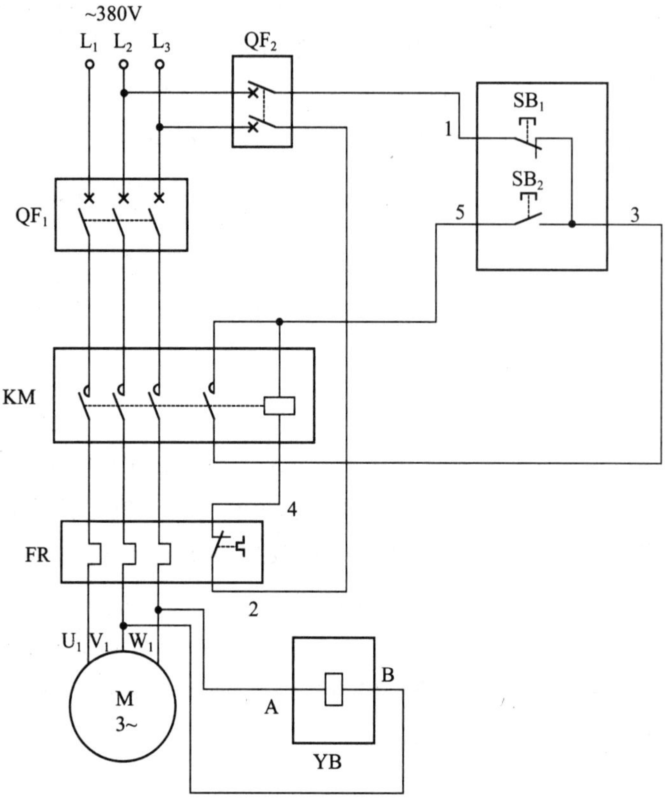

5. 按钮接线图

图 3.99

电磁抱闸制动控制电路（一）按钮接线图

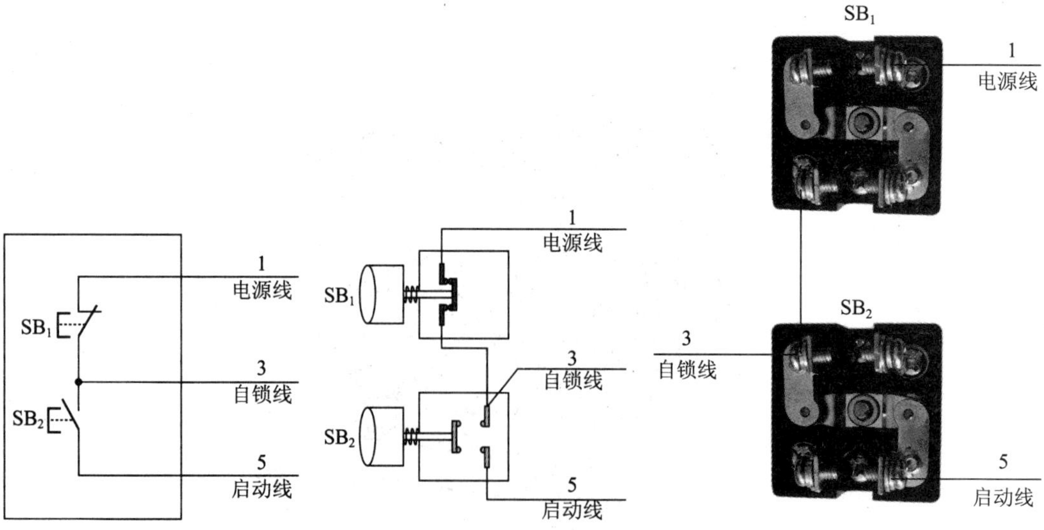

(a) 按钮实际接线　(b) 按钮实物接线　(c) 按钮现场接线

6. 电路布线图

从图 3.100 中可以看出，XT 为接线端子排，通过端子排 XT 来区分电气元件的安装位置，XT 的内侧为放置在配电箱内底板上的电气元件，XT 的外侧为外接或引至配电箱门面板上的电气元件。

从端子排 XT 上看，共有 11 个接线端子。其中，L_1、L_2、L_3 这 3 根线为由外引入至配电箱内的三相 380V 电源，并穿管引入；U_1、V_1、W_1 这 3 根线为电动机线，穿管接至电动机接线盒内的 U_1、V_1、W_1 上；1、3、5 这 3 根线为控制线，接至配电箱门面板上的按钮开关 SB_1、SB_2 上；A、B 这 2 根线为电磁抱闸线圈线，穿管接至电磁抱闸线圈上。

图 3.100
电磁抱闸制动控制电路（一）布线图

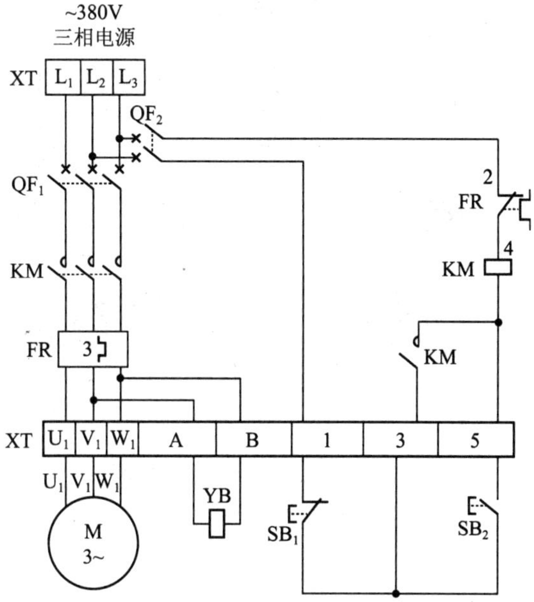

3.14 电磁抱闸制动控制电路（二）

1. 电路原理图

图 3.101

电磁抱闸制动控制电路（二）原理图

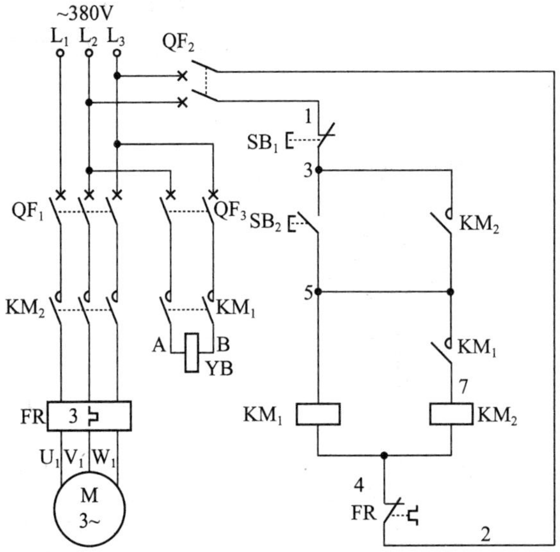

2. 工作过程分解

图 3.102

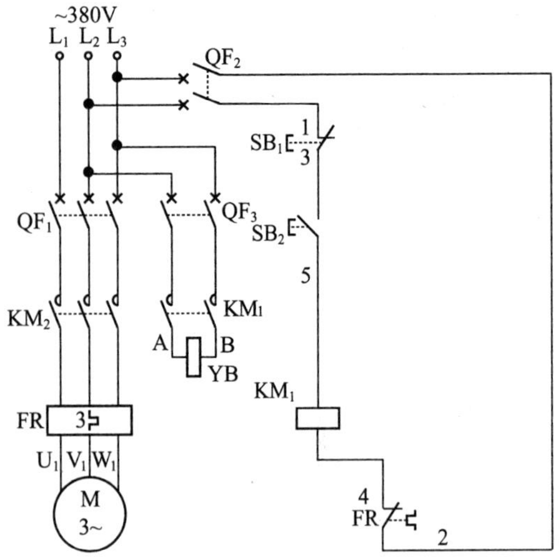

电磁抱闸松开：按下启动按钮 SB_2，其常开触点（3–5）闭合，接通交流接触器 KM_1 线圈回路电源，KM_1 线圈得电吸合，KM_1 三相主触点闭合，接通电磁抱闸 YB 线圈回路电源，电磁抱闸 YB 线圈得电，抱闸松开。

图 3.103

电动机启动运转：在交流接触器 KM_1 线圈得电吸合的同时，KM_1 辅助常开触点（5–7）闭合，接通交流接触器 KM_2 线圈回路电源，KM_2 线圈也得电吸合，KM_2 辅助常开触点（3–5）闭合自锁，KM_2 三相主触点闭合，电动机得电启动运转。实际上 KM_1、KM_2 线圈的自锁回路是由 KM_1 辅助常开触点（5–7）和 KM_2 辅助常开触点（3–5）共同完成的。

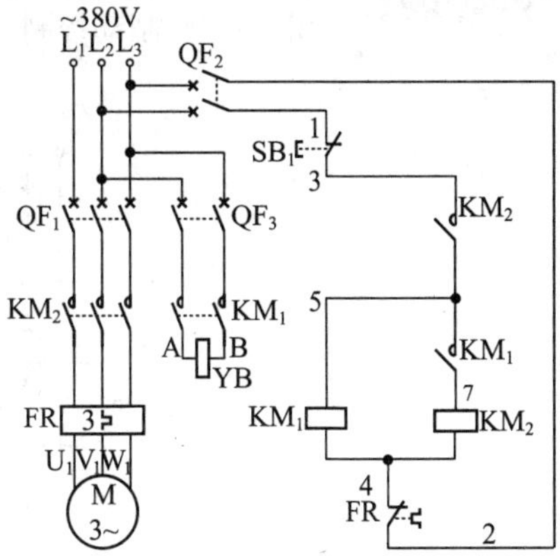

图 3.104

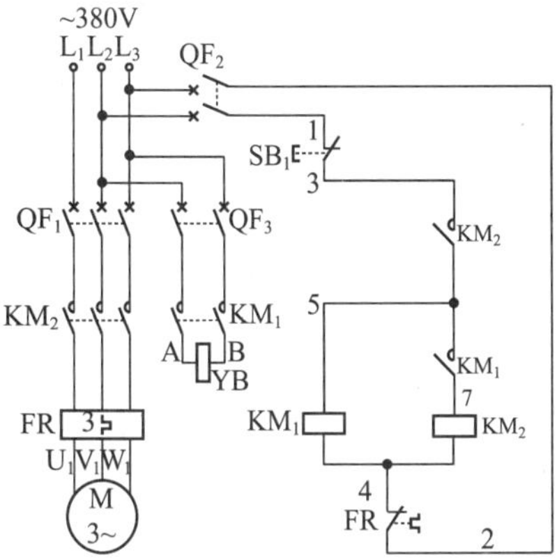

停止时，按下停止按钮 SB_1，其常闭触点（1–3）断开，切断交流接触器 KM_1 和 KM_2 线圈回路电源，KM_1 和 KM_2 线圈均断电释放，KM_1 辅助常开触点（5–7）和 KM_2 辅助常开触点（3–5）均断开，解除自锁，KM_2 三相主触点断开，电动机失电停止运转；KM_1 主触点断开，切断电磁抱闸 YB 线圈回路电源，电磁抱闸 YB 线圈断电释放，其机械部分抱住电动机转轴进行制动。

3. 电磁抱闸制动器技术数据

表 3.7 电磁抱闸制动器技术数据

电磁铁型号	通电持续率（1%）	额定电压（V）	线圈				交流闸瓦式制动器		
			导线型号	导线尺寸（mm）	匝数	电阻（Ω）	型号	制动轮直径（mm）	制动力矩（N·m）
MZD1–100	100	220	QZ	∅0.59	850	14.2	TJ2–100	100	10
		380		∅0.44	1500	45.1	TJ2–200/100	200	20
	25.4	220		∅0.69	660	8.1	TJ2–100	100	20
		380		∅0.49	1165	28.1	TJ2–200/100	200	40
MZD1–200	100	220	QQSBC	∅1.15	342	1.36	TJ2–200	200	80
		380		∅1.12	604	4.38	TJ2–300/200	300	120
	25.4	220	SBEC	∅1.68	266	0.85	TJ2–200	200	160
		380	QQSBC	∅1.25	460	2.61	TJ2–300/200	300	240
MZD1–300	100	220	SBEC	∅2.63	219	0.376	TJ2–300	300	200
		380	SBECB	1.81×2.63	336	0.7			
	25.4	220	SBECB	2.83×3.8	147	0.132		300	500
		380	SBEC	∅2.26	295	0.688			

4. 电路接线图

图 3.105

电磁抱闸制动控制电路（二）现场接线图

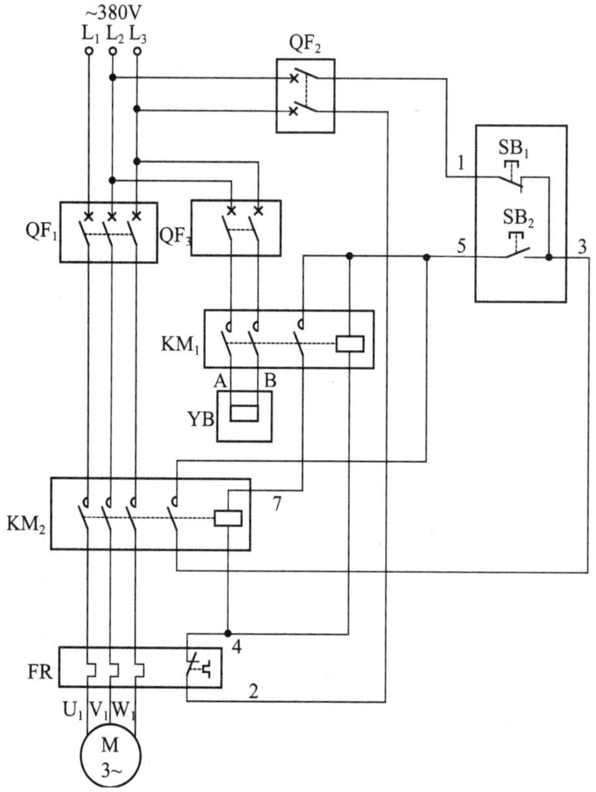

5. 按钮接线图

图 3.106

电磁抱闸制动电路（二）按钮接线图

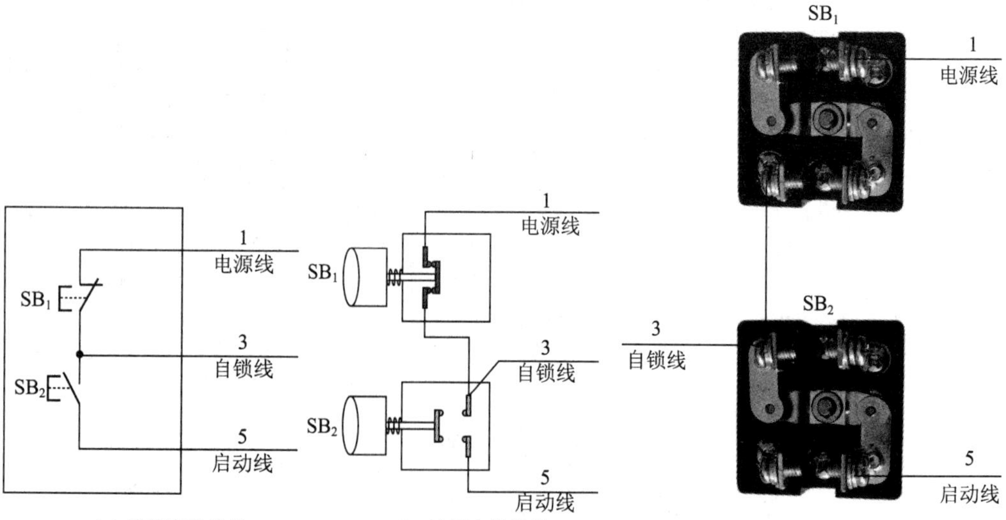

(a) 按钮实际接线　(b) 按钮实物接线　(c) 按钮现场接线

6. 电路布线图

从图 3.107 中可以看出，XT 为接线端子排，通过端子排 XT 来区分电气元件的安装位置，XT 的内侧为放置在配电箱内底板上的电气元件，XT 的外侧为外接或引至配电箱门面板上的电气元件。

从端子排 XT 上看，共有 11 个接线端子。其中，L_1、L_2、L_3 这 3 根线为由外引入至配电箱内的三相 380V 电源，并穿管引入；U_1、V_1、W_1 这 3 根线为电动机线，穿管接至电动机接线盒内的 U_1、V_1、W_1 上；1、3、5 这 3 根线为控制线，接至配电箱门面板上的按钮开关 SB_1、SB_2 上；A、B 这 2 根线为电磁抱闸线圈线，穿管接至电磁抱闸线圈上。

图 3.107

电磁抱闸制动电路（二）布线图

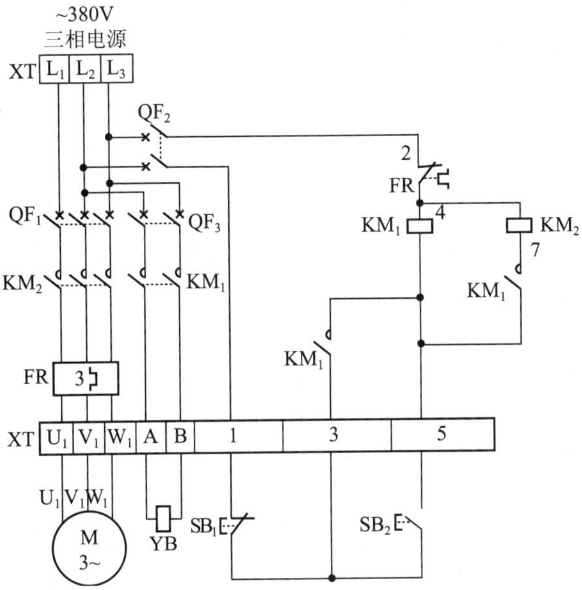

3.15 单向桥式能耗制动手动控制电路

1. 电路原理图

图 3.108

单向桥式能耗制动手动控制电路

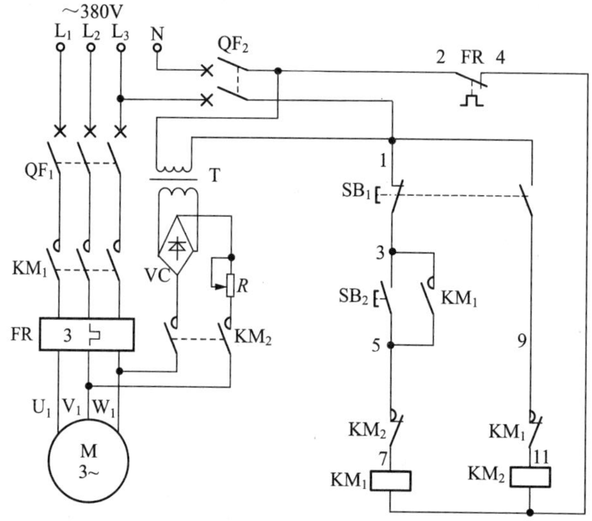

2. 工作过程分解

图 3.109

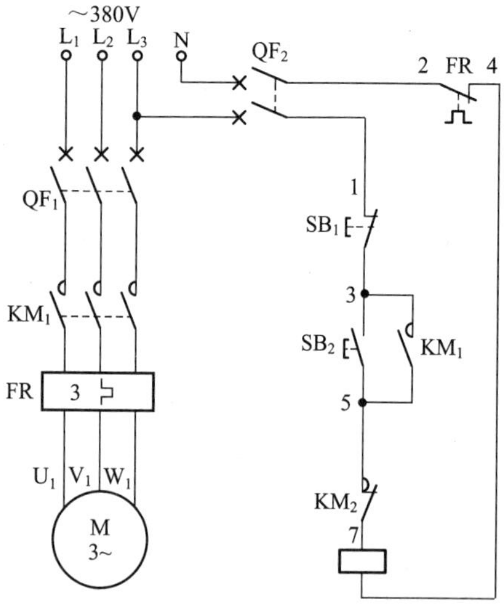

启动时，按下启动按钮 SB_2（3-5），交流接触器KM_1线圈得电吸合且KM_1辅助常开触点(3-5)闭合自锁；KM_1辅助常闭触点（9-11）断开，起互锁作用；KM_1三相主触点闭合，电动机得电启动运转。

图 3.110

正转能耗制动：按下停止按钮 SB_1，其常闭触点（3–5）断开，KM_1 线圈断电释放，KM_1 三相主触点断开，电动机失电，仍靠惯性继续转动；KM_1 辅助常开触点（1–15）断开，失电延时时间继电器 KT 线圈断电释放，KT 开始延时；KM_1 的两组辅助常闭触点（11–13、17–19）均闭合，此时交流接触器 KM_3 线圈得电吸合，KM_3 三相主触点闭合，将直流电源通入电动机绕组中，使电动机迅速制动停止。经 KT 一段时间延时后，KT 失电延时断开的常开触点（1–17）断开，KM_3 线圈断电释放，KM_3 三相主触点断开，切断通入电动机绕组中的直流电源，电动机能耗制动结束。

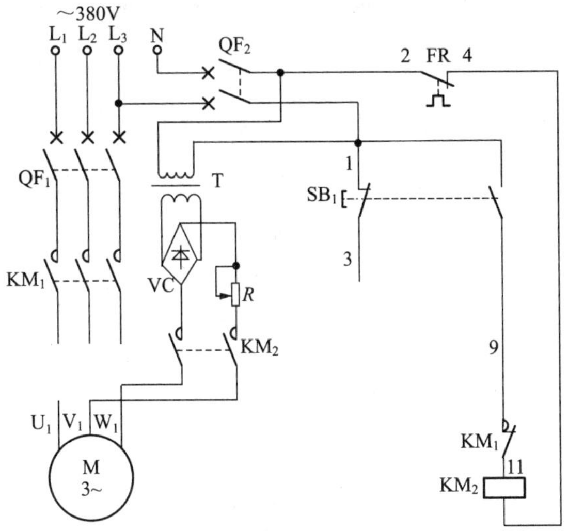

3. 电动机绕组的Y形接法和△形接法

下面介绍一下电动机绕组的Y形接法（3kW 及以下）和△形接法（4kW 及以上）。

图 3.111

电动机的接线

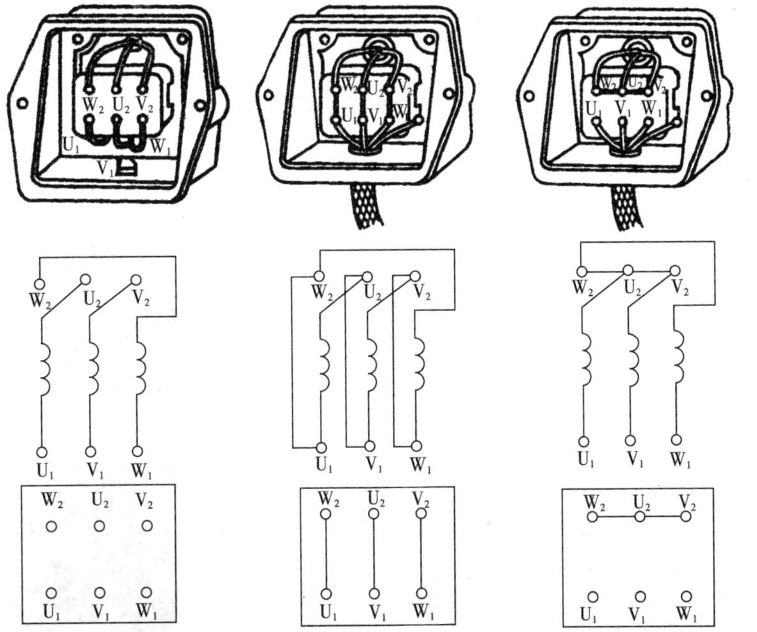

(a) 接线端子排列　　(b) △连接　　(c) Y连接

4. 电路接线图

图 3.112

单向桥式能耗制动手动控制电路实物接线

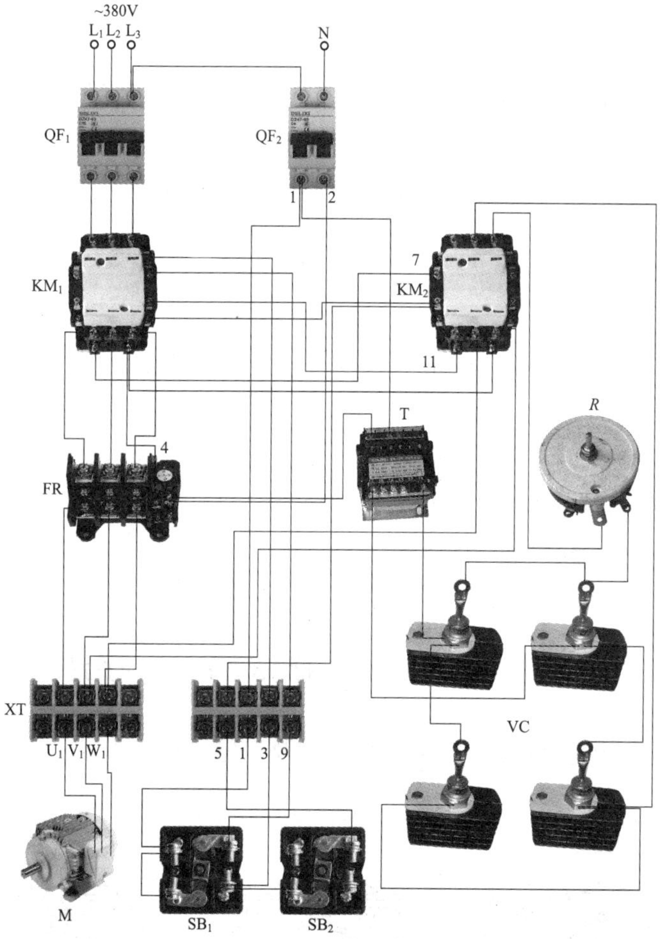

5. 按钮接线图

图 3.113

单向桥式能耗制动手动控制电路按钮接线图

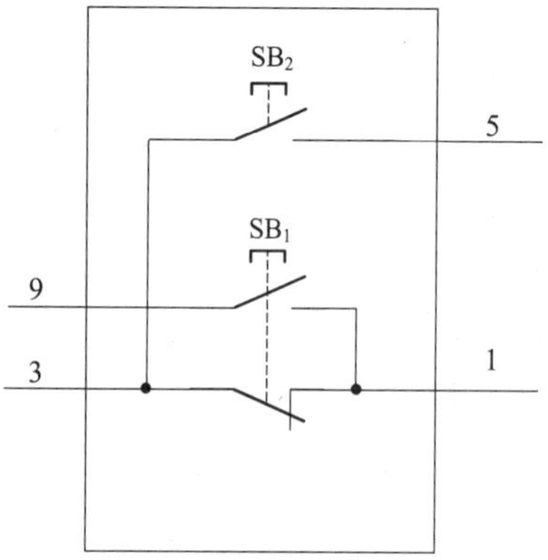

（a）按钮实际接线

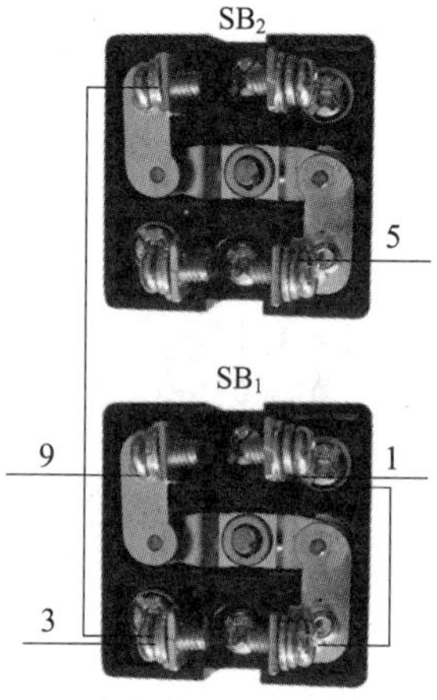

（b）按钮现场接线

6. 电路布线图

从图 3.114 中可以看出，XT 为接线端子排，通过端子排 XT 来区分电气元件的安装位置，XT 的上方为放置在配电箱内底板上的电气元件，XT 的下方为外接或引至配电箱门面板上的电气元件。

从端子排 XT 上看，共有 11 个接线端子。其中，L_1、L_2、L_3、N 这 4 根线为由外引入至配电箱内的三相 380V 电源，并穿管引入；U_1、V_1、W_1 这 3 根线为电动机线，穿管接至电动机接线盒内的 U_1、V_1、W_1 上；1、3、5、9 这 4 根线为控制线，接至配电箱门面板上的按钮开关 SB_1、SB_2 上。

图 3.114

单向桥式能耗制动手动控制电路布线图

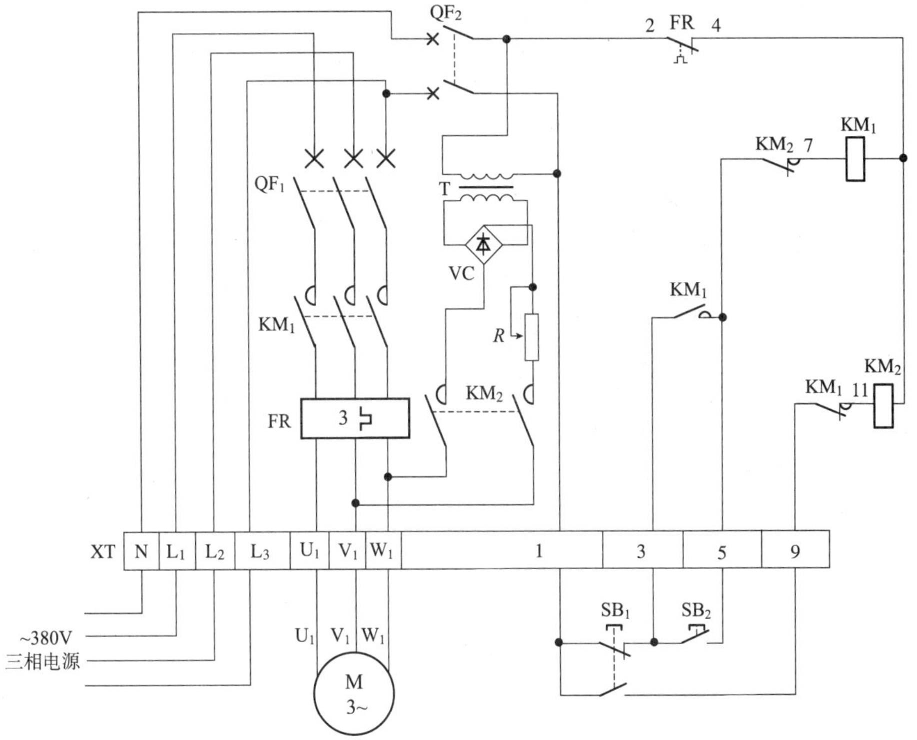

3.16 单向全波能耗制动手动控制电路

1. 电路原理图

图 3.115

单向全波能耗制动手动控制电路

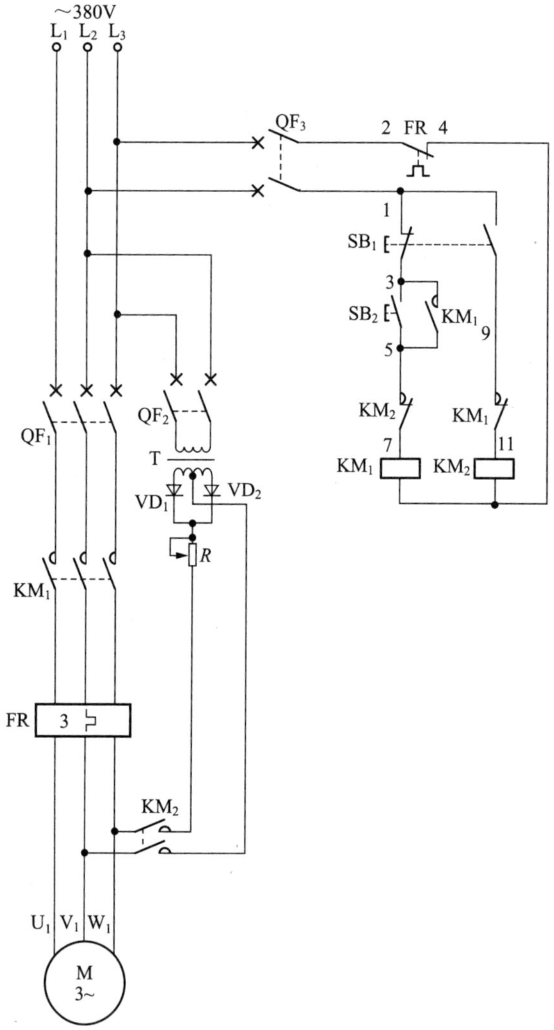

图中电路如果从主回路处看，很容易分析，只要交流接触器 KM_1 三相主触点闭合或断开，将控制电动机 M 的启动或停止。只要交流接触器 KM_2 主触点闭合或断开，将直流电源通入或撤出电动机 M 绕组回路，就可以对电动机进行能耗制动控制，说穿了就叫“快速制动”。从控制回路看，也更容易分析，实际上就是一个常见的互锁可靠的正转启动、反转点动电路，只是这里的“反转”改为“能耗制动”而已。所以，学习电路要灵活运用，举一反三。

2. 工作过程分解

图 3.116

启动时，按下启动按钮 SB_2，其常开触点（3-5）闭合，接通交流接触器 KM_1 线圈回路电源，交流接触器 KM_1 线圈得电吸合且 KM_1 辅助常开触点（3-5）闭合自锁，KM_1 辅助常闭触点（9-11）断开，起互锁作用，KM_1 三相主触点闭合，电动机得电启动运转。

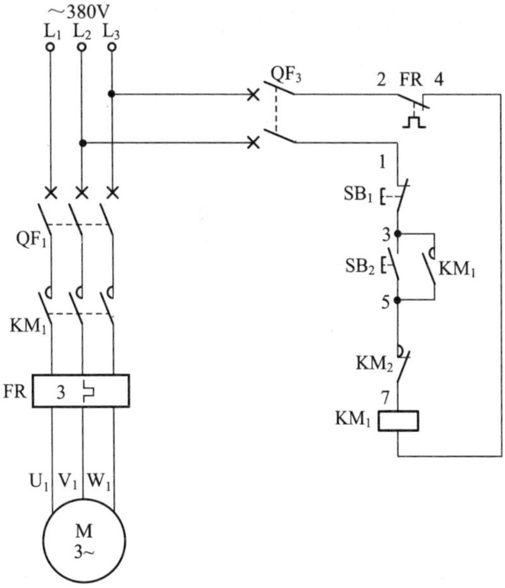

图 3.117

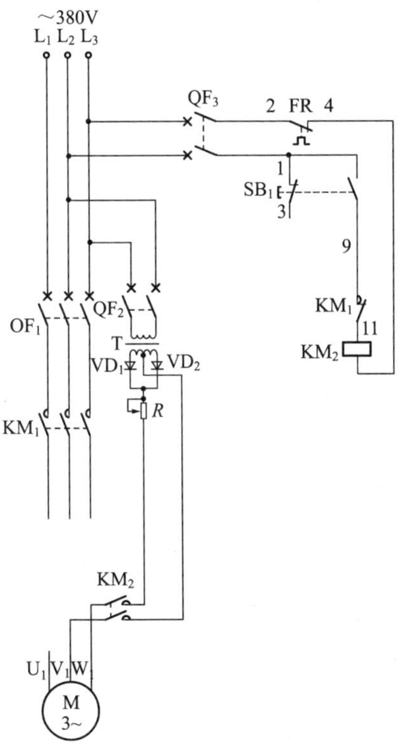

制动时，将停止按钮 SB_1 按到底，首先 SB_1 的一组常闭触点（1-3）断开，使 KM_1 线圈断电释放，KM_1 辅助常开触点（3-5）断开，解除对 KM_1 线圈的自锁作用，KM_1 辅助常闭触点（9-11）恢复常闭，为能耗制动时接通交流接触器 KM_2 线圈回路电源做准备；同时 KM_1 三相主触点断开，电动机失电但仍靠惯性继续转动。与此同时，SB_1 的另一组常开触点（1-9）闭合，使交流接触器 KM_2 线圈得电吸合，KM_2 辅助常闭触点（5-7）断开，起互锁作用；KM_2 三相主触点闭合，将由带有中心点抽头的变压器 T 和整流二极管 VD_1、VD_2 组成的全波整流电路接入电动机绕组内，使通入电动机绕组内的直流电源产生一静止磁场，对电动机进行能耗制动作用，从而使电动机的转速骤降，起到能耗制动作用。松开停止按钮 SB_1，其触点转态，SB_1 的一组常开触点（1-9）断开，交流接触器 KM_2 线圈断电释放，KM_2 三相主触点断开，解除其直流电源，能耗制动结束。按住按钮 SB_1 的时间即为电动机进行能耗制动的时间。

3. 电路接线图

图 3.118

单向全波能耗制动手动控制电路实物接线

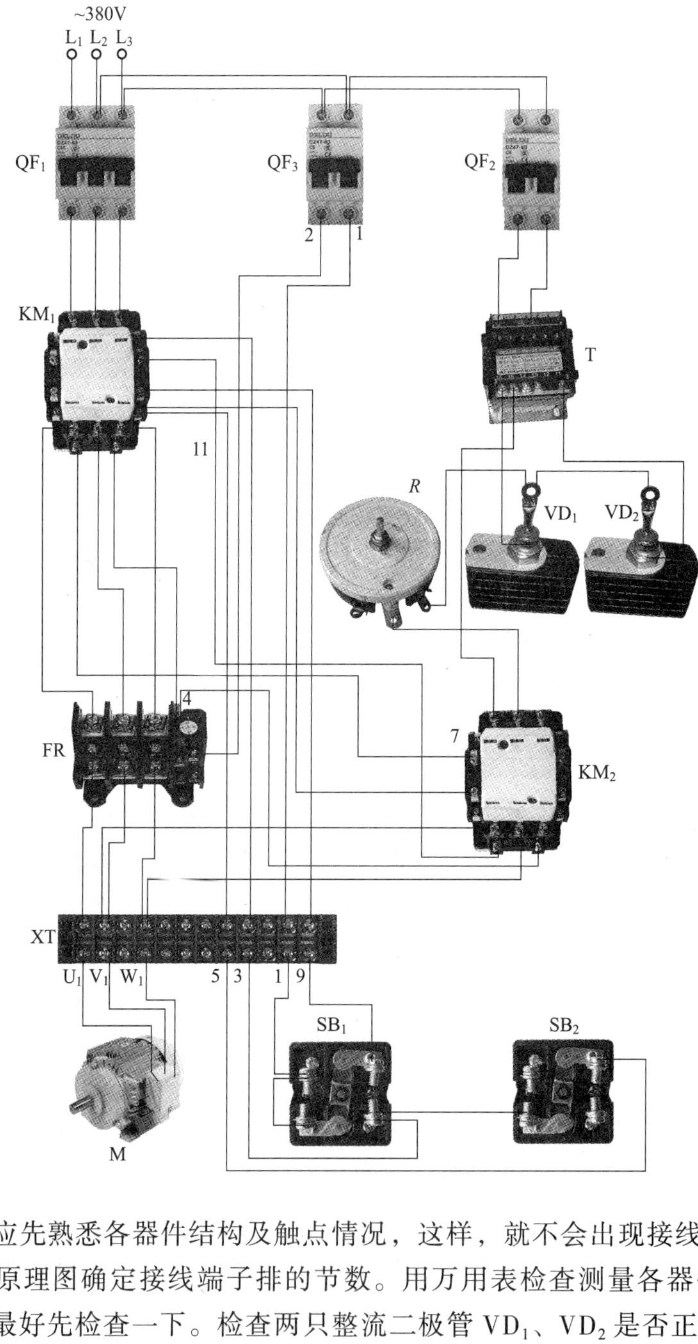

接线前，应先熟悉各器件结构及触点情况，这样，就不会出现接线错误。

对照电气原理图确定接线端子排的节数。用万用表检查测量各器件的好坏，新品也有损坏的，最好先检查一下。检查两只整流二极管 VD_1、VD_2 是否正常，并配好散热片。检查得电延时时间继电器 KT 的好坏及延时动作是否正常，以免安装接线后动作不正常带来不必要的麻烦。

4. 按钮接线图

图 3.119

单向全波能耗制动手动控制电路按钮接线图

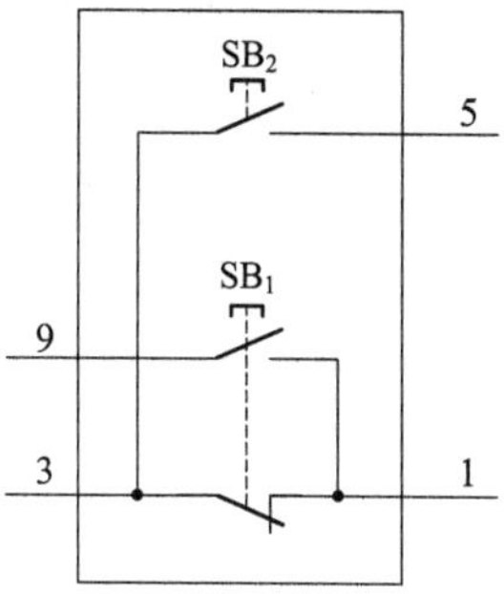

5. 电路布线图

从图 3.120 中可以看出，XT 为接线端子排，通过端子排 XT 来区分电气元件的安装位置，XT 的上方为放置在配电箱内底板上的电气元件，XT 的下方为外接或引至配电箱门面板上的电气元件。

从端子排 XT 上看，共有 10 个接线端子。其中，L_1、L_2、L_3 这 3 根线为由外引入至配电箱内的三相 380V 电源，并穿管引入；U_1、V_1、W_1 这 3 根线为电动机线，穿管接至电动机接线盒内的 U_1、V_1、W_1 上；1、3、5、9 这 4 根线为控制线，接至配电箱门面板上的按钮开关 SB_1、SB_2 上。

图 3.120

单向全波能耗制动手动控制电路布线图

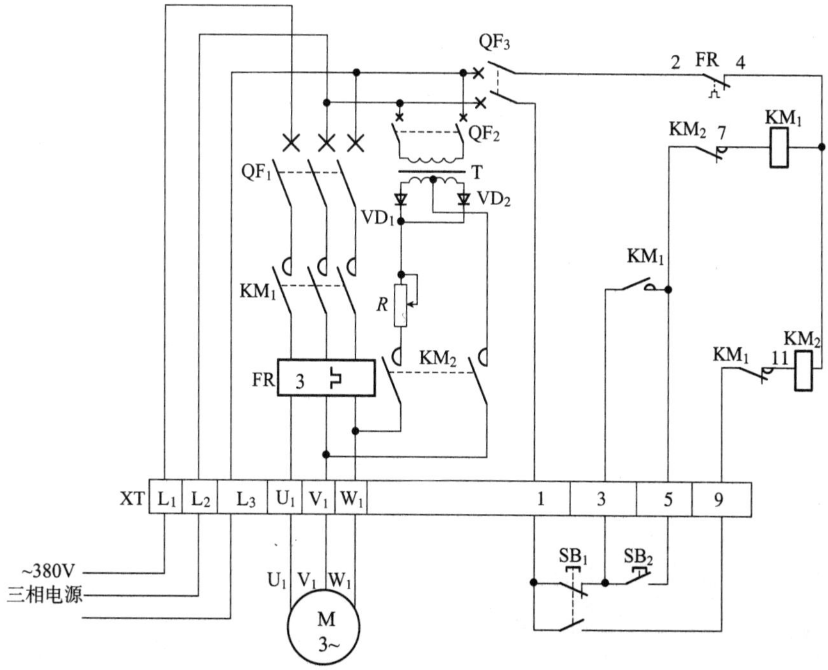

第4章

其他控制电路

4.1 两台电动机联锁控制电路

1. 电路原理图

图 4.1

两台电动机联锁控制电路原理图

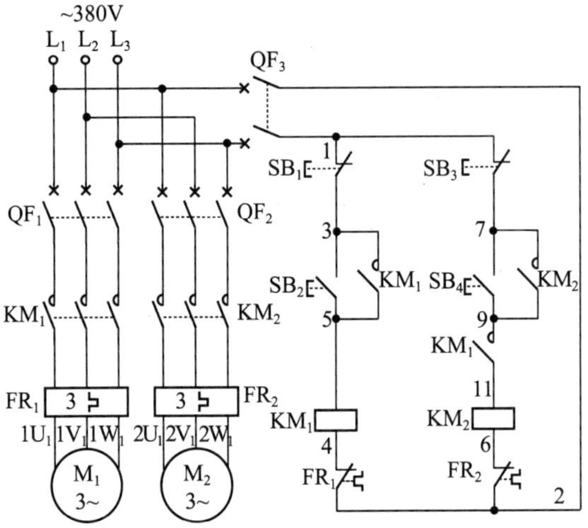

2. 工作过程分解

图 4.2

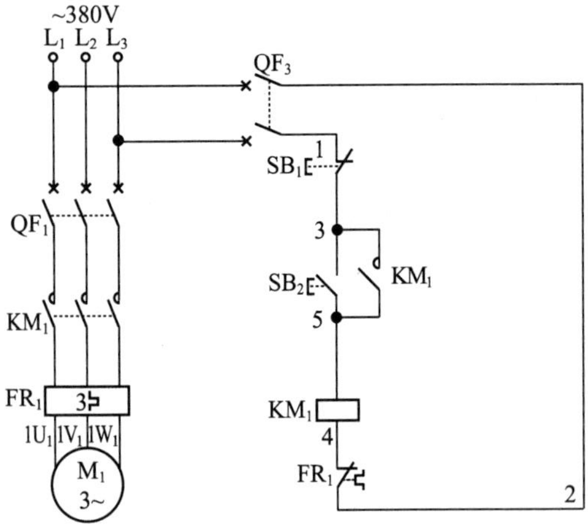

第一台电动机 M_1 启动时，按下启动按钮 SB_2，其常开触点（3–5）闭合，接通交流接触器 KM_1 线圈回路电源，KM_1 线圈得电吸合，KM_1 的一组辅助常开触点（3–5）闭合自锁；KM_1 的另一组常开触点（9–11）闭合，为第二台电动机 M_2 启动回路工作做准备，也就是说 KM_1 串联在交流接触器 KM_2 线圈回路中的辅助常开触点（9–11）闭合，为 KM_2 线圈工作提供条件；KM_1 三相主触点闭合，第一台电动机 M_1 得电启动运转。

图 4.3

第二台电动机 M_2 启动时，当第一台电动机 M_1 得电运转后，方可对第二台电动机进行启动操作，此时，按下第二台电动机启动按钮 SB_4，其常开触点（7–9）闭合，接通交流接触器 KM_2 线圈回路电源，KM_2 线圈得电吸合，KM_2 辅助常开触点（7–9）闭合自锁；KM_2 三相主触点闭合，第二台电动机 M_2 得电启动运转。

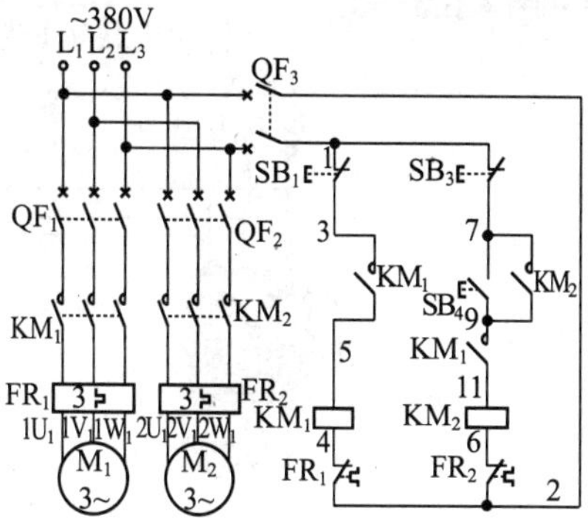

图 4.4

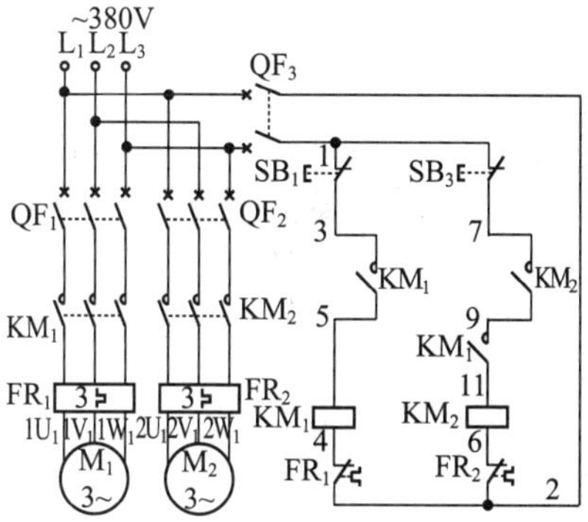

先按第一台电动机 M_1 停止按钮 SB_1 进行停止时：按下第一台电动机 M_1 停止按钮 SB_1，其常闭触点（1–3）断开，KM_1 线圈断电释放，KM_1 的一组常开触点（3–5）断开，解除自锁；KM_1 三相主触点断开，第一台电动机 M_1 失电停止运转。与此同时，KM_1 的另一组常开触点（9–11）断开，KM_2 线圈断电释放，KM_2 辅助常开触点（7–9）断开，解除自锁；KM_2 三相主触点断开，第二台电动机 M_2 也失电停止运转。在停止时，若先按第一台电动机 M_1 停止按钮 SB_1 进行停止操作时，电动机 M_1、M_2 为同时停止操作。

图 4.5

先按第二台电动机 M_2 停止按钮 SB_3 进行停止时：

①先按 SB_3 时，其常闭触点（1–7）断开，KM_2 线圈断电释放，KM_2 辅助常开触点（7–9）断开，解除自锁；KM_2 三相主触点断开，第二台电动机 M_2 失电停止运转。

②再按 SB_1 时，其常闭触点（1–3）断开，KM_1 线圈断电释放，KM_1 的一组辅助常开触点（3–5）断开，解除自锁；KM_1 三相主触点断开，第一台电动机 M_1 失电停止运转。

在停止时，若先按下第二台电动机 M_2 停止按钮 SB_3，两台电动机可分别进行停止操作。

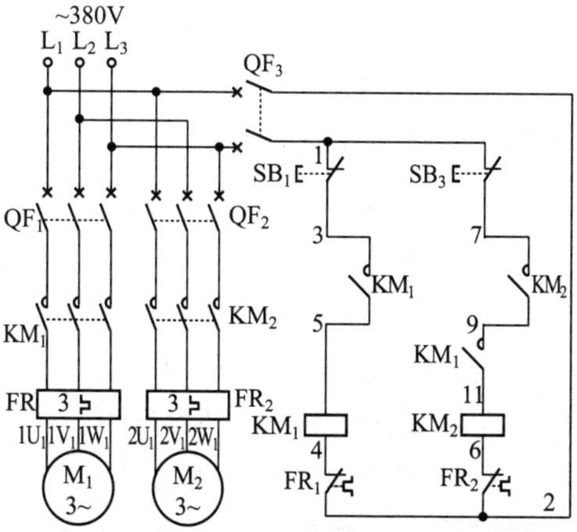

3. 电路接线图

图 4.6

两台电动机联锁控制电路实物接线图

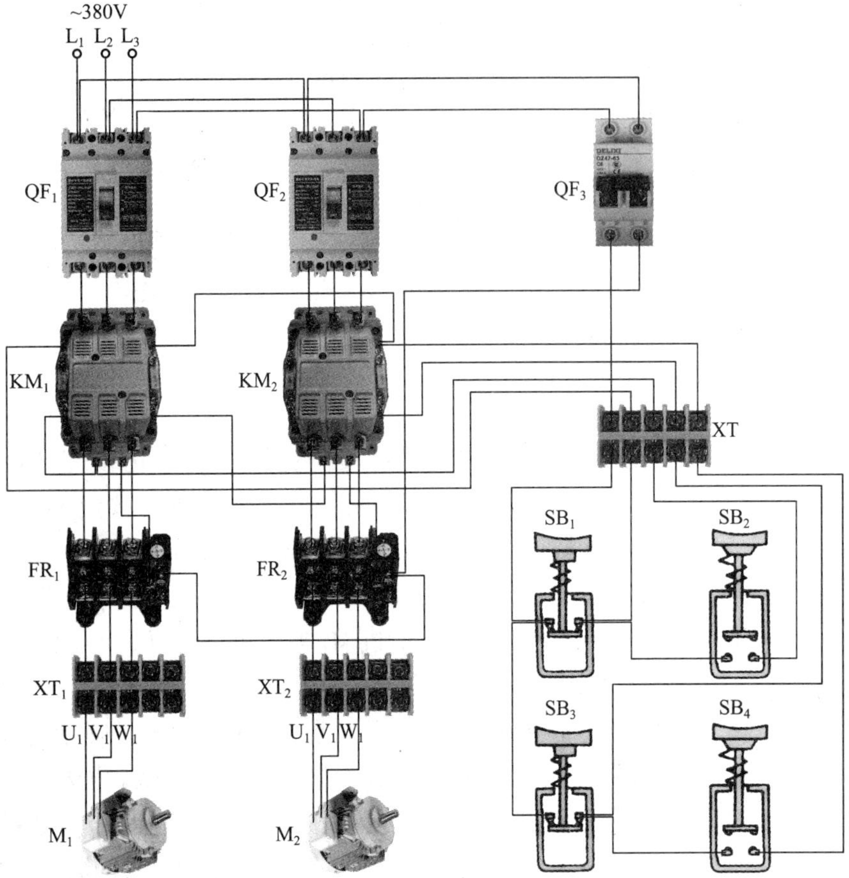

图 4.6 中热继电器 FR 在安装接线时应注意以下几点：

① 热继电器进线端子标志为 1/L1、3/L2、5/L3，与之对应的出线端子标志为 2/T1、4/T2、6/T3，常闭触点接线端子标志为 95、96，常开触点接线端子标志为 97、98。

② 热继电器除了接线螺钉外，其余螺钉均不得拧动，否则其保护特性即改变。

③ 当热继电器与其他电器安装在一起时，应将它安装在其他电器的下方，以免其动作特性受到其他电器发热的影响。

④ 热继电器的主回路连接导线不宜太粗，也不宜太细。如连接导线过细，轴向导热性差，热继电器可能提前动作；反之，连接导线太粗，轴向导热快，热继电器可能滞后动作。

⑤ 热继电器在出厂时均调整为自动复位形式。如欲调为手动复位，可将热继电器侧面孔内螺钉倒退约三四圈即可。

⑥ 为使热继电器的整定电流与负荷的额定电流相符，可旋动调节旋钮使所需电流值对准箭头，旋钮上的电流值与整定电流值之间可能有误差，可在实际使用时按情况适当偏转。如需用两刻度之间整定电流值，可按比例转动调节旋钮，并在实际使用时适当调整。

4. 按钮接线图

图 4.7

两台电动机联锁控制电路按钮接线图

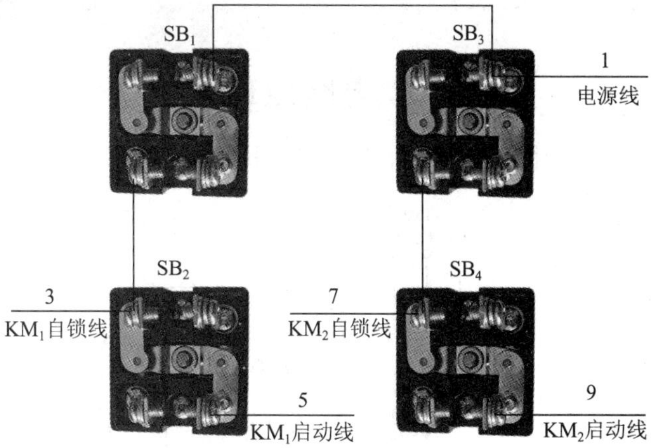

5. 电路布线图

从图 4.8 中可以看出，XT 为接线端子排，通过端子排 XT 来区分电气元件的安装位置，XT 的内侧为放置在配电箱内底板上的电气元件，XT 的外侧为外接或引至配电箱门面板上的电气元件。

从端子排 XT 上看，共有 14 个接线端子。其中，L_1、L_2、L_3 这 3 根线为由外引入至配电箱内的三相 380V 电源，并穿管引入；$1U_1$、$1V_1$、$1W_1$ 这 3 根线为电动机 M_1 电机线，穿管接至电动机 M_1 接线盒内的 U_1、V_1、W_1 上；$2U_1$、$2V_1$、$2W_1$ 这 3 根线为电动机 M_2 电机线，穿管接至电动机 M_2 接线盒内的 U_1、V_1、W_1 上；1、3、5、7、9 这 5 根线为控制线，接至配电箱门面板上的按钮开关 SB_1、SB_2、SB_3、SB_4 上。

图 4.8

两台电动机联锁控制电路布线图

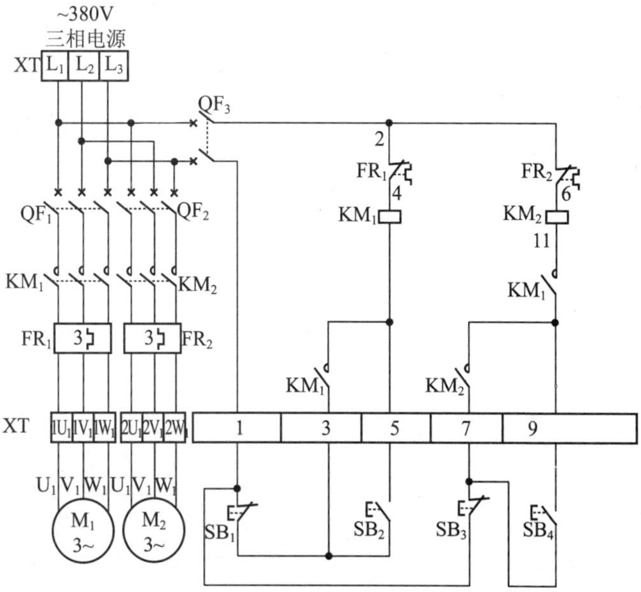

4.2 仅用一只行程开关实现自动往返控制电路

1. 电路原理图

图 4.9

仅用一只行程开关实现自动往返控制电路原理图

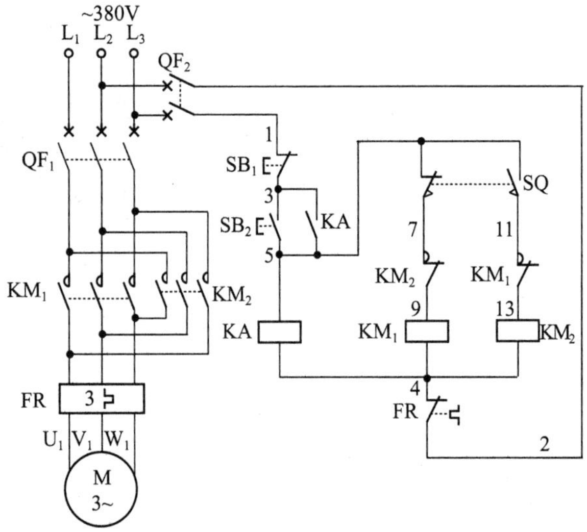

2. 工作过程分解

图 4.10

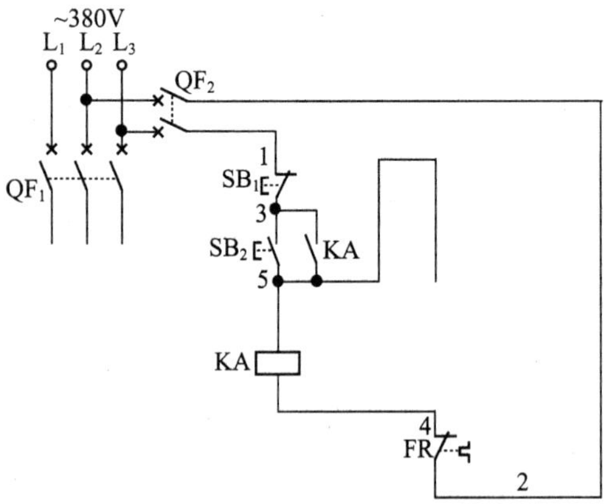

控制电源准备：启动时，按下启动按钮 SB_2（3-5），中间继电器 KA 线圈得电吸合且 KA 常开触点（3-5）闭合自锁，为自动往返控制电路工作提供控制电源准备条件。

图 4.11

正转（拖板向左边移动）：当行程开关 SQ（5–7）闭合时，交流接触器 KM_1 线圈得电吸合，KM_1 三相主触点闭合，电动机得电正转运转，带动拖板向左边移动。

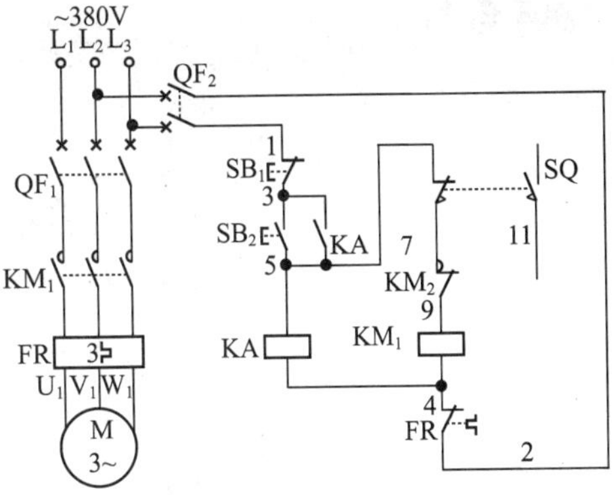

图 4.12

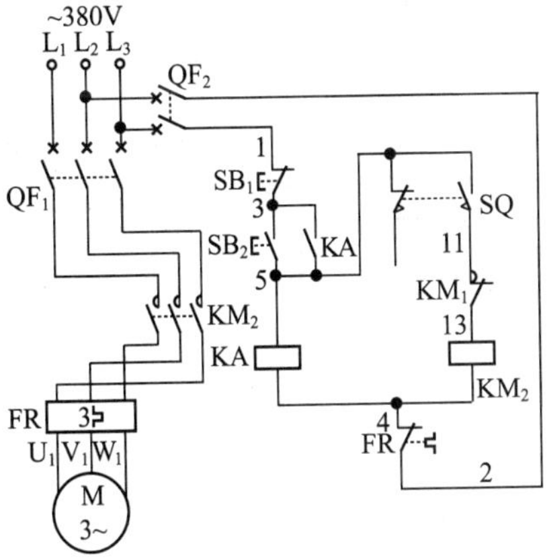

反转（拖板向右边移动）：当拖板向左边移动到位时，碰触行程开关 SQ，SQ 动作转态，SQ 常闭触点（5–7）断开，交流接触器 KM_1 线圈断电释放，KM_1 三相主触点断开，电动机失电正转停止运转，拖板向左边移动停止；同时，SQ 常开触点（5–11）闭合，交流接触器 KM_2 线圈得电吸合，KM_2 三相主触点闭合，电动机得电反转运转，带动拖板向右边移动。当拖板向右边移动碰触行程开关 SQ，SQ 动作转态，电动机又正转运转了，拖板又向左边移动，这样往复循环下去，实现自动往返控制。

3. 行程开关

图中 SQ 行程开关采用 LX19–232 型，可安装在机器中间位置，左右两个撞块可分别安装在工作台上，且需根据 LX19–232 型行程开关 (其外形参见图 4.13) 的动作要求各自错开一定的角度，使左右两个撞块能分别撞动行程开关的各个轮珠即可。也可采用一个撞块控制，撞块必须安装在行程开关两轮珠之间，请使用者在实际应用中参考。

图 4.13

LX19-232 型行程开关外形

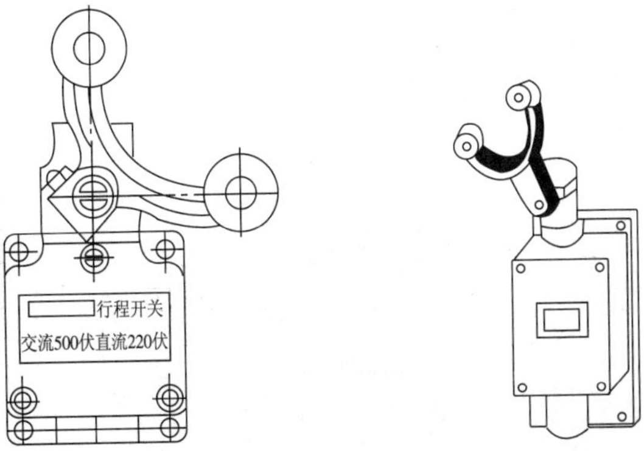

4. 电路接线图

图 4.14

仅用一只行程开关实现自动往返控制电路现场接线图

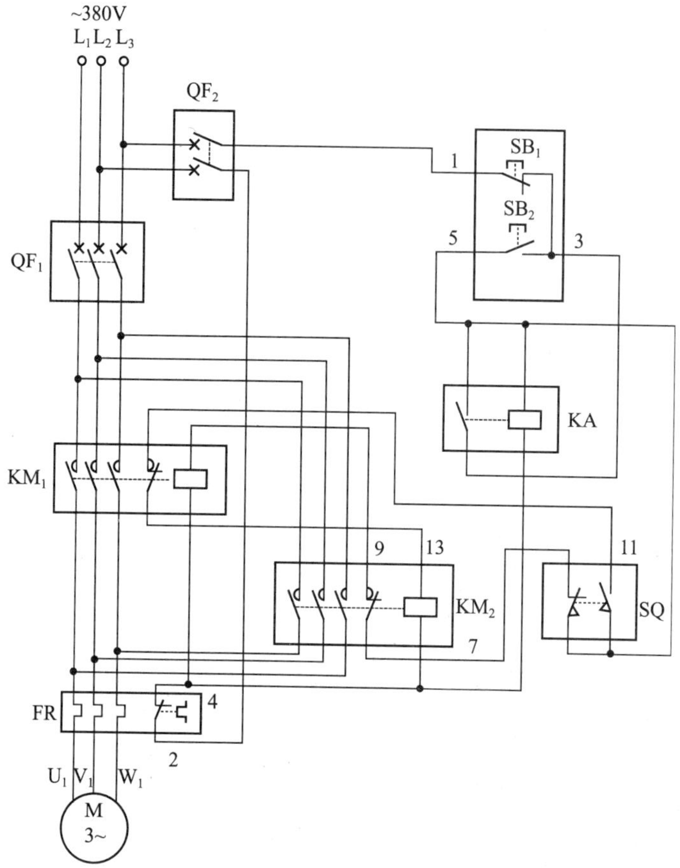

5. 按钮接线图

图 4.15

仅用一只行程开关实现自动往返控制电路按钮接线图

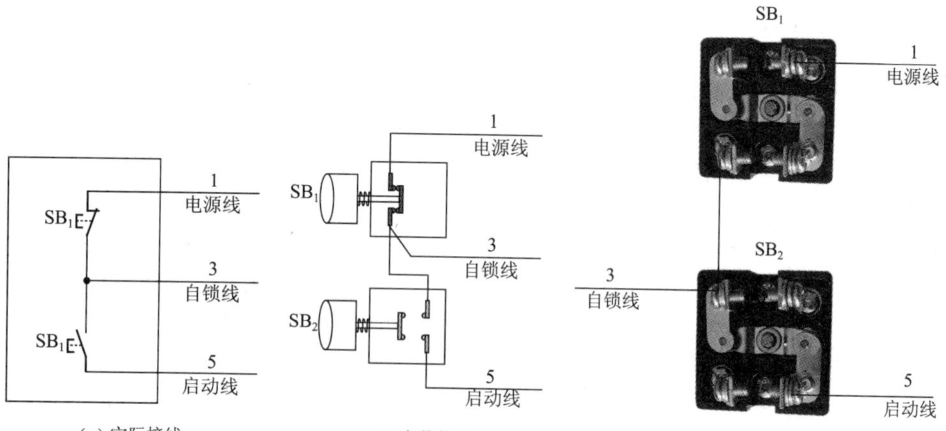

(a) 实际接线　　(b) 实物接线　　(c) 按钮现场接线

6. 电路布线图

从图 4.16 中可以看出，XT 为接线端子排，通过端子排 XT 来区分电气元件的安装位置，XT 的内侧为放置在配电箱内底板上的电气元件，XT 的外侧为外接或引至配电箱门面板上的电气元件。

从端子排 XT 上看，共有 11 个接线端子。其中，L_1、L_2、L_3 这 3 根线为由外引入至配电箱内的三相 380V 电源，并穿管引入；U_1、V_1、W_1 这 3 根线为电动机线，穿管接至电动机接线盒内的 U_1、V_1、W_1 上；1、3、5 这 3 根线为控制线，接至配电箱门面板上的按钮开关 SB_1、SB_2 上；5、7、11 这 3 根线为行程开关控制线，穿管接至行程开关 SQ 上。

图 4.16

仅用一只行程开关实现自动往返控制电路布线图

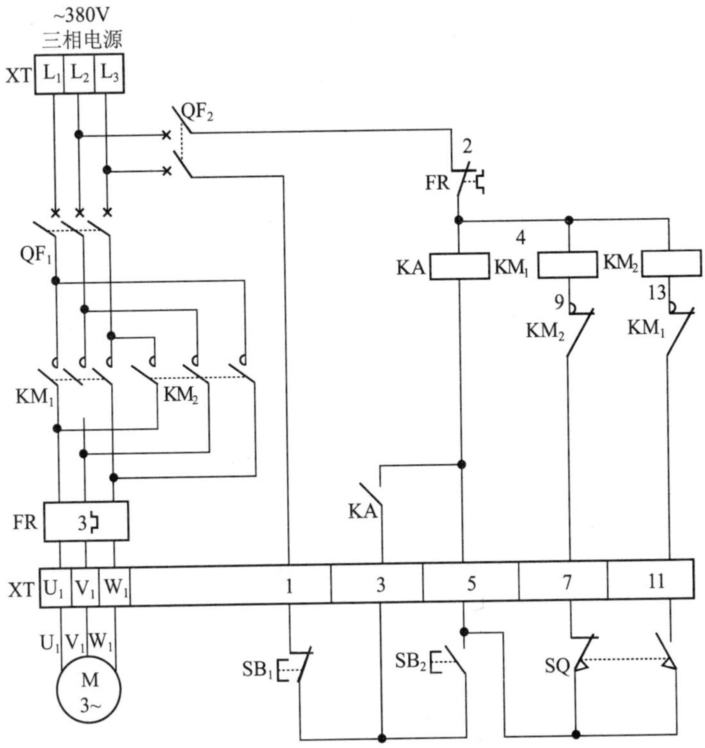

4.3 效果理想的顺序自动控制电路

1. 电路原理图

图 4.17

效果理想的顺序自动控制电路原理图

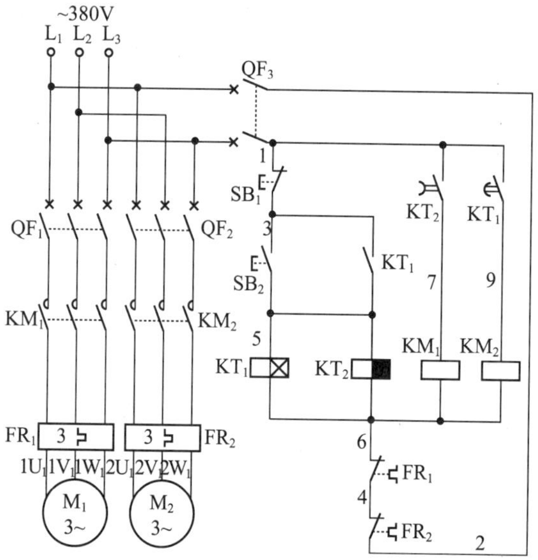

2. 工作过程分解

图 4.18

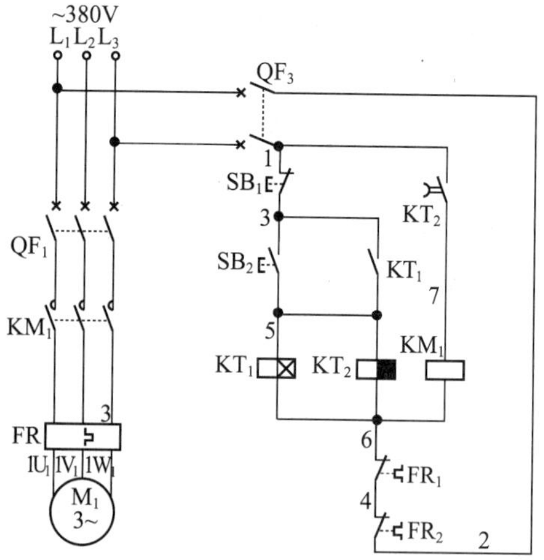

顺序启动时第一台电动机 M_1 先启动：按下启动按钮 SB_2，其常开触点（3-5）闭合，接通得电延时时间继电器 KT_1 和失电延时时间继电器 KT_2 线圈回路电源，KT_1 和 KT_2 线圈均同时得电吸合且 KT_1 不延时瞬动常开触点（3-5）闭合自锁，KT_2 失电延时断开的常开触点（1-7）立即闭合，接通交流接触器 KM_1 线圈回路电源，KM_1 线圈得电吸合，KM_1 三相主触点闭合，第一台电动机 M_1 先得电启动运转。与此同时，KT_1 开始延时。

图 4.19

顺序启动时第二台电动机 M_2 后延时启动：经过 KT_1 一段时间延时后，KT_1 得电延时闭合的常开触点（1–9）闭合，接通交流接触器 KM_2 线圈回路电源，KM_2 线圈得电吸合，KM_2 三相主触点闭合，第二台电动机 M_2 后得电延时启动运转。

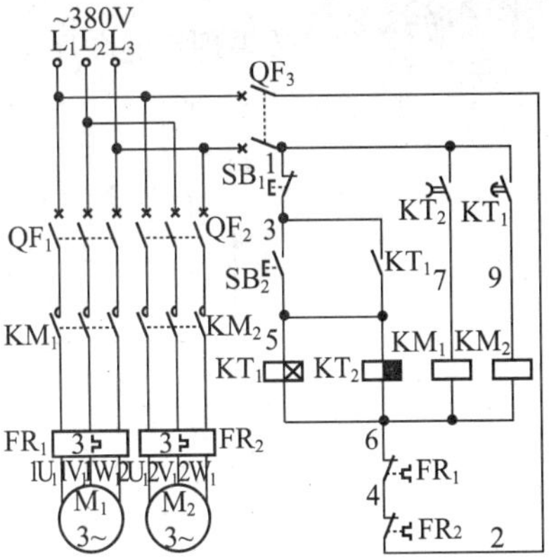

图 4.20

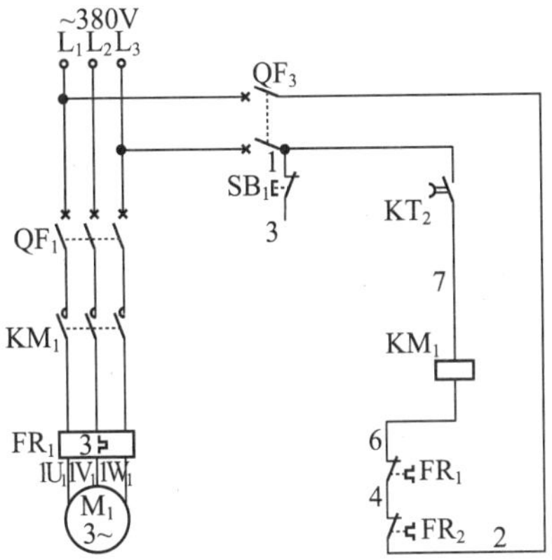

逆序停止时第二台电动机 M_2 先停止：停止时，按下停止按钮 SB_1，其常闭触点（1–3）断开，切断得电延时时间继电器 KT_1 和失电延时时间继电器 KT_2 线圈回路电源，KT_1、KT_2 线圈断电释放，KT_1 得电延时闭合的常开触点（1–9）恢复原始常开状态，切断交流接触器 KM_2 线圈回路电源，KM_2 线圈断电释放，KM_2 三相主触点断开，第二台电动机 M_2 先失电停止运转。与此同时，KT_2 开始延时。

逆序停止时第一台电动机后停止：经 KT_2 一段时间延时后，KT_2 失电延时断开的常开触点（1–7）恢复原始常开状态，切断交流接触器 KM_1 线圈回路电源，KM_1 线圈断电释放，KM_1 三相主触点断开，第二台电动机 M_1 后失电停止运转。

图 4.21

电动机过载保护：当电动机启动运转后，倘若电动机出现过载时，其电流将增大，会造成相应的热继电器 FR_1 或 FR_2 双金属片发热弯曲，推动其控制常闭触点（2–4、4–6）断开，切断交流接触器 KM_1 及 KM_2、得电延时时间继电器 KT_1、失电延时时间继电器 KT_2 线圈回路电源，KM_1、KM_2、KT_1、KT_2 线圈均断电释放，KM_1、KM_2 各自的三相主触点断开，切断通入电动机绕组内的三相交流 380V 电源，使电动机失电停止运转，从而起到过载保护作用。

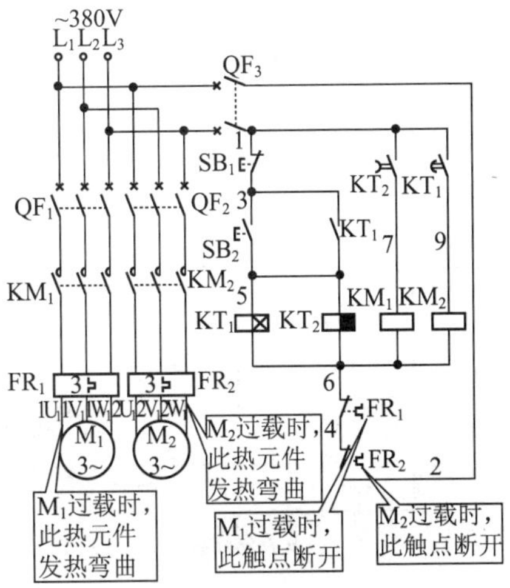

3. 电路接线图

图 4.22

效果理想的顺序自动控制电路现场接线图

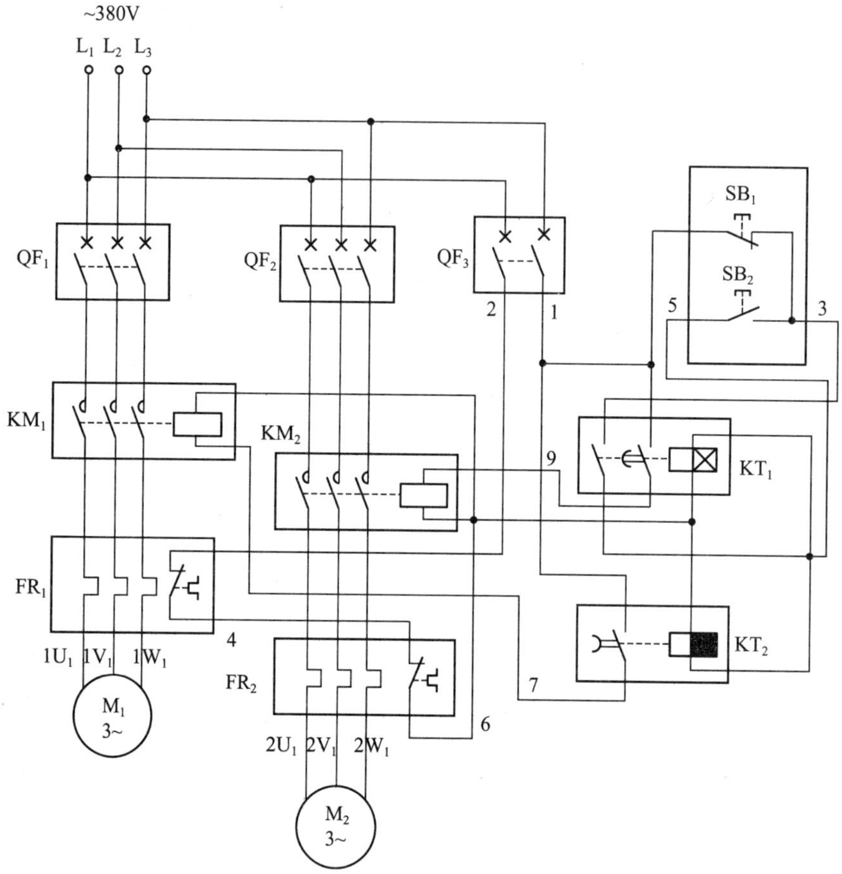

4. 按钮接线图

图 4.23

效果理想的顺序自动控制电路按钮接线图

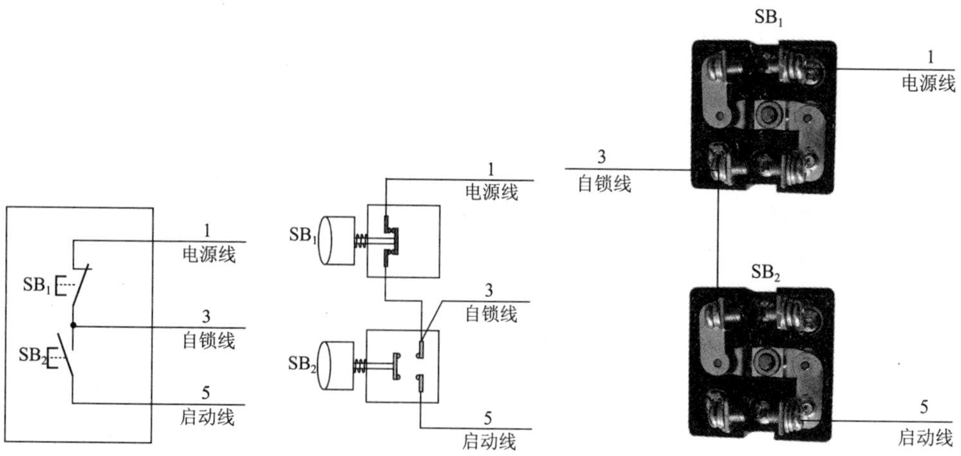

(a) 按钮实际接线　(b) 按钮实物接线　(c) 按钮现场接线

5. 电路布线图

从图 4.24 中可以看出，XT 为接线端子排，通过端子排 XT 来区分电气元件的安装位置，XT 的内侧为放置在配电箱内底板上的电气元件，XT 的外侧为外接或引至配电箱门面板上的电气元件。

从端子排 XT 上看，共有 12 个接线端子。其中，L_1、L_2、L_3 这 3 根线为由外引入至配电箱内的三相 380V 电源，并穿管引入；$1U_1$、$1V_1$、$1W_1$ 这 3 根线为电动机 M_1 电机线，穿管接至电动机 M_1 接线盒内的 U_1、V_1、W_1 上；$2U_1$、$2V_1$、$2W_1$ 这 3 根线为电动机 M_2 电机线，穿管接至电动机 M_2 接线盒内的 U_1、V_1、W_1 上；1、3、5 这 3 根线为控制线，接至配电箱门面板上的按钮开关 SB_1、SB_2 上。

图 4.24

效果理想的顺序自动控制电路控制电路布线图

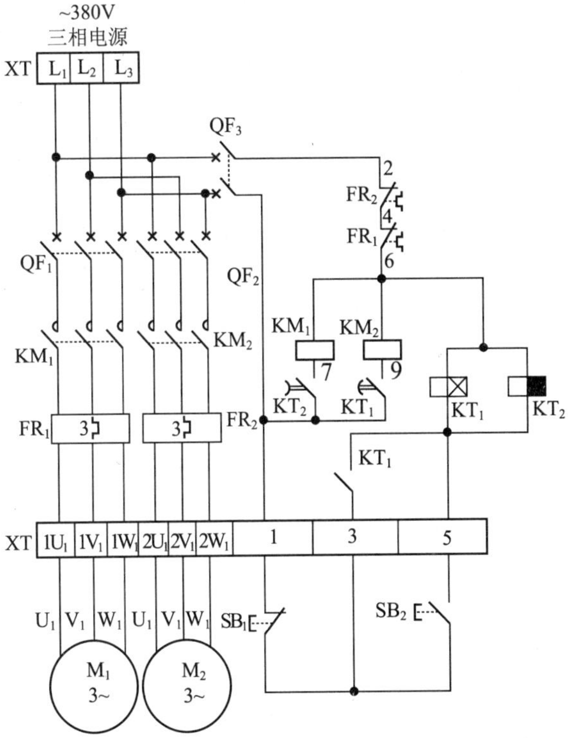

4.4　采用安全电压控制电动机启停电路

1. 电路原理图

图 4.25

采用安全电压控制电动机启停电路原理图

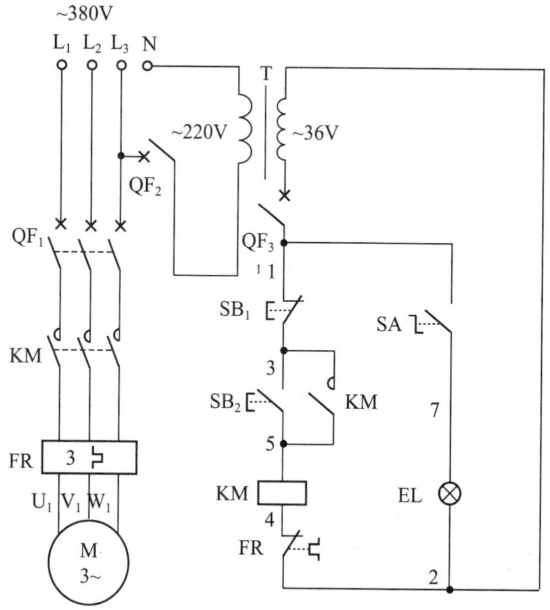

2. 工作过程分解

图 4.26

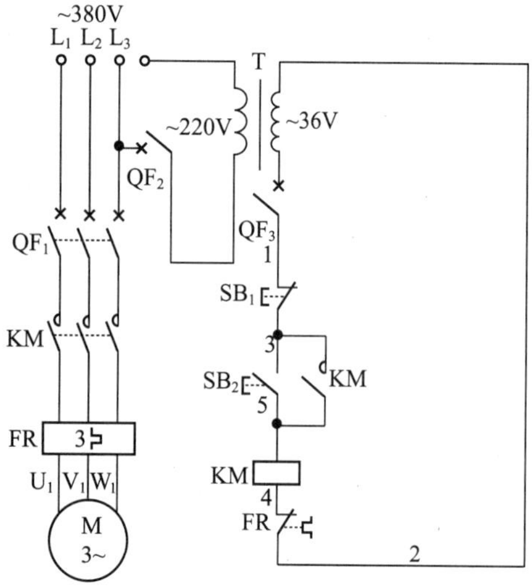

启动：按下启动按钮 SB_2，其常开触点（3-5）闭合，接通交流接触器 KM 线圈回路电源，KM 线圈得电吸合且 KM 辅助常开触点（3-5）闭合自锁，KM 三相主触点闭合，电动机得电启动运转。

图 4.27

停止：按下停止按钮 SB_1，其常闭触点（1–3）断开，切断交流接触器 KM 线圈回路电源，KM 线圈断电释放，KM 辅助常开触点（3–5）断开，KM 三相主触点断开，电动机失电停止运转。

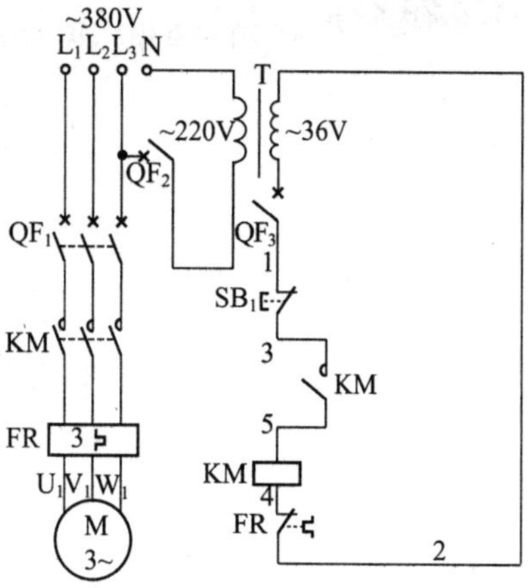

图 4.28

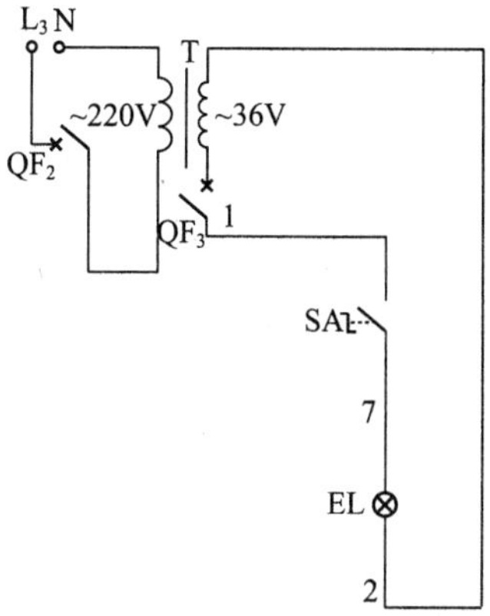

照明灯点亮时，合上照明灯钮子开关 SA，其常开触点（1–7）闭合，接通照明灯 EL 电源，照明灯 EL 得以 36V 交流安全低电压正常点亮。

照明灯熄灭时，断开照明灯钮子开关 SA，其常开触点（1–7）断开，切断照明灯 EL 电源，照明灯 EL 断电熄灭。

初学电工人员在使用、安装、维修控制变压器时，应注意以下几个方面：

① 控制变压器在接线前看清变压器的接线端子：初级电压为 220V 时，应接到 220V 的电源线上；初级电压为 380V 时，应接在 380V 交流电源上。绝不允许把 380V 的电源线接入 220V 的接线端子上，否则会烧坏控制变压器。

② 控制变压器的次级电压接线柱要与所控制接入的负载电压相对应。如为指示灯，则应接入 6.3V 的电压，机床低压照明灯泡则要通入 36V 电压，就要接在 36V 电压接线柱上。

③ 控制变压器在使用中应注意负载不允许短路，负载的功率不能超过控制变压器的容量。

④ 为了保证控制变压器不含内二次回路故障或过载而烧坏控制变压器，需在其一、二次回路分别加装小型断路器，如 C45N，DZ47 型。其电流选用最好接近工作电流。

3. 电路接线图

图 4.29

采用安全电压控制电动机启停电路现场接线图

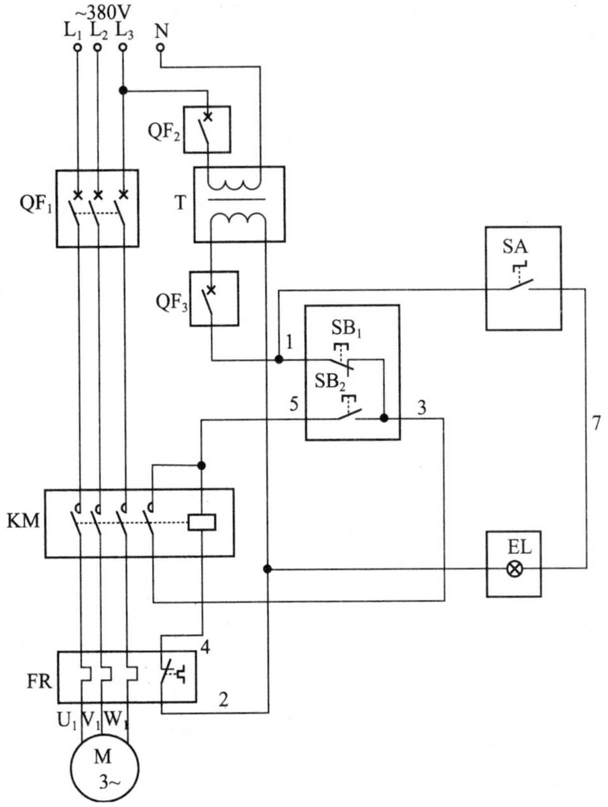

4. 按钮接线图

图 4.30

采用安全电压控制电动机启停电路按钮接线图

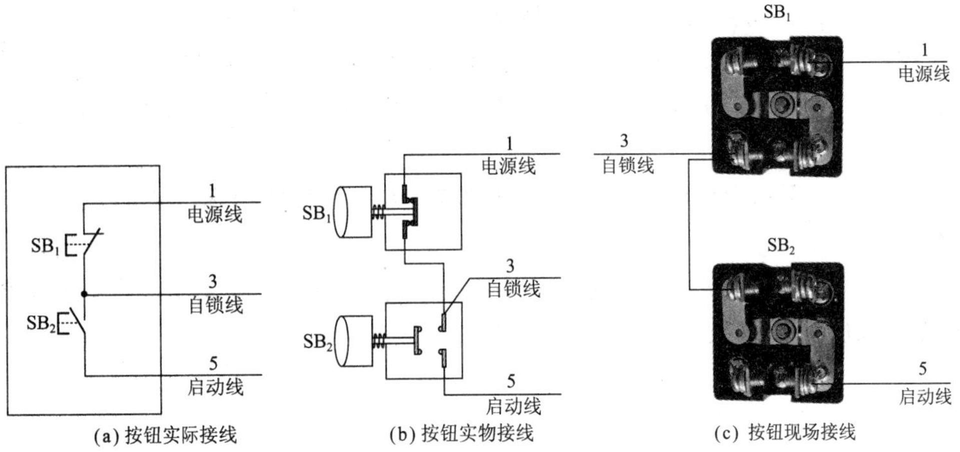

5. 电路布线图

从图 4.31 中可以看出，XT 为接线端子排，通过端子排 XT 来区分电气元件的安装位置，XT 的内侧为放置在配电箱内底板上的电气元件，XT 的外侧为外接或引至配电箱门面板上的电气元件。

从端子排 XT 上看，共有 12 个接线端子。其中，L_1、L_2、L_3、N 这 4 根线为由外引入至配电箱内的三相 380V 电源，并穿管引入；U_1、V_1、W_1 这 3 根线为电动机线，穿管接至电动机接线盒内的 U_1、V_1、W_1 上；1、3、5、7 这 4 根线为控制线，接至配电箱门面板上的按钮开关 SB_1、SB_2 及钮子开关 SA 上；2、7 这 2 根线为照明灯线，穿管接至照明灯 EL 上。

图 4.31

采用安全电压控制电动机启停电路布线图

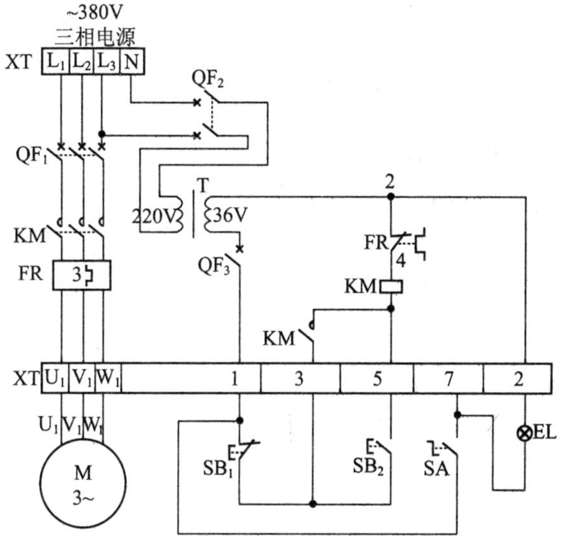

4.5　电动机加密控制电路

1. 电路原理图

图 4.32

电动机加密控制电路原理图

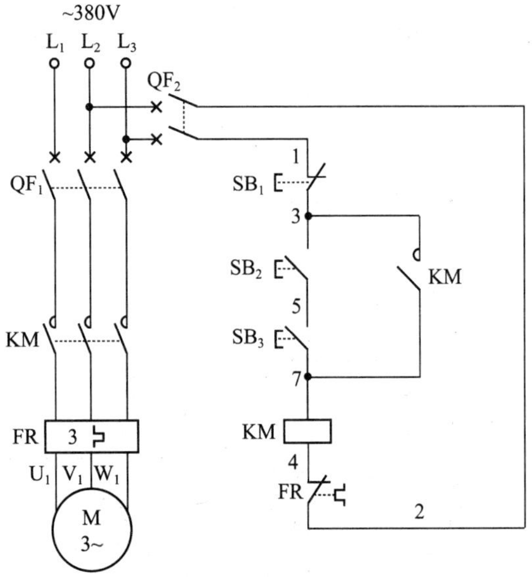

2. 工作过程分解

图 4.33

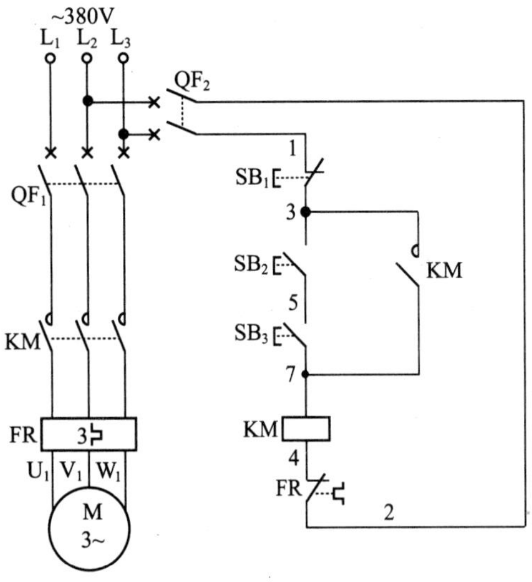

启动：同时按下两只启动按钮 SB_2、SB_3，其各自的常开触点（3-5、5-7）均同时闭合，接通交流接触器 KM 线圈回路电源，KM 线圈得电吸合，KM 辅助常开触点（3-7）闭合自锁；KM 三相主触点闭合，电动机得电启动运转。

图 4.34

停止：按下停止按钮SB_1，其常开触点（1–3）断开，切断交流接触器KM线圈回路电源，KM线圈断电释放，KM辅助常开触点（3–7）断开，解除自锁；KM三相主触点断开，电动机失电停止运转。

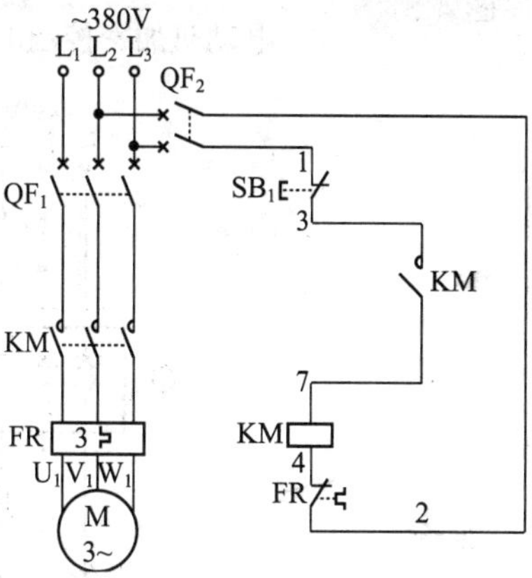

图 4.35

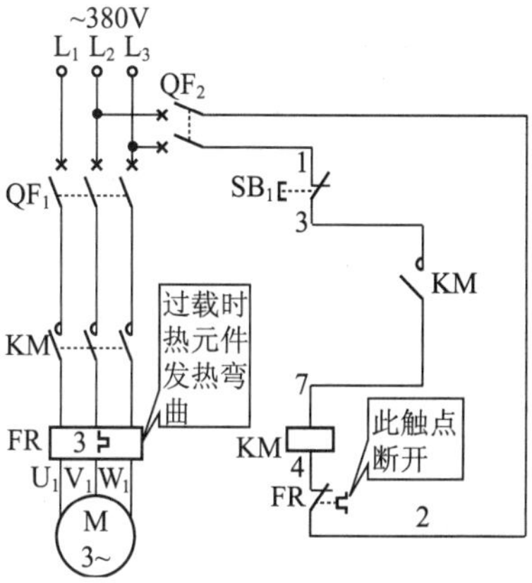

过载：当电动机出现过载后，电动机电流必然增大，使主回路中的热继电器FR热元件发热弯曲，推动其控制常闭触点（2–4）断开，切断交流接触器KM线圈回路电源，KM线圈断电释放，KM辅助常开触点（3–7）断开，解除自锁；KM三相主触点断开，电动机失电停止运转。

3. 常用热继电器的外形及结构

图 4.36

常用热继电器的外形及结构

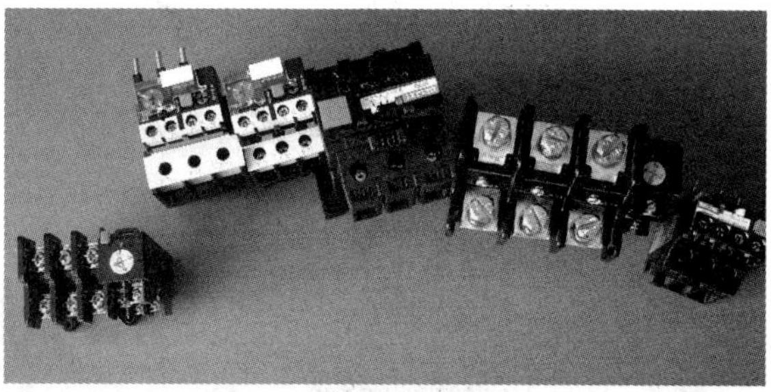

（a）常用热继电器外形

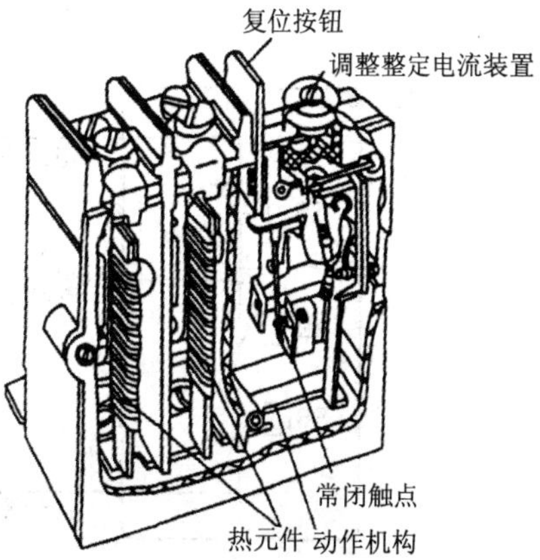

（b）热继电器结构

4. 电路接线图

图 4.37

电动机加密控制电路现场接线图

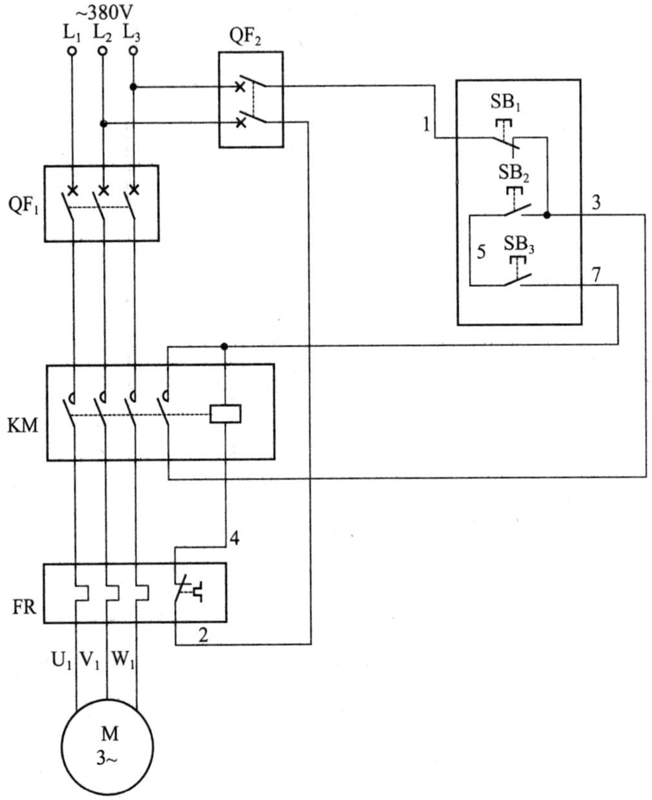

5. 按钮接线图

图 4.38

电动机加密控制电路按钮接线图

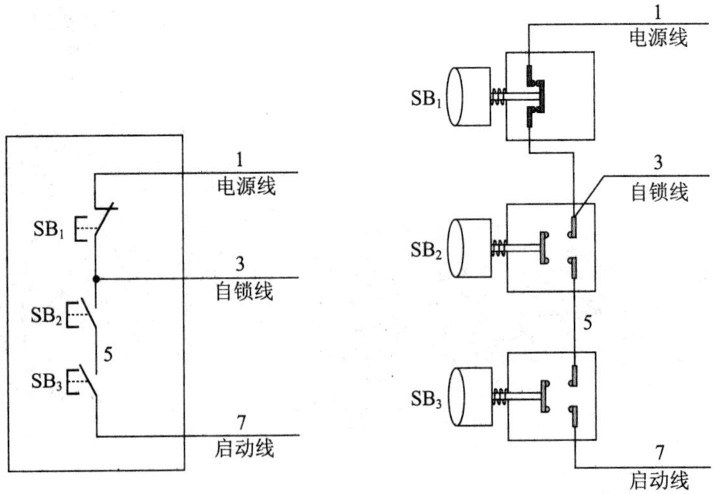

(a) 按钮实际接线　　(b) 按钮实物接线

6. 电路布线图

从图 4.39 中可以看出，XT 为接线端子排，通过端子排 XT 来区分电气元件的安装位置，XT 的内侧为放置在配电箱内底板上的电气元件，XT 的外侧为外接或引至配电箱门面板上的电气元件。

从端子排 XT 上看，共有 9 个接线端子。其中，L_1、L_2、L_3 这 3 根线为由外引入至配电箱内的三相 380V 电源，并穿管引入；U_1、V_1、W_1 这 3 根线为电动机线，穿管接至电动机接线盒内的 U_1、V_1、W_1 上；1、3、7 这 3 根线为控制线，接至配电箱门面板上的按钮开关 SB_1、SB_2、SB_3 上。

图 4.39

电动机加密控制电路布线图

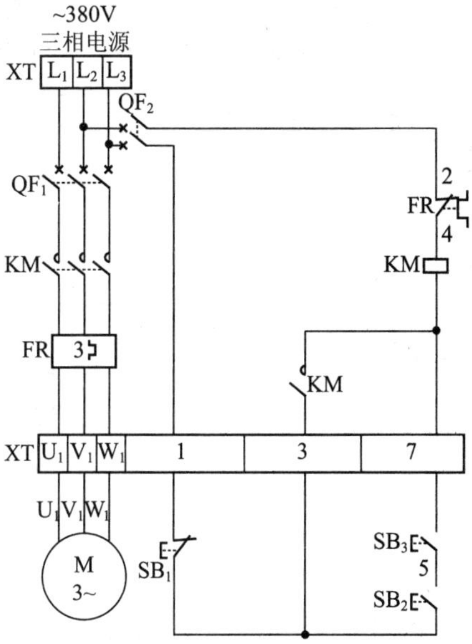

4.6 频敏变阻器自动启动控制电路

1. 电路原理图

图 4.40

频敏变阻器自动启动控制电路

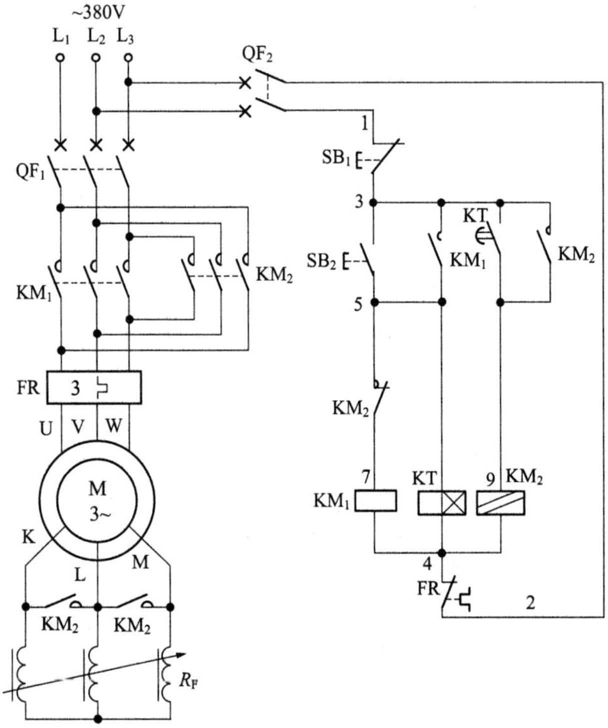

本电路是采用频敏变阻器来对绕线转子电动机进行启动控制。大家都知道，当频敏变阻器串入到绕组转子电路时，在电动机启动瞬间，转子频率非常高，转子的电动势也很高，随着电动机转速的增加，转子电流频率将随之降低，与此同时，转子的电动势也随之降低。此时频敏变阻器中交变磁通的频率也随转速的上升而下降，变阻器的电抗和等效电阻也逐渐降低，从而实现对绕线转子电动机的启动控制。

2. 工作过程分解

图 4.41

启动：按下启动按钮 $SB_2(3-5)$，交流接触器 KM_1 和得电延时时间继电器 KT 线圈得电吸合且 KM_1 辅助常开触点 (3-5) 闭合自锁，KT 开始延时。在 KM_1 线圈得电吸合后，KM_1 三相主触点闭合，电动机转子串频敏变阻器 R_F 启动。

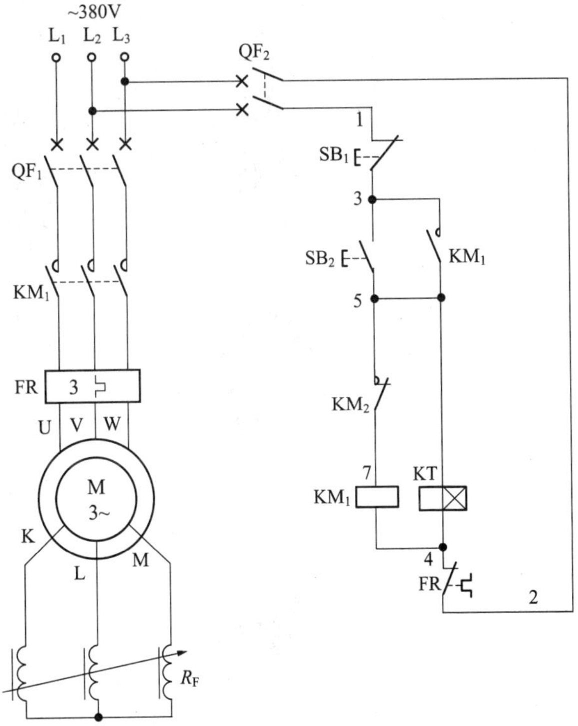

图 4.42

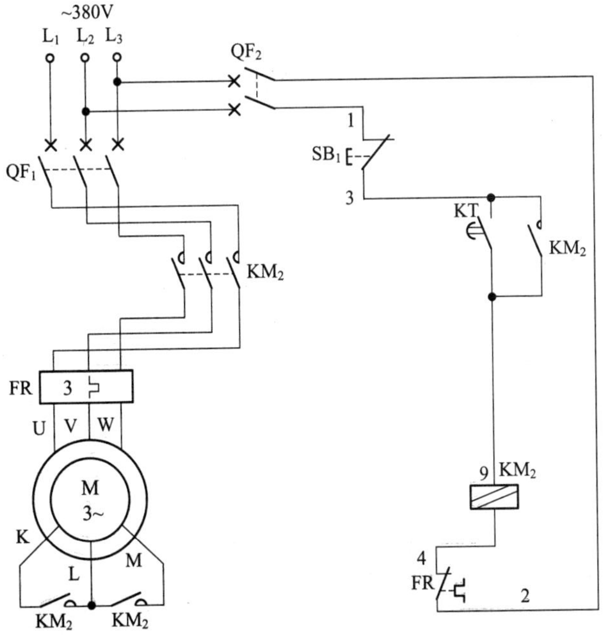

当电动机转速升至电动机额定转速时，也就是KT的延时时间结束，KT 得电延时闭合的常开触点 (3-9) 闭合，接通交流接触器 KM_2 线圈回路电源，使交流接触器 KM_2 线圈得电吸合且 KM_2 辅助常开触点 (3-9) 闭合自锁，KM_2 辅助常闭触点 (5-7) 断开，切断交流接触器 KM_1 和 KT 线圈的回路电源，KM_1、KT线圈断电释放，KM_1 三相主触点断开，使 KM_1 退出运行；同时 KM_2 的五对主触点闭合，其中三对接通电动机定子电源，另外两对将转子回路短接起来，电动机启动完毕，以额定转速运转。

3. 电路接线图

图 4.43

频敏变阻器自动启动控制电路实物接线

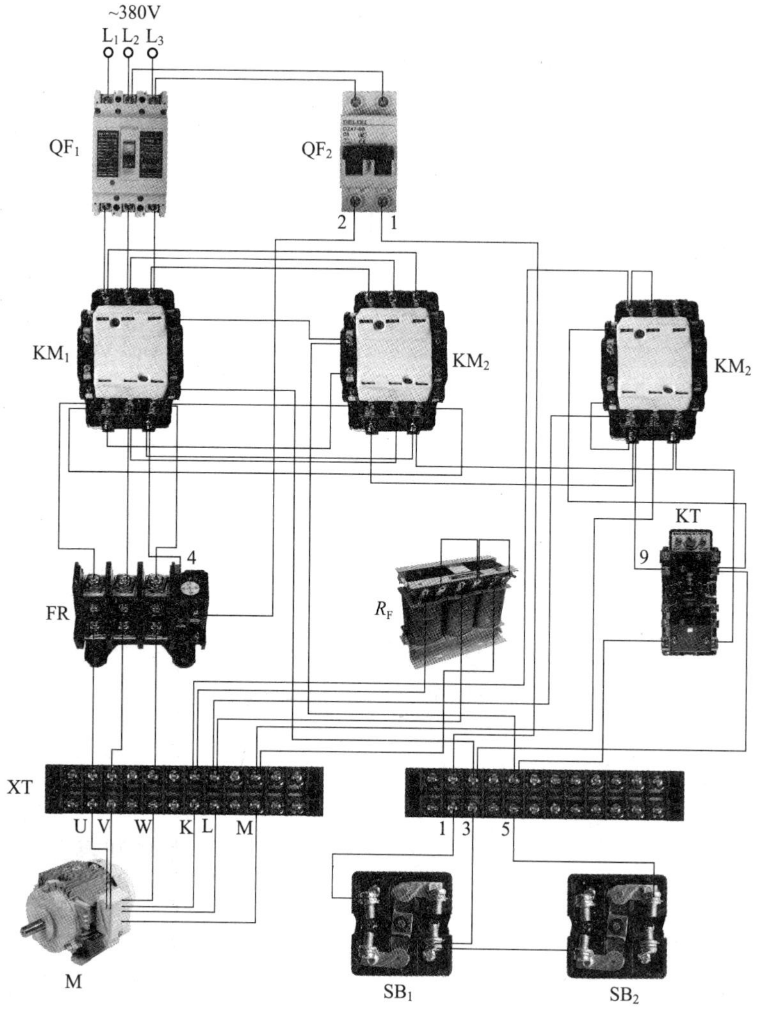

在完成实物接线时，必须了解电路中频敏变阻器 R_F 绕组的抽头情况。频敏变阻器在每相绕组上均有5个抽头，其中，一个抽头在绕组背面位置，编号为N，另外4个抽头设在绕组正面，编号分别为1、2、3、4。

抽头 1~N 间为 100% 匝数；

抽头 2~N 间为 90% 匝数；

抽头 3~N 间为 80% 匝数；

抽头 4~N 间为 30% 匝数。

4. 按钮接线图

图 4.44

频敏变阻器自动启动控制电路按钮接线图

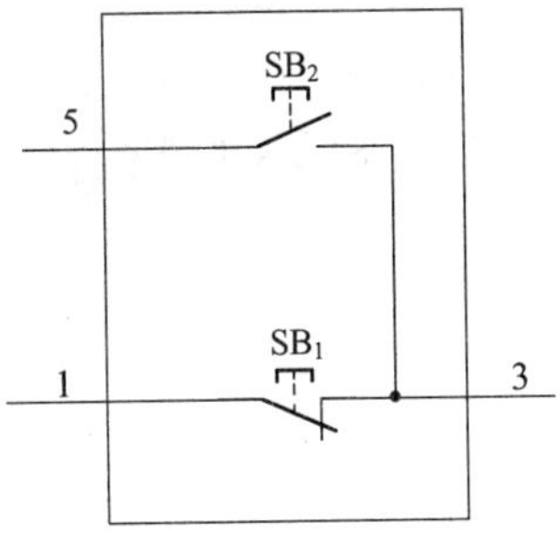

5. 电路布线图

从图 4.45 中可以看出，XT 为接线端子排，通过端子排 XT 来区分电气元件的安装位置，XT 的上方为放置在配电箱内底板上或底部位置的电气元件，XT 的下方为外接或引至配电箱门面板上的电气元件。

从端子排 XT 上看，共有 12 个接线端子。其中，L_1、L_2、L_3 这 3 根线为由外引入配电箱的三相 380V 电源，并穿管引入；U、V、W、K、L、M 这 6 根线为电动机线，穿管接至电动机接线盒内的 U、V、W、K、L、M 上；1、3、5 这 3 根线为控制线，接至配电箱门面板上的按钮开关 SB_1、SB_2 上。

图 4.45

频敏变阻器自动启动控制电路布线图

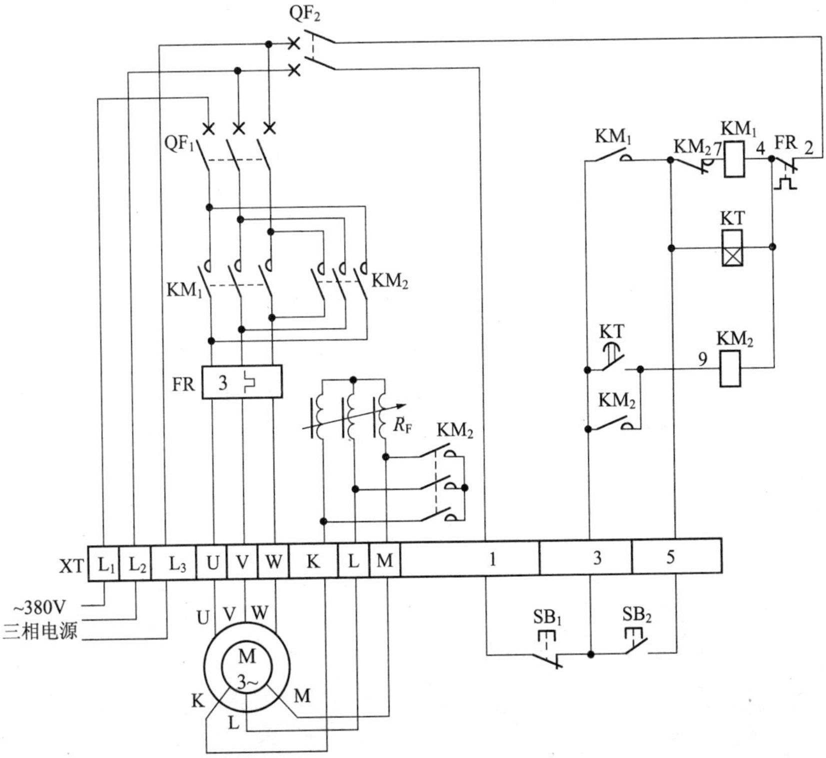

4.7 电动门控制电路

1. 电路原理图

图 4.46 电动门控制电路

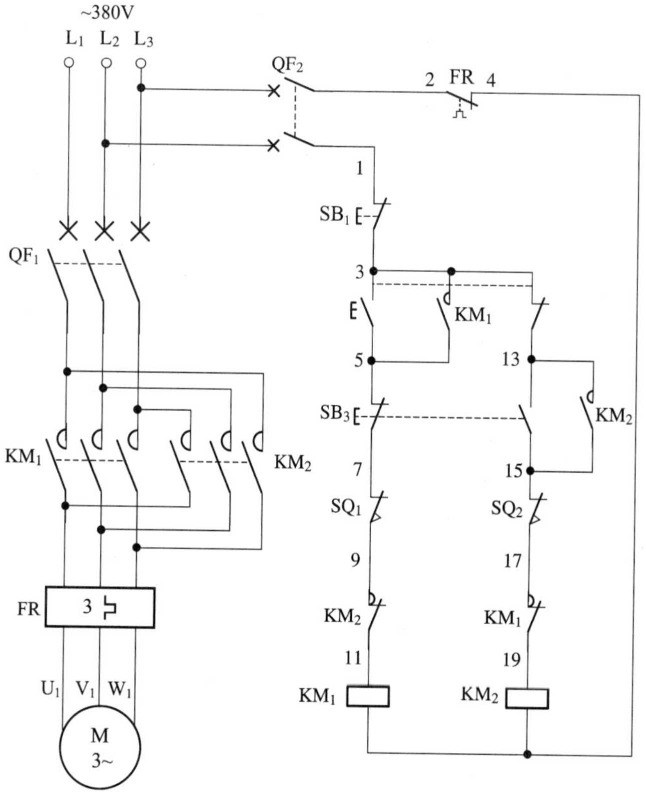

本电路实际上就是一例常见的电动机正反转到位自动停止控制电路。电路中，采用按钮常闭触点和交流接触器辅助常闭触点来实现双重互锁保护，互锁程度较高。从电路中不难分析，在开门时，只要按一下开门启动按钮 SB_2，门开始缓慢打开，只有开门到位碰触到限位开关 SQ_1 后，实现自动开门控制；在关门时，只要按一下关门启动按钮 SB_3，门开始缓慢关闭，只有关门到位碰触到限位开关 SQ_2 后，实现自动关门控制。图中停止按钮 SB_1，可实现中途停止控制。

2. 工作过程分解

图 4.47

开门时，按下开门启动按钮 SB_2，首先 SB_2 的一组常闭触点 (3-13) 断开，起互锁作用；SB_2 的另一组常开触点 (3-5) 闭合，使交流接触器 KM_1 线圈得电吸合且 KM_1 辅助常开触点 (3-5) 闭合自锁，KM_1 辅助常闭触点 (17-19) 断开，起互锁作用；KM_1 三相主触点闭合，电动机得电正转启动运转，电动门开始缓慢打开。当电动门全部打开到位碰触到限位开关 SQ_1 时，SQ_1 常闭触点 (7-9) 断开，切断交流接触器 KM_1 线圈的回路电源，KM_1 线圈断电释放，KM_1 三相主触点断开，电动机失电停止运转，电动门打开到位停止。按下开门启动按钮 SB_2 后，若需中途停止，按下停止按钮 SB_1 即可实现。

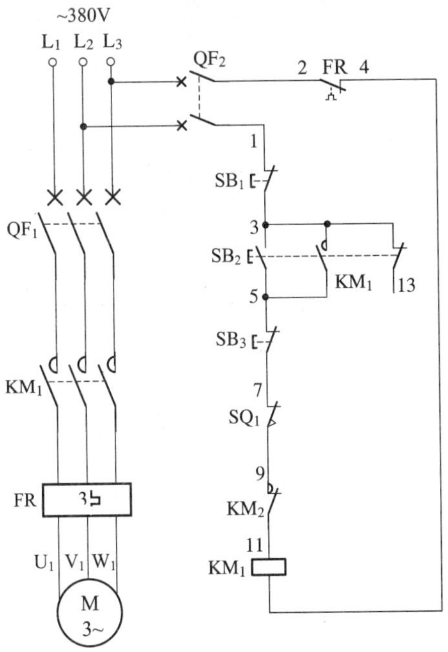

图 4.48

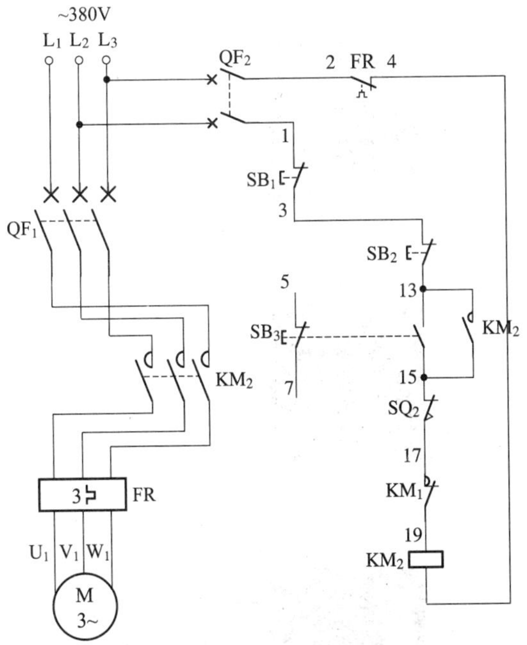

关门时，按下关门启动按钮 SB_3，首先 SB_3 的一组常闭触点 (5-7) 断开，起到互锁作用；SB_3 的另一组常开触点 (13-15) 闭合，使交流接触器 KM_2 线圈得电吸合且 KM_2 辅助常开触点 (13-15) 闭合自锁，KM_2 辅助常闭触点 (9-11) 断开，起到互锁作用；KM_2 三相主触点闭合，电动机得电反转启动运转，电动门开始缓慢关闭。当电动门全部关闭到位碰触到限位开关 SQ_2 时，SQ_2 常闭触点 (15-17) 断开，切断交流接触器 KM_2 线圈的回路电源，KM_2 线圈断电释放，KM_2 三相主触点断开，电动机失电停止运转，电动门关闭到位停止。按下关门启动按钮 SB_3 后，若需中途停止，按下停止按钮 SB_1 即可实现。

3. 电路接线图

图 4.49

电动门控制电路现场接线

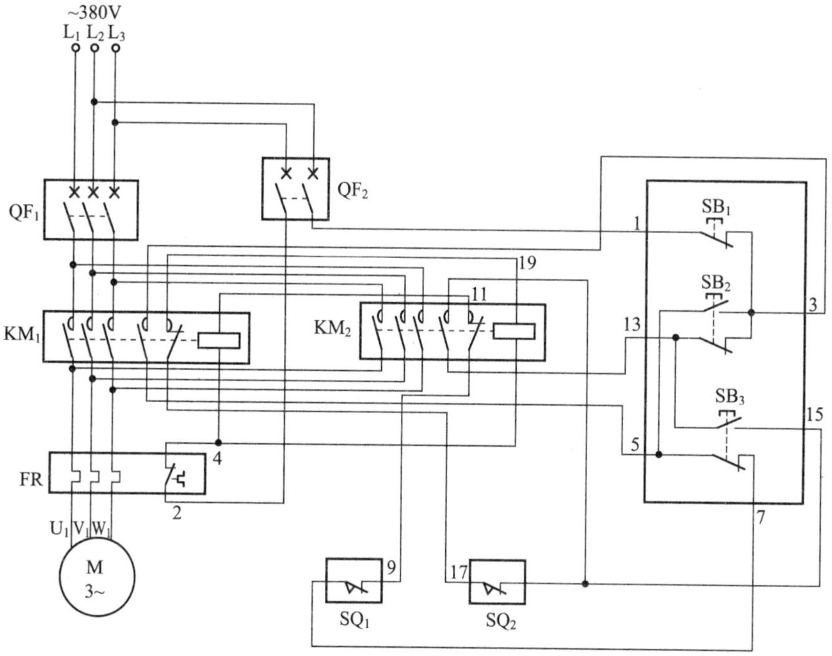

4. 按钮接线图

图 4.50

电动门控制电路按钮接线图

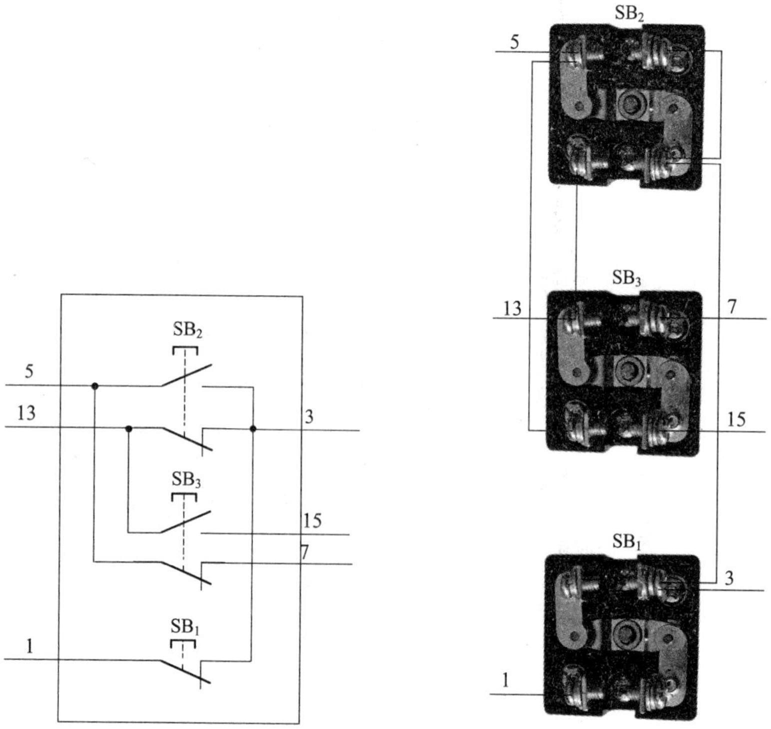

（a）按钮实际接线 （b）按钮现场接线

5. 电路布线图

从图 4.51 中可以看出，XT 为接线端子排，通过端子排 XT 来区分电气元件的安装位置，XT 的上方为放置在配电箱内底板上的电气元件，XT 的下方为外接或引至配电箱门面板上的电气元件。

从端子排 XT 上看，共有 14 个接线端子。其中，L_1、L_2、L_3 这 3 根线为由外引入至配电箱的三相 380V 电源，并穿管引入；U_1、V_1、W_1 这 3 根线为电动机线，穿管接至电动机接线盒内的 U_1、V_1、W_1 上；7、9、15、17 这 4 根线为外接行程开关线，分别穿管接至行程开关 SQ_1、SQ_2 上；1、3、5、7、13 这 5 根线为控制线，接至配电箱门面板上的按钮开关 SB_1、SB_2、SB_3 上。

图 4.51

电动门控制电路布线图

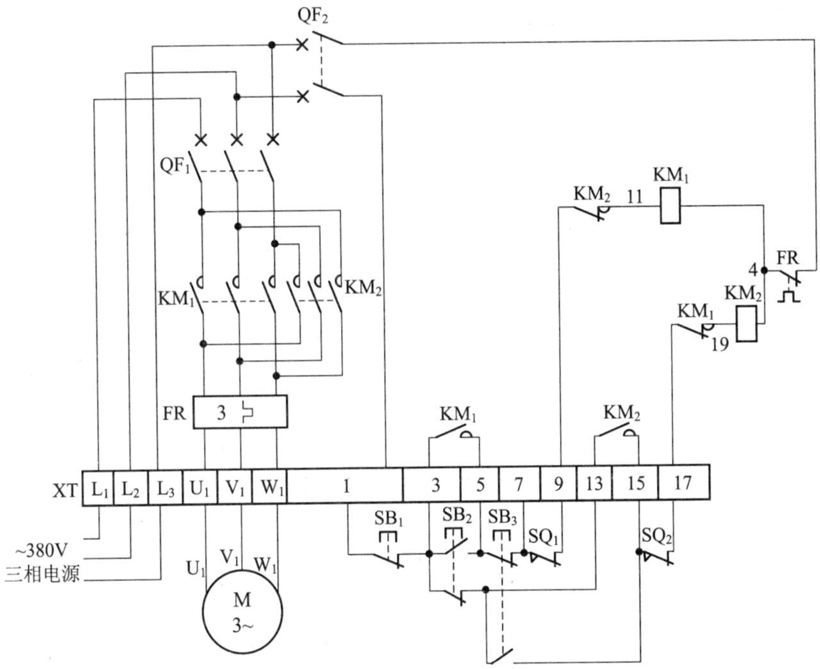

4.8 开机信号预警电路

1. 电路原理图

图 4.52

开机信号预警电路电路原理图

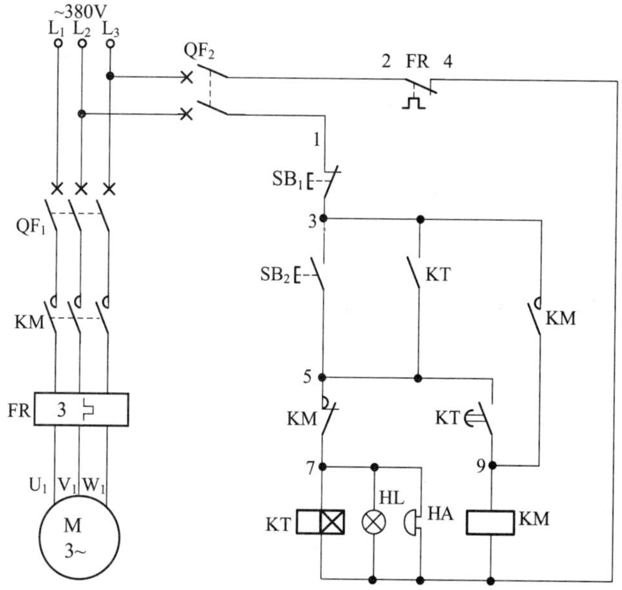

2. 工作过程分解

图 4.53

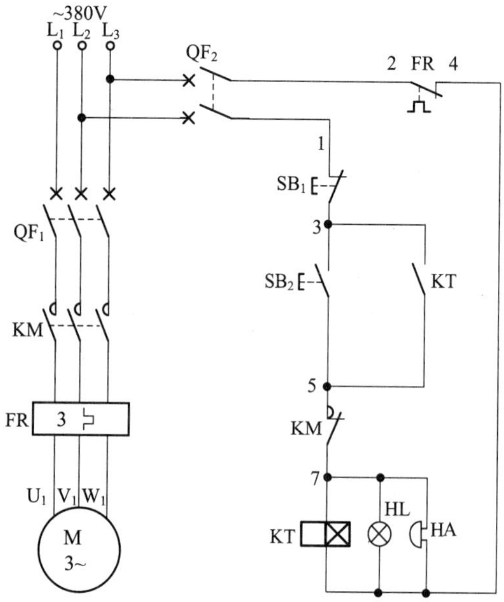

启动时，按下启动按钮 SB_2(3-5)，得电延时时间继电器 KT 线圈得电吸合且 KT 不延时瞬动常开触点 (3-5) 闭合自锁，KT 开始延时。此时，预警电铃 HA 鸣响，预警灯 HL 点亮，进行开机信号预警。

图 4.54

经 KT 一段时间延时后，KT 得电延时闭合的常开触点 (5-9) 闭合，接通交流接触器 KM 线圈回路电源，KM 线圈得电吸合且 KM 辅助常开触点 (3-9) 闭合自锁，KM 三相主触点闭合，电动机得电启动运转。与此同时，KM 串联在得电延时时间继电器 KT 线圈回路中的辅助常闭触点 (5-7) 断开，切断 KT 线圈回路电源，KT 线圈断电释放并解除自锁，预警电铃 HA 停止鸣响，预警灯 HL 熄灭，开机预警结束。

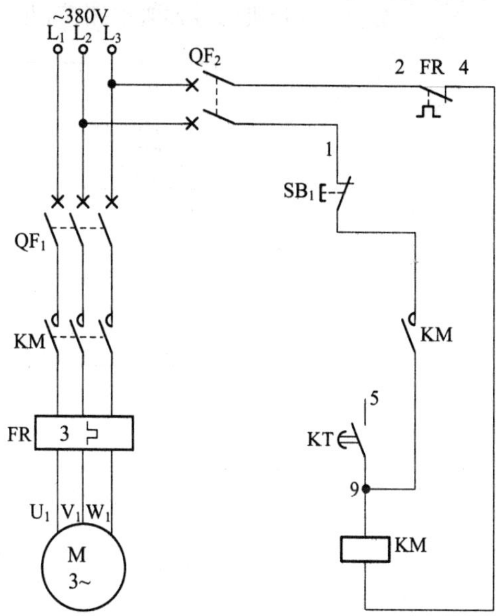

3. 电路接线图

图 4.55

开机信号预警电路现场接线

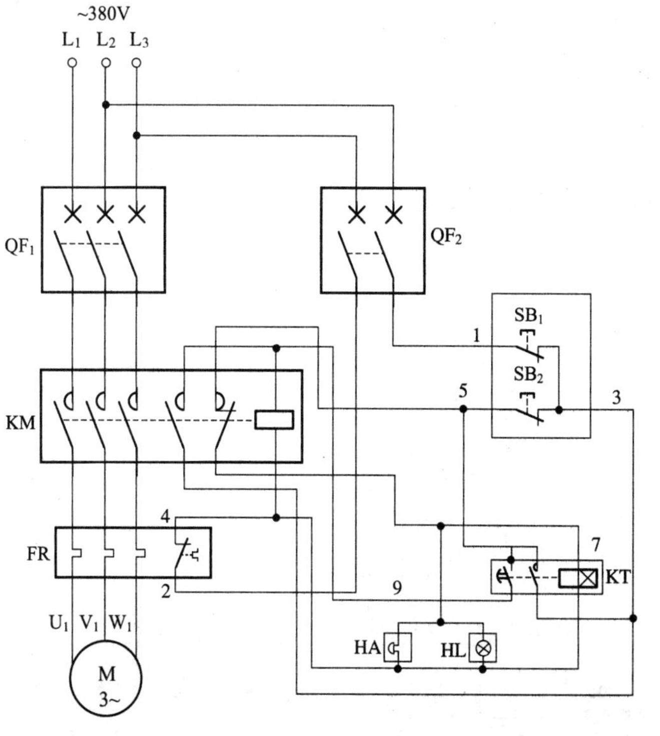

4. 按钮接线图

图 4.56

开机信号预警电路按钮接线图

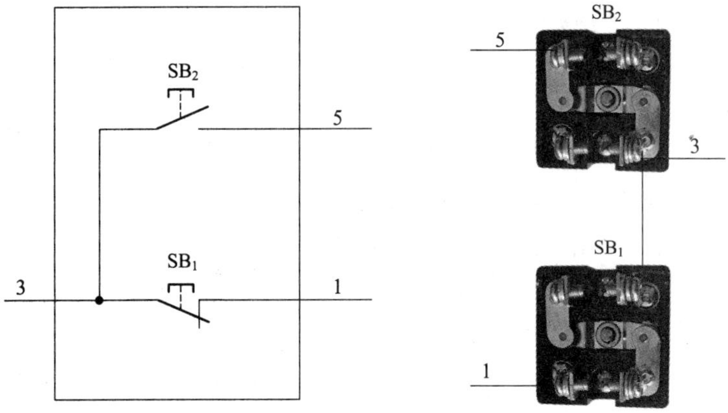

（a）按钮实际接线　　（b）按钮现场接线

5. 电路布线图

从图 4.57 中可以看出，XT 为接线端子排，通过端子排 XT 来区分电气元件的安装位置，XT 的上方为放置在配电箱内底板上的电气元件，XT 的下方为外接或引至配电箱门面板上的电气元件。

从端子排 XT 上看，共有 11 个接线端子。其中，L_1、L_2、L_3 这 3 根线为由外引入至配电箱的三相 380V 电源，并穿管引入；U_1、V_1、W_1 这 3 根线为电动机线，穿管接至电动机接线盒内的 U_1、V_1、W_1 上；1、3、4、5、7 这 5 根线为控制线，其中 1、3、5 这 3 根线接至配电箱门面板上的按钮开关 SB_1、SB_2，4、7 这 2 根线接至配电箱门面板上的预警电铃 HA，预警灯 HL 上。

图 4.57

开机信号预警电路布线图

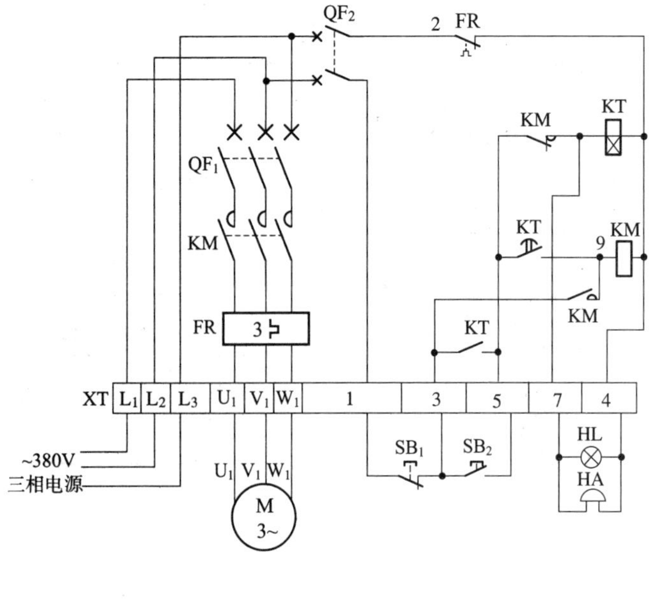

4.9 JZF-01 正反转自动控制器应用电路

1. 电路原理图

图 4.58

JZF-01 正反转自动控制器应用电路

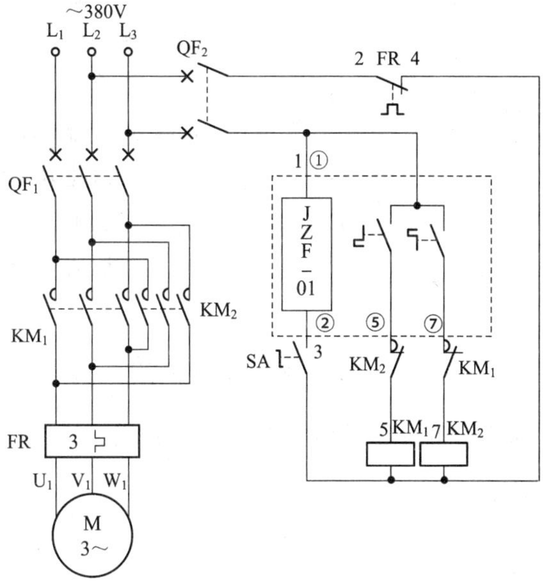

2. 工作过程分解

图 4.59

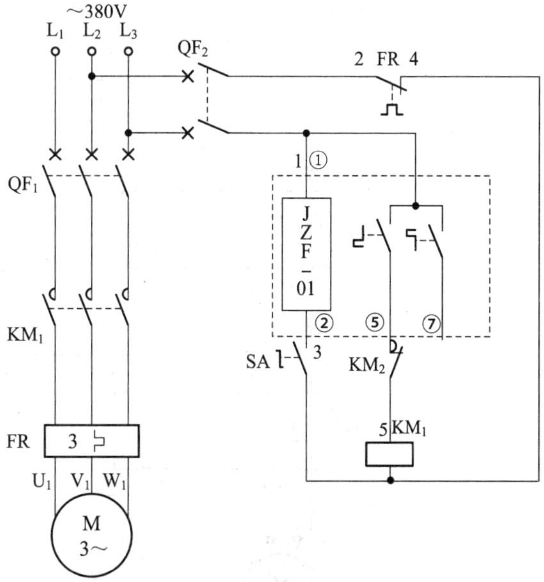

工作时接通选择开关SA，JZF-01正反转自动控制器得电工作。JZF-01正反转自动控制器内设置的延时时间为固定式，也就是按以下动作时间循环工作，即正转运转25s→停止5s→反转运转25s→停止5s→正转运转25s……一直循环下去。

实际上当JZF-01正反转自动控制器得电工作后，其控制器端子⑤脚有输出时，正转交流接触器KM_1线圈得电吸合，KM_1三相主触点闭合，电动机得电正转启动运转；电动机正转运转25s后，其控制器端子⑤脚无输出，正转交流接触器KM_1线圈断电释放，KM_1三相主触点断开，电动机失电正转停止运转。

图 4.60

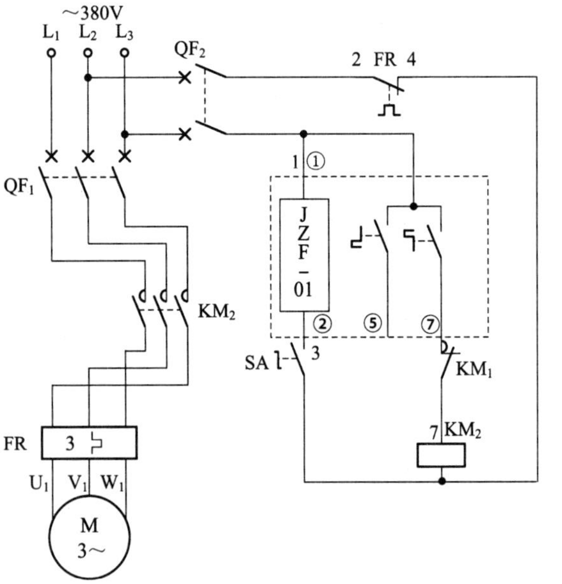

经控制器 5s 延时后，控制器端子⑦脚有输出时，反转交流接触器 KM_2 线圈得电吸合，KM_2 三相主触点闭合，电动机得电反转启动运转；电动机反转运转 25s 后，其控制器端子⑦脚无输出，反转交流接触器 KM_2 线圈断电释放，KM_2 三相主触点断开，电动机失电反转停止运停。再经控制器 5s 延时后，控制器端子⑤脚又有输出时，正转交流接触器 KM_1 线圈又得电吸合，KM_1 三相主触点又闭合了，电动机又得电正转启动运转了……如此这般循环下去。

3. 电路接线图

图 4.61

JZF-01 正反转自动控制器应用电路实际接线

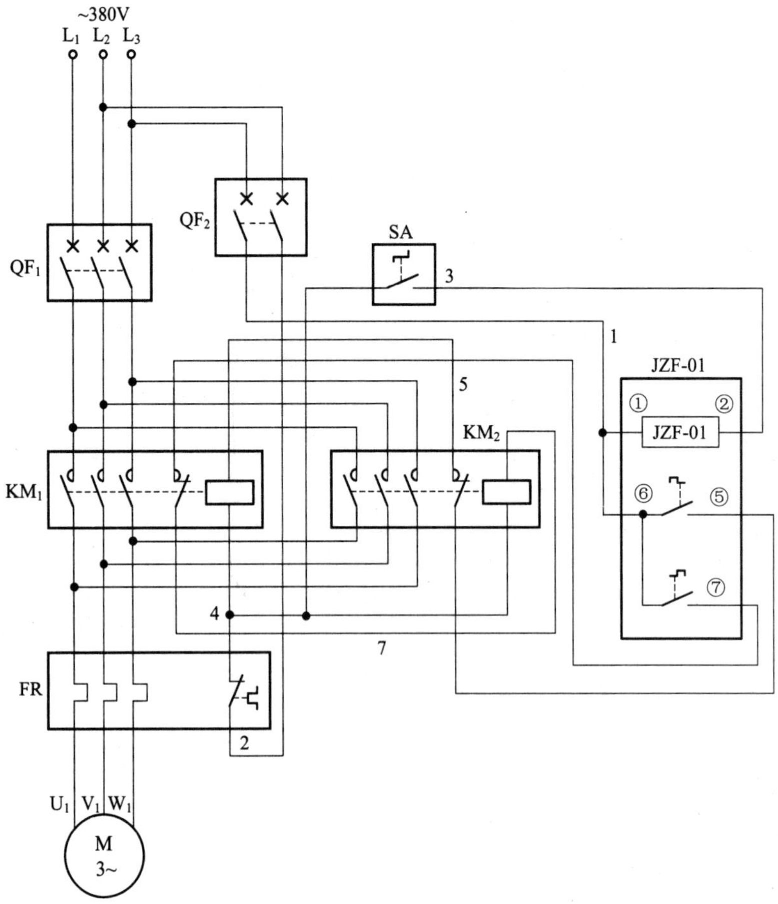

4. 选择开关接线图

图 4.62

JZF-01 正反转自动控制器应用电路选择开关接线图

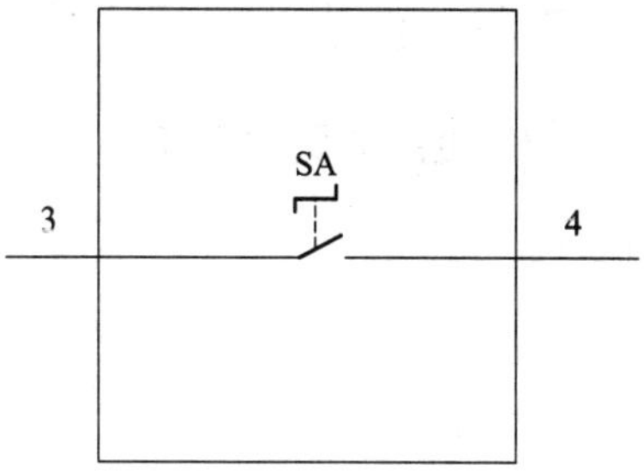

5. 电路布线图

从图 4.63 中可以看出，XT 为接线端子排，通过端子排 XT 来区分电气元件的安装位置，XT 的上方为放置在配电箱内底板上的电气元件，XT 的下方为外接或引至配电箱门面板上的电气元件。

从端子排 XT 上看，共有 8 个接线端子。其中，L_1、L_2、L_3 这 3 根线为由外引入至配电箱内的三相 380V 电源，并穿管引入；U_1、V_1、W_1 这 3 根线为电动机线，穿管接至电动机接线盒内的 U_1、V_1、W_1 上；3、4 这 2 根线为控制线，接至配电箱门面板上的选择开关 SA 上。

图 4.63

JZF-01 正反转自动控制器应用电路布线图

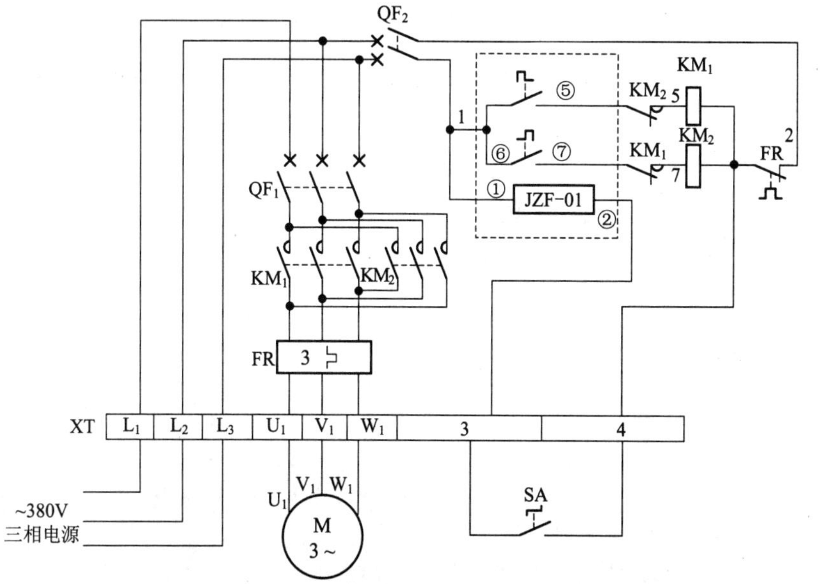

4.10　电接点压力表自动控制电路

1. 电路原理图

图 4.64

电接点压力表自动控制电路

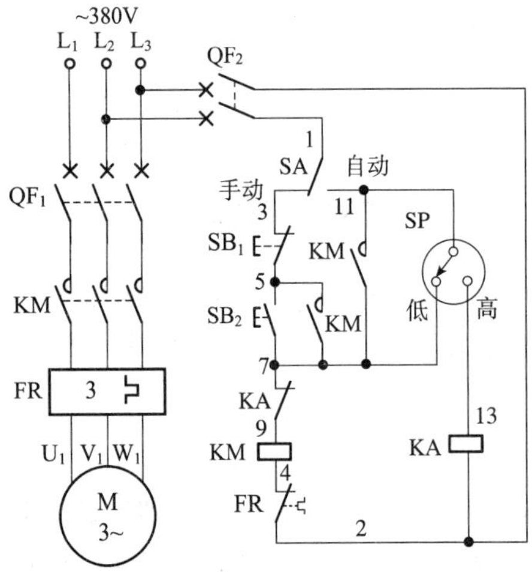

2. 工作过程分解

图 4.65

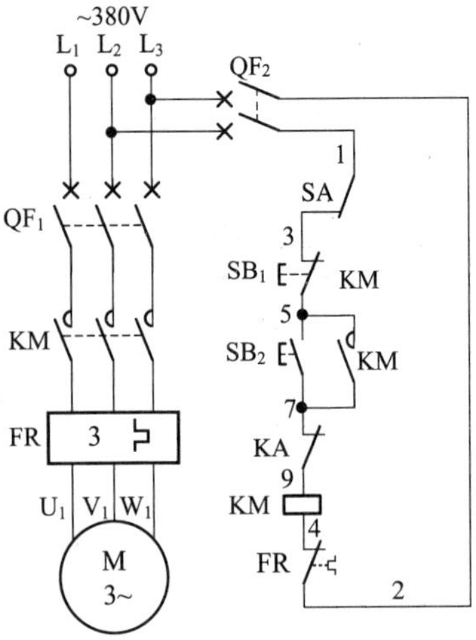

手动控制：将选择开关 SA 置于手动位置，其触点（1–3）闭合。启动时，按下启动按钮 SB_2，其常开触点（5–7）闭合，接通交流接触器 KM 线圈回路电源，KM 线圈得电吸合且 KM 辅助常开触点（5–7）闭合自锁，KM 三相主触点闭合，水泵电动机得电启动运转，带动水泵打水工作。

图 4.66

自动控制：将选择开关SA置于自动位置，其触点（1–11）闭合。当电接点压力表压力低于下限时，SP触点（7–11）闭合，使交流接触器KM线圈得电吸合，KM辅助常开触点（7–11）闭合自锁，KM三相主触点闭合，水泵电动机得电启动运转，带动水泵打水工作。随着压力的逐渐增大，当压力大于SP上限时，SP触点（11–13）闭合，接通中间继电器KA线圈回路电源，KA常闭触点（7–9）断开，切断交流接触器KM线圈回路电源，KM线圈断电释放，KM三相主触点断开，水泵电动机失电停止运转，水泵停止打水，从而实现自动控制。

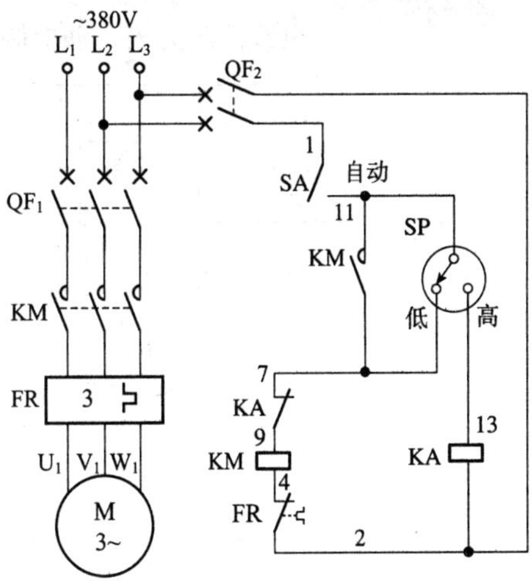

3. 电路接线图

图 4.67

电接点压力表自动控制电路实际接线图

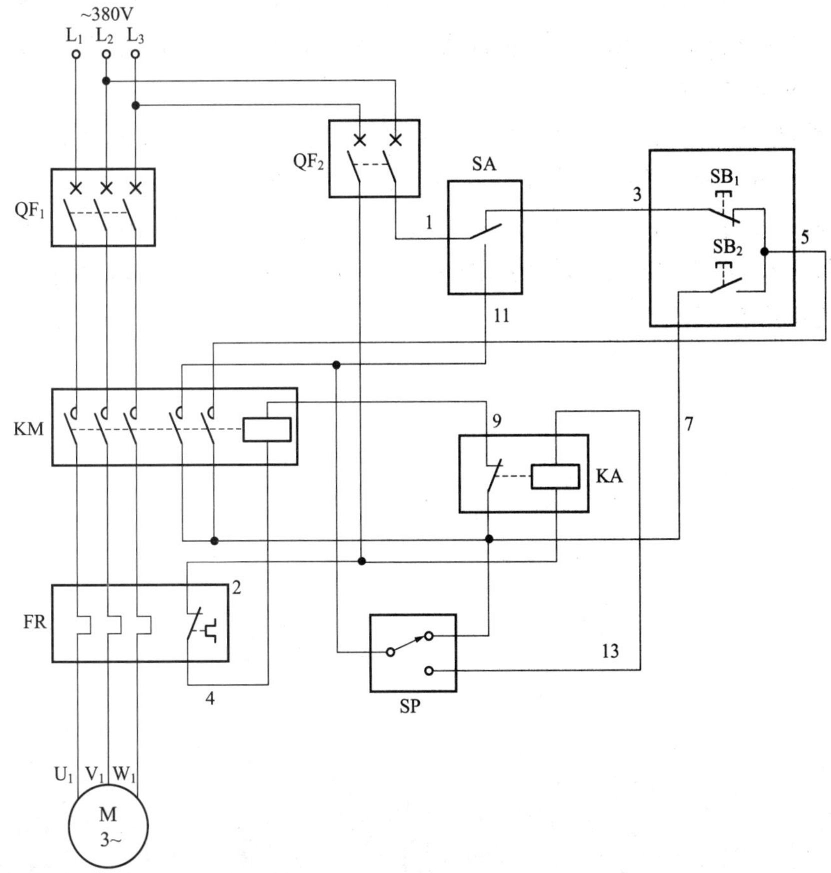

4. 按钮接线图

图 4.68

电接点压力表自动控制电路接钮接线图

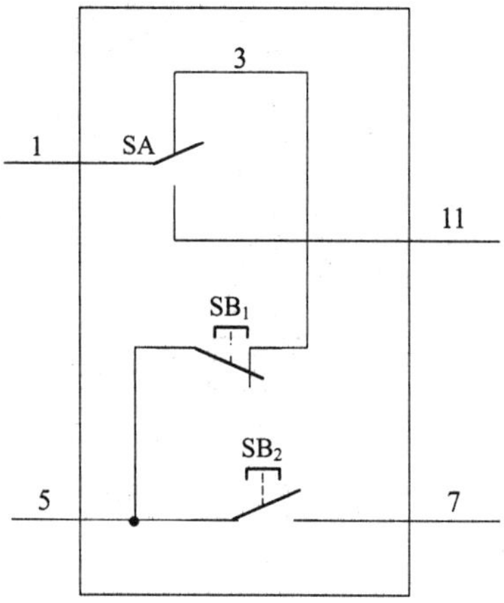

（a）按钮实际接线

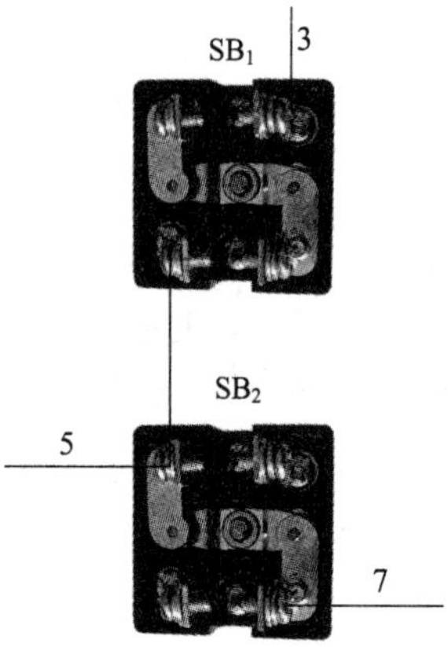

（b）按钮开关现场接线

5. 电路布线图

从图 4.69 中可以看出，XT 为接线端子排，通过端子排 XT 来区分电气元件的安装位置，XT 的上方为放置在配电箱内底板上的电气元件，XT 的下方为外接或引至配电箱门面板上的电气元件。

从端子排 XT 上看，共有 11 个接线端子。其中，L_1、L_2、L_3 这 3 根线是由外引入配电箱内的三相 380V 电源，并穿管引入；U_1、V_1、W_1 这 3 根线是电动机线，穿管接至电动机接线盒内的 U_1、V_1、W_1 上；7、11、13 这 3 根线是控制线，穿管接至接点压力表 SP 上；1、5、7、11 这 4 根线是控制线，接至配电箱门面板上的按钮开关 SB_1、SB_2 以及选择开关 SA 上。

图 4.69

电接点压力表自动控制电路布线图

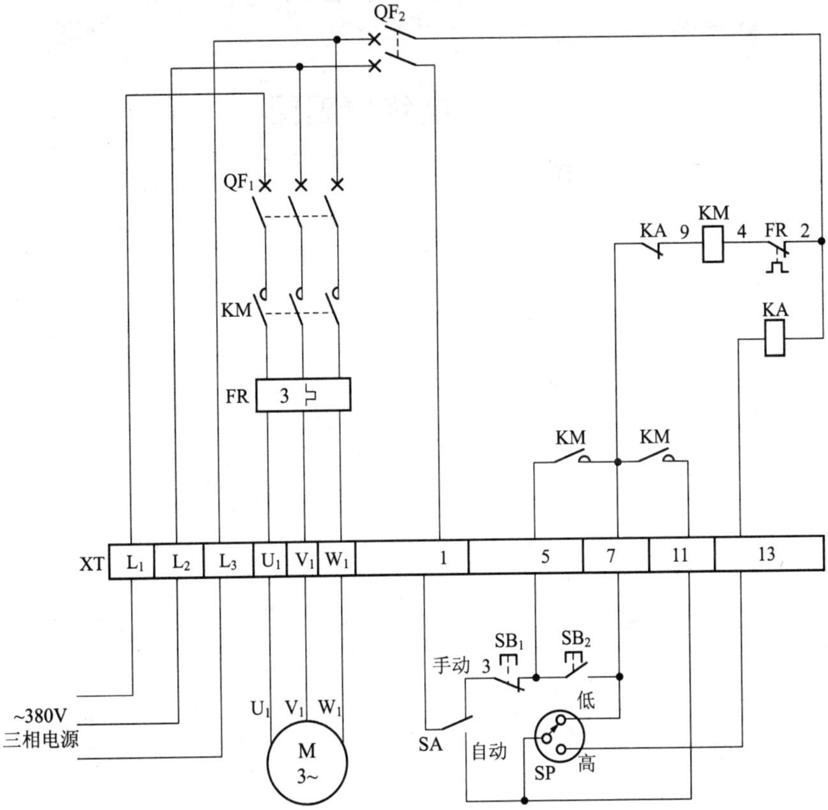

4.11 电动机固定转向控制电路

1. 电路原理图

图 4.70

电动机固定转向控制电路

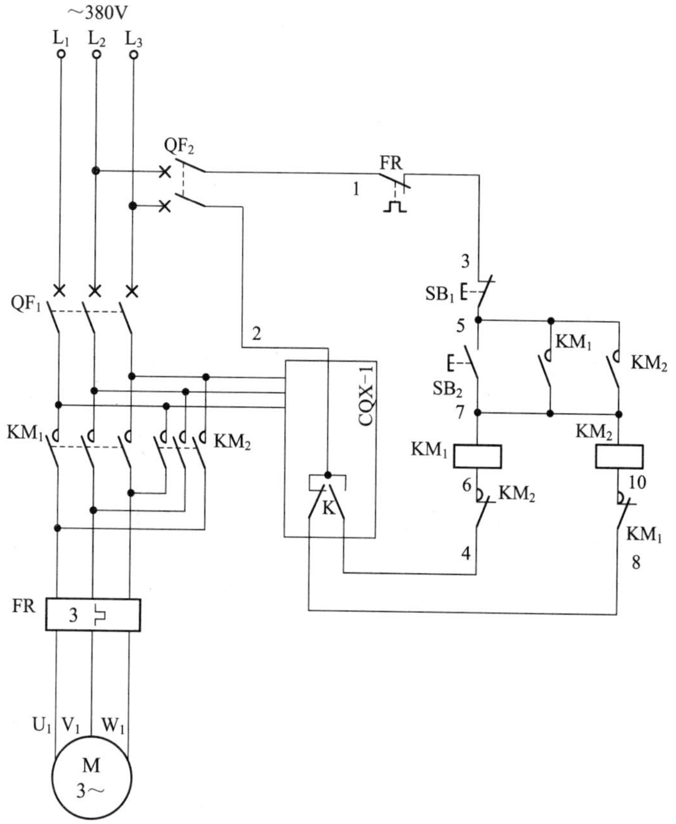

图 4.70 中的 CQX-1 为相序自动控制电路，通过对电动机供电电路（也就是主回路）相序的检测后，其内部继电器 K 将有控制信号输出，当三相电源相序正确时（正相序），内部继电器 K 线圈吸合动作，利用 K 的一组常开触点，控制交流接触器 KM_1 线圈回路电源，实现正相序供电；当三相电源相序改变时（反相序），内部继电器 K 线圈断电释放，利用 K 的一组常闭触点，控制交流接触器 KM_2 线圈回路电源，实现反相序供电，这样，在供电出现反相序时，利用交流接触器 KM_2 三相主触点实现再反相序供电，即反、反得正，纠正供电相序错误，以保证电动机转向始终保持正确不变。

2. 工作过程分解

图 4.71

正相序：CQX-1 动作，其内部继电器 K 动作，K 常闭触点断开，常开触点闭合，此时按下启动按钮 SB_2（5-7），交流接触器 KM_1 线圈得电吸合且 KM_1 辅助常开触点（5-7）闭合自锁，KM_1 三相主触点闭合，电动机得电（正相序）运转，拖动设备正常工作。

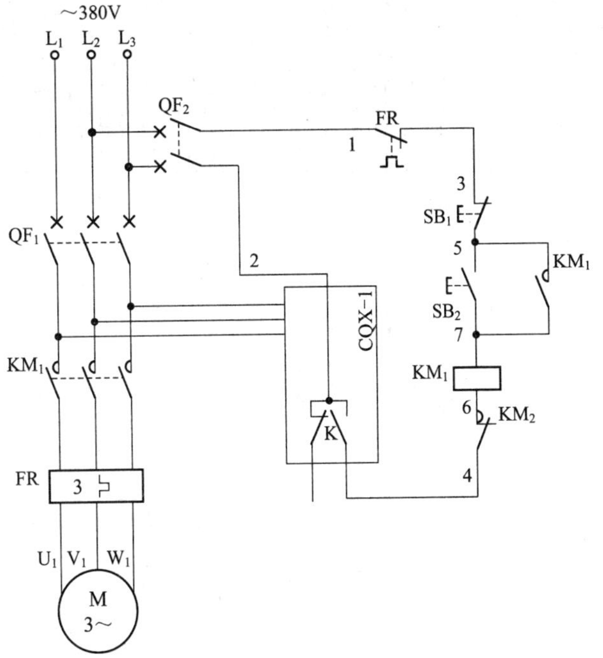

图 4.72

逆相序：CQX-1 不动作，其内部继电器 K 恢复原始状态，K 常闭触点恢复常闭状态，此时按下启动按钮 SB_2（5-7），交流接触器 KM_2 线圈得电吸合且 KM_2 辅助常开触点（5-7）闭合自锁，KM_2 三相主触点闭合，电动机得电（因电网已反相序，再通过 KM_2 将反相序又纠正了过来，即反反得正，又成为正相序了）正常运转，拖动设备正常工作。

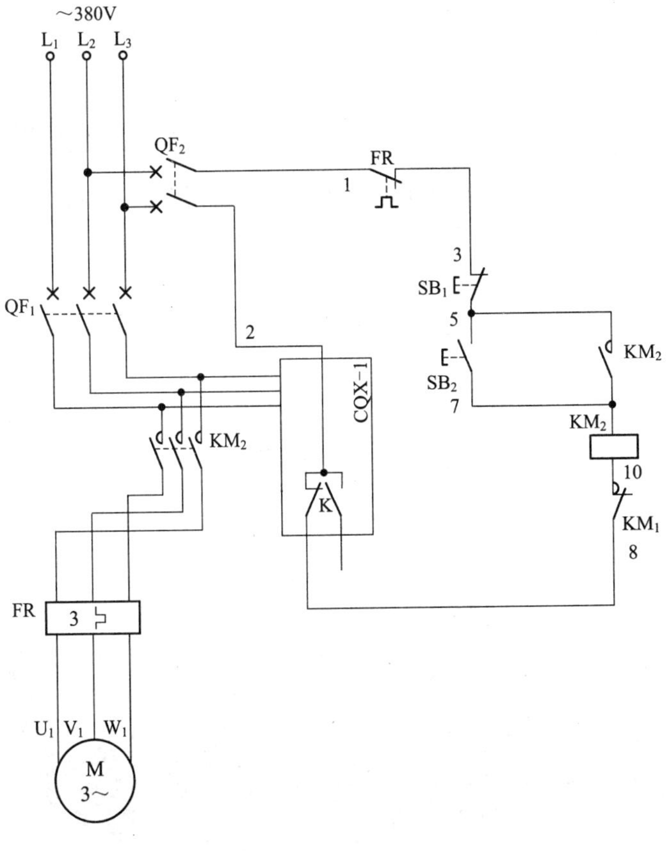

3. 电路接线图

图 4.73

电动机固定转向控制电路实际接线

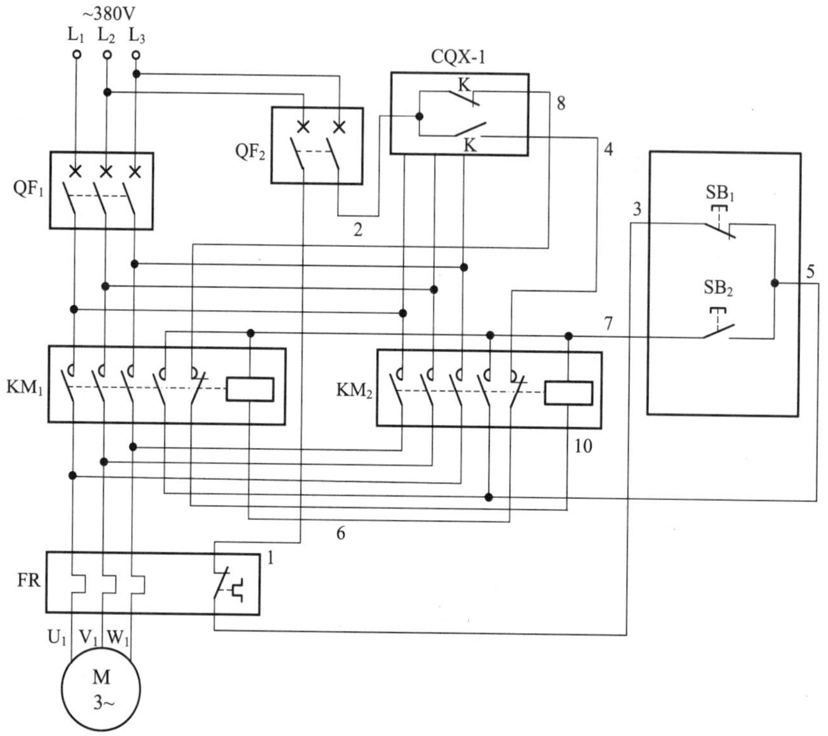

4. 按钮接线图

图 4.74

电动机固定转向控制电路按钮接线图

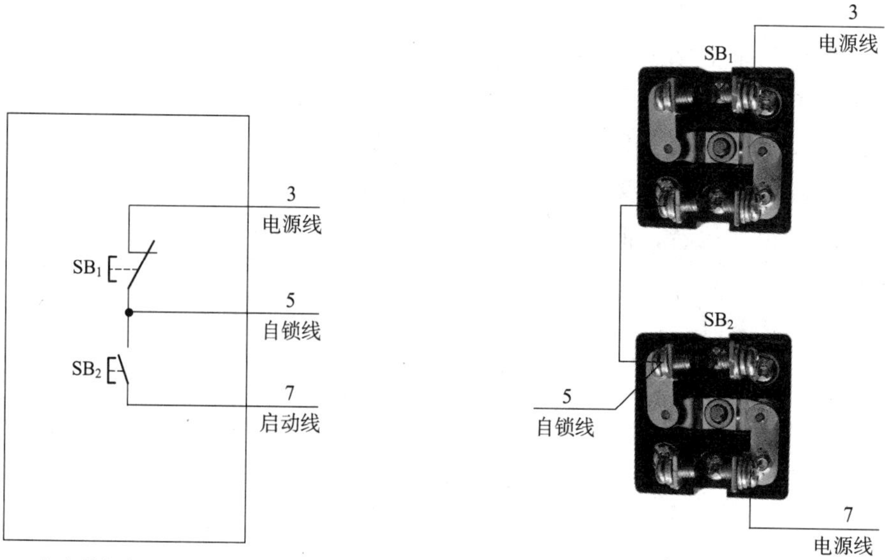

（a）按钮实际接线　　（b）按钮现场接线

5. 电路布线图

从图 4.75 中可以看出，XT 为接线端子排，通过端子排 XT 来区分电气元件的安装位置，XT 的上方为放置在配电箱内底板上的电气元件，XT 的下方为外接或引至配电箱门面板上的电气元件。

从端子排 XT 上看，共有 9 个接线端子。其中，L_1、L_2、L_3 这 3 根线是由外引入配电箱的三相 380V 电源，并穿管引入；U_1、V_1、W_1 这 3 根线是电动机线，穿管接至电动机接线盒内的 U_1、V_1、W_1 上；3、5、7 这 3 根线为控制线，接至配电箱门面板上的按钮开关 SB_1、SB_2 上。

图 4.75 电动机固定转向控制电路布线图

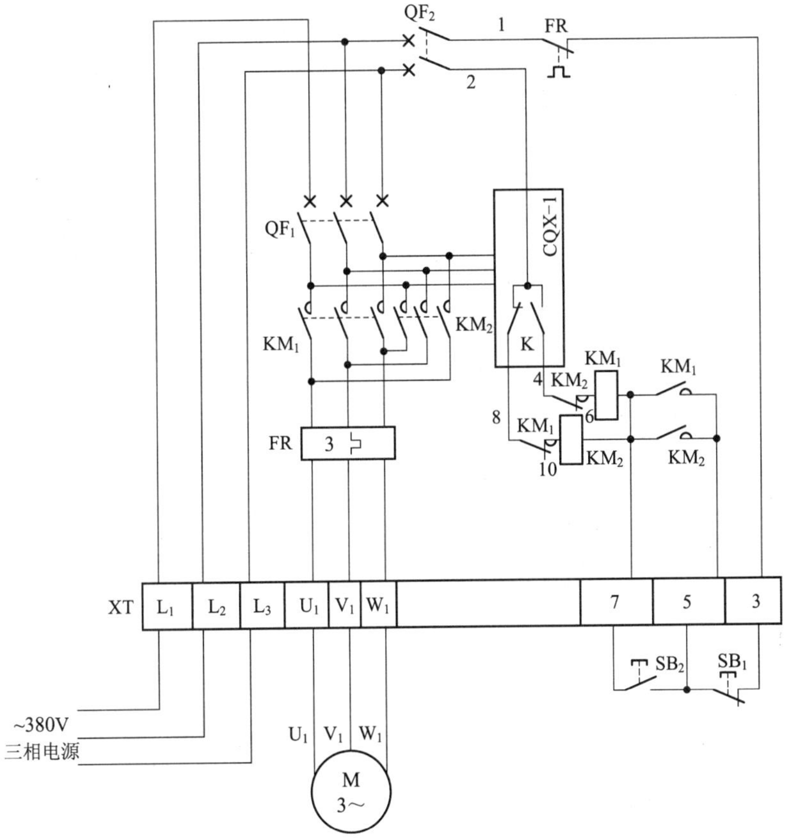